PETIT TRAITÉ

MATHÉMATIQUE ET PRATIQUE

DES

OPÉRATIONS COMMERCIALES

ET

FINANCIÈRES

PAR

J. PATOU

Agrégé des Sciences Mathématiques, Professeur au Lycée de Tunis.

I

ARITHMÉTIQUE COMMERCIALE

PARIS

LIBRAIRIE NONY & Cie

63, Boulevard Saint-Germain, 63

—

1903

OPÉRATIONS COMMERCIALES ET FINANCIÈRES

I. — ARITHMÉTIQUE COMMERCIALE

PETIT TRAITÉ

MATHÉMATIQUE ET PRATIQUE

DES

OPÉRATIONS COMMERCIALES

ET

FINANCIÈRES

PAR

J. PATOU

Agrégé des Sciences Mathématiques, Professeur au Lycée de Tunis.

I

ARITHMÉTIQUE COMMERCIALE

PARIS

LIBRAIRIE NONY & Cⁱᵉ

63, BOULEVARD SAINT-GERMAIN, 63

1903

PRÉFACE

Cet ouvrage constitue la première partie d'un traité élémentaire des opérations commerciales et financières, destiné aux élèves des cours commerciaux, aux candidats aux écoles supérieures de commerce, aux élèves de ces écoles et à toutes les personnes désireuses de connaître le mécanisme des opérations financières.

Nous pensons aussi que ce traité pourra être étudié avec fruit par les candidats aux brevets et aux concours de l'enseignement primaire supérieur.

On trouvera dans la table des matières l'énumération de toutes les questions examinées dans cet ouvrage. Nous n'y avons pas fait figurer l'exposé des principes de la comptabilité, car cette branche de la science commerciale fait l'objet d'excellents ouvrages spéciaux auxquels il sera bon de se reporter pour acquérir les nombreuses notions complémentaires relatives à la pratique du commerce et de la finance.

Des sujets de problèmes à résoudre sont proposés en grand nombre à la fin de chaque chapitre et permettent de faire des applications variées de toutes les questions traitées dans le chapitre, dans l'ordre même où ces questions sont exposées.

La plupart de ces problèmes ont été donnés dans ces dernières années à différents examens ou concours. Nous n'avons choisi que ceux qui présentaient un intérêt général et, dans beaucoup de cas, nous avons modifié certaines parties et certaines données numériques qui n'étaient plus conformes à l'actualité.

Plusieurs des exercices ainsi proposés sont susceptibles d'être résolus simplement par la méthode algébrique, c'est-à-dire par le procédé qui consiste à représenter par des lettres les inconnues de la question et à écrire les égalités qui résultent de l'énoncé. Cette méthode de résolution est complètement exposée dans la deuxième partie de l'ouvrage, mais on trouvera dans le courant de cette première partie un certain nombre de questions ainsi traitées. Il sera bon de s'exercer dans cette voie, particulièrement pour les problèmes relatifs au système métrique, aux partages proportionnels, à l'intérêt simple et à l'escompte.

Dans les exercices qui conduisent à de longues opérations il importe d'apporter beaucoup d'ordre dans la disposition des calculs, et de ne pas négliger les preuves et vérifications. Il est souvent très avantageux de ne pas effectuer les opérations au fur et à mesure qu'elles se présentent ; certains calculs ultérieurs peuvent en effet rendre inutiles ceux du début, et d'autre part, si les premiers calculs ne sont faits qu'à une certaine approximation, il en résulte une erreur qui peut s'accroître dans les calculs suivants et conduire à un résultat final peu rigoureux. Dans de pareils problèmes il est ordinairement bon d'employer également des lettres pour représenter les données de la question ; cela simplifie à la fois l'écriture et le raisonnement, et permet souvent d'obtenir la réponse demandée à l'aide d'une formule très simple. Cette formule a de plus le grand avantage de donner immédiatement la solution de tous les problèmes numériques analogues.

La deuxième partie, sous le titre *Éléments d'algèbre financière*, comprend les matières suivantes : équations et problèmes, progressions et logarithmes, compléments d'algèbre élémentaire, intérêts composés, rentes et annuités, probabilités et jeux de hasard, assurances sur la vie, tables numériques pour les calculs relatifs aux intérêts composés et aux annuités.

En faisant cette publication nous avons eu pour but de réunir en un seul traité et d'exposer avec méthode, à l'aide des données actuelles du commerce et de la finance, des notions et des théories qui ne sont pas nouvelles, mais qui sont ordinairement éparses dans des ouvrages de provenances fort diverses.

Son titre. « *Petit Traité des Opérations commerciales et financières* », indique d'autre part que nous avons eu également pour but une œuvre d'initiation. Notre ouvrage, que nous avons cherché à rendre complet en ce qui concerne les opérations commerciales et financières usuelles, ne constitue en effet qu'une préparation à l'étude approfondie de certaines opérations plus compliquées, relatives aux placements à long terme et aux assurances, examinées dans la deuxième partie.

Toutefois, grâce à quelques compléments d'algèbre et à une théorie élémentaire, mais suffisamment complète, du calcul des probabilités, il nous a été possible de mettre à la portée des personnes qui n'ont pas reçu une éducation mathématique spéciale, la plupart des théories relatives à ces questions si intéressantes.

Nous prions ceux de nos collègues qui examineront ce traité de vouloir bien nous communiquer leurs observations et leurs critiques, et nous adressons la même prière à toutes les personnes qui s'intéressent à la science commerciale.

Ces personnes qui s'occupent ainsi d'études pratiques deviennent chaque jour plus nombreuses, et si le développement de ces études, qui sont relativement récentes, s'effectue aussi rapidement, c'est qu'elles répondent à des nécessités urgentes de l'époque actuelle.

Les progrès de la science et l'accroissement du bien-être ont en effet modifié les conditions de l'existence, et le champ de l'activité humaine s'oriente de plus en plus vers les affaires. Les individus, les nations elles-mêmes sous peine de décadence, ont besoin de s'armer pour une lutte d'un nouveau genre, car c'est certainement sur le terrain industriel et commercial que se disputeront les grandes batailles de l'avenir

Puisse ce modeste ouvrage être de quelque utilité à ceux qui bientôt seront dans la mêlée.

J. PATOU.

ARITHMÉTIQUE

COMMERCIALE ET FINANCIÈRE

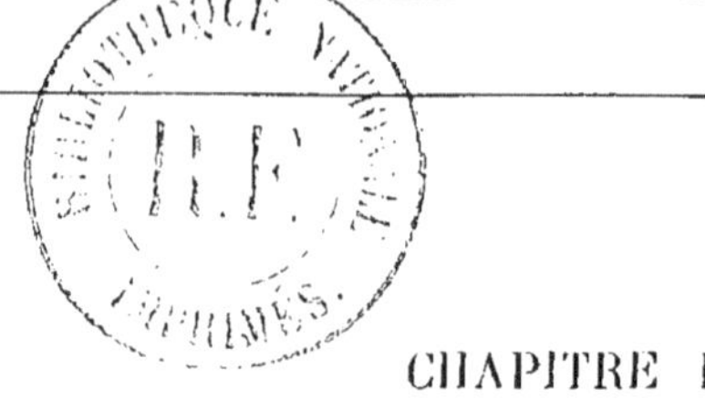

CHAPITRE I

CALCULS ABRÉGÉS ET CALCULS APPROCHÉS

---

1. Pour les opérations de la banque et du commerce, il est très utile de connaître le plus grand nombre possible de procédés abréviatifs de calcul.

Une longue pratique permet seule d'obtenir cette rapidité d'exécution que doit rechercher tout calculateur, mais il est possible néanmoins d'acquérir facilement les principes qui servent de base à tous les calculs rapides.

Nous allons exposer ces principes pour chacune des opérations fondamentales de l'arithmétique.

ADDITION

2. *Il faut s'habituer à faire l'addition de plusieurs nombres sans les écrire les uns au-dessous des autres.*

Exemple : $392 + 87 + 2534 = 3013.$

3. *Il faut s'exercer à prononcer le moins de mots possible, soit à haute voix, soit à voix basse, soit même mentalement.*

C'est ainsi, par exemple, que dans l'addition suivante :

$$8 + 9 + 5 + 2 + 3,$$

au lieu de dire : 8 et 9 font 17, 17 et 5 font 22, etc., il faut dire mentalement et le plus rapidement possible, en parcourant des yeux la ligne ci-dessus :

$$8, 17, 22, 24, 27.$$

Certains des nombres donnés ont parfois une somme égale à 10 ou à un multiple de 10. On fait alors la somme des autres nombres et on ajoute à cette somme une ou plusieurs dizaines. Ainsi, dans la somme ci-dessus, on doit voir immédiatement que les trois derniers nombres ont pour somme 10 ; on dit alors

$$8, 17, 27.$$

On peut aussi voir que le 1er et le 4e nombres ont pour somme 10 ; on dit alors

$$9, 14, 17, 27.$$

4. *Il faut s'exercer à effectuer de tête l'addition de plusieurs nombres de deux ou trois chiffres écrits au tableau ou sur le papier ou même simplement énoncés.*

A cet effet, il est bon de commencer l'opération par les unités de l'ordre le plus élevé. Ainsi, dans l'opération suivante :

$$64 + 52,$$

on doit dire immédiatement

$$60 \text{ et } 50 \quad 110,$$
$$4 \text{ et } 2 \quad 6. \qquad \text{Réponse : } 116.$$

Lorsque la somme des unités simples est égale ou supérieure à 10, il faut augmenter d'une dizaine la somme des dizaines. Ainsi, on doit dire immédiatement

$$48 + 35 = 83.$$

Et pour cela on prononce de suite 80 au lieu de 70 et on ajoute 3, chiffre des unités de la somme 8 + 5.

Soit encore à faire l'addition suivante :

$$46 + 54 + 21.$$

On doit dire   40, 90, 110,

                      6, 10, 11.   Réponse : 121.

On additionne de même des nombres de trois chiffres. Ainsi, on doit dire immédiatement

$$256 + 423 = 679.$$

Et pour cela on fait rapidement le calcul mental suivant :

$$
\begin{aligned}
&200 \text{ et } 400 \quad 600,\\
&50 \text{ et } 20 \quad 70,\\
&6 \text{ et } 3 \quad 9.
\end{aligned}
$$

On fait d'une façon analogue des additions de nombres de plus de trois chiffres.

Lorsqu'il s'agit de nombres décimaux, on ajoute séparément les parties entières et les parties décimales. Ainsi on a

$$15^{\mathrm{fr}},25 + 18^{\mathrm{fr}},50 = 33^{\mathrm{fr}},75.$$
$$128^{\mathrm{fr}},75 + 36^{\mathrm{fr}},75 = 165^{\mathrm{fr}},50.$$

Dans ce dernier exemple, on peut obtenir le résultat en disant

$$
\begin{aligned}
&128 \text{ et } 30 \quad 158,\\
& \text{et } 6 \quad 164,\\
&75 \text{ et } 75 \quad 1,50. \quad \text{Réponse : } 165,50.
\end{aligned}
$$

5. *Dans le cas où l'on doit additionner des fractions, il faut voir rapidement quel est le plus petit dénominateur commun.*

Cela est facile, car les fractions que l'on considère habituellement ont des dénominateurs simples. Ainsi on doit écrire de suite

$$\frac{3}{4} + \frac{1}{8} = \frac{7}{8};$$

$$\frac{3}{4} + \frac{1}{2} = 1\frac{1}{4};$$

$$\frac{5}{12} + \frac{3}{8} + \frac{1}{6} = \frac{10 + 9 + 4}{24} = \frac{23}{24}.$$

Certaines de ces fractions peuvent être réduites exactement en fractions décimales. Il faut connaître les résultats suivants :

$$\frac{1}{2} = 0,5, \qquad\qquad \frac{3}{8} = 0,375.$$

$$\frac{1}{4} = 0,25, \qquad\qquad \frac{1}{16} = 0,0625,$$

$$\frac{3}{4} = 0,75, \qquad\qquad \frac{1}{10} = 0,1,$$

$$\frac{1}{5} = 0,2, \qquad\qquad \frac{1}{20} = 0,05,$$

$$\frac{1}{8} = 0,125. \qquad\qquad \frac{1}{25} = 0,04.$$

D'autres fractions, réduites en décimales par la division du numérateur par le dénominateur, donnent un quotient illimité. Les principales sont les suivantes :

$$\frac{1}{3} = 0,3333\ldots\ldots \qquad\qquad \frac{1}{9} = 0,1111\ldots\ldots$$

$$\frac{1}{6} = 0,1666\ldots\ldots \qquad\qquad \frac{1}{11} = 0,0909\ldots\ldots$$

Lorsqu'on a un grand nombre de fractions à additionner, le procédé le plus rapide consiste à les convertir d'abord en fractions décimales.

6. Longues additions. — *Lorsqu'on doit faire de longues additions, il est indispensable d'écrire avec soin les nombres les uns au-dessous des autres et d'appliquer la règle connue.*

Il est alors bon d'inscrire chaque *retenue*, soit au-dessous de la colonne qui l'a produite, soit sur une petite feuille de papier. Cela peut servir de preuve partielle et permet d'éviter de recommencer toute l'addition si l'on est interrompu pendant l'opération.

Pour simplifier le calcul et diminuer les causes d'erreur, on peut, chaque fois que dans une colonne un total partiel dépasse 20, négliger deux dizaines et continuer l'opération. Au total obtenu on ajoute ensuite autant de fois deux dizaines qu'on a fait de suppressions. Pour ne pas oublier le nombre de ces suppressions, on peut, à chacune d'elles, ou bien ouvrir un doigt de la main gauche, ou bien faire un petit trait sur une feuille de papier.

7. Preuves de l'addition. — On peut de plusieurs façons faire la preuve d'une longue addition :

1° On recommence l'opération en sens inverse, c'est-à-dire de bas en haut si on l'a d'abord faite de haut en bas ;

2° On additionne tous les nombres donnés sauf l'un d'eux, on retranche le total obtenu du total à vérifier, et la différence doit être égale au nombre non additionné ;

3° On divise l'addition en plusieurs additions partielles ; la somme des totaux partiels doit être égale au total général.

Remarquons que ce dernier procédé peut être employé, non seulement pour faire la preuve d'une addition, mais aussi pour faire cette addition elle-même.

8. Somme des premiers nombres entiers. — On a parfois besoin de connaître la somme des premiers nombres entiers consécutifs jusqu'à un certain rang. Nous allons établir une formule qui permette d'obtenir aisément cette somme.

Cherchons par exemple la somme des 35 premiers nombres entiers. Soit S cette somme ; on a

$$S = 1 + 2 + 3 + \ldots + 34 + 35,$$

ou

$$S = 35 + 34 + 33 + \ldots + 2 + 1.$$

Ajoutons membre à membre ces deux égalités, on obtient

$$2S = 36 + 36 + 36 + \ldots + 36 + 36,$$

c'est-à-dire

$$2S = 35 \text{ fois } 36 = 35 \times 36,$$

et par suite

$$S = \frac{35 \times 36}{2} = 35 \times 18 = 630.$$

La somme des 35 premiers nombres entiers est donc 630, et on voit qu'on a obtenu cette somme en prenant la moitié du produit du nombre donné 35 par le nombre entier suivant.

Dès lors, si l'on désigne par la lettre n un nombre entier quelconque et si l'on veut avoir la somme des n premiers nombres entiers, cette somme est donnée par la formule suivante qu'il faut savoir par cœur :

$$S = \frac{n(n+1)}{2}.$$

Nous verrons dans la *deuxième partie* que cette formule est une conséquence immédiate de la théorie des *progressions arithmétiques*.

SOUSTRACTION

9. *Il faut s'habituer à opérer sans placer le plus petit nombre au-dessous du plus grand.*

Exemple : $4275 - 384 = 3891$.

Comme pour l'addition il faut s'exercer à prononcer le moins de mots possible.

10. *Il faut s'exercer à effectuer de tête toute soustraction dans laquelle les nombres ne sont pas trop grands.*

A cet effet, il est bon de commencer l'opération par les unités de l'ordre le plus élevé. Ainsi, on doit dire immédiatement

$$87 - 34 = 53.$$

Et pour cela, on peut procéder mentalement de la façon suivante :

$$84 - 34 = 5o.$$

et, comme on a pris 3 unités de moins dans le grand nombre, la réponse est 53. De même, on dit immédiatement

$$235 - 68 = 167.$$

Et pour cela, on peut procéder mentalement de la façon suivante :

$$235 - 65 = 170,$$

et, comme on a pris 3 unités de moins dans le petit nombre, la réponse est 167.

11. Rendre la monnaie d'une pièce. — Pour rendre la monnaie d'une pièce sur laquelle ils doivent prélever une certaine somme, les commerçants ne retranchent pas de la valeur de la pièce la somme qui leur est due ; ils procèdent par addition, et pour cela rendent à l'acheteur *la somme qui, ajoutée à la dette, reproduit la valeur de la pièce.*

Ainsi, soit à prendre 5^{fr},35 sur une pièce de 20 francs. Le commerçant dira :

$$5,35 \quad \text{et} \quad 15 \qquad 5,50$$
$$\text{et} \quad 50 \qquad 6 \text{ francs}$$
$$\text{et} \quad 4 \qquad 10 \text{ francs}$$
$$\text{et} \quad 10 \qquad 20 \text{ francs.}$$

Et, tout en disant cela, il remettra à l'acheteur :

$$0^{fr},15 + 0^{fr},50 + 4^{fr} + 10^{fr},$$

c'est-à-dire en tout $14^{fr}.65$.

12. Soustraire d'un nombre la somme de plusieurs autres. — On fait l'addition de ces derniers nombres, et l'on fait en même temps la soustraction finale, sans écrire d'autres chiffres que ceux du résultat définitif. Il faut s'habituer à faire rapidement une pareille opération quelle que soit la disposition des nombres donnés, qu'ils soient ou non les uns au-dessous des autres.

Ainsi, soit à retrancher de 4829 la somme des nombres 635, 418, 27.

$$\text{On dira} \qquad 5, \ 13, \ 20 \quad \text{de} \quad 29 \qquad 9,$$
$$2, \ 5, \ 6, \ 8 \quad \text{de} \quad 12 \qquad 4,$$
$$1, \ 7, \ 11 \quad \text{de} \quad 18 \qquad 7,$$
$$1 \quad \text{de} \quad 4 \qquad 3.$$

$$\text{Réponse : } 3749.$$

13. Soustraire un nombre d'une puissance de 10. — Soit à faire l'opération

$$10\,000 - 8473.$$

L'application de la règle ordinaire donne le calcul suivant :

$$\begin{array}{r} 10\,000 \\ 8473 \\ \hline 1527 \end{array}$$

On voit qu'on est conduit à retrancher de 10 le dernier chiffre 3, et à retrancher de 10 chacun des autres chiffres augmenté d'une unité, ce qui revient évidemment à *retrancher de 9 chacun de ces autres chiffres.*

Soit de même à faire l'opération $100\,000 - 827$. L'application de la règle ordinaire donne le calcul suivant.

$$\begin{array}{r} 100\,000 \\ 827 \\ \hline 99\,173 \end{array}$$

On voit que cela revient à retrancher de 10 le dernier chiffre à droite, et à retrancher de 9 chacun des autres chiffres, ainsi que chacun des zéros qu'on peut ajouter par la pensée à la gauche de 827 pour avoir un nombre total de chiffres égal au nombre des zéros de la puissance de 10.

Si le chiffre des unités du nombre entier à soustraire est 0, c'est le chiffre des dizaines qu'on retranche de 10.

Si le nombre à soustraire est décimal, on fait l'opération sans tenir compte de la virgule, qu'on rétablit dans le résultat, à la place convenable.

De là résulte la règle suivante :

Règle. — *Pour retrancher d'une puissance de 10 un nombre entier ou décimal, on imagine écrits à la gauche de ce nombre, si cela est nécessaire, des zéros en quantité suffisante pour que le nombre total des chiffres de la partie entière soit égal au nombre des zéros de la puissance de 10. On retranche ensuite de 9 chacun des zéros ajoutés et chacun des chiffres du nombre, sauf le dernier chiffre significatif à droite qu'on retranche de 10.*

D'après cette règle, on écrit immédiatement les égalités suivantes :

$$100\,000 - 45\,926 = 54\,074 ;$$
$$100\,000 - 92\,630 = 7\,370 ;$$
$$1\,000\,000 - 4\,723 = 995\,277 ;$$
$$10\,000 - 624,35 = 9\,375,65.$$

Un cas particulier important est le suivant : *Soustraire de l'unité un nombre décimal inférieur à* 1. Ainsi, soit à faire l'opération

$$1 - 0,472\,163.$$

On voit immédiatement que le résultat s'obtient en retranchant successivement de 9 chacun des chiffres décimaux, sauf le dernier qu'on retranche de 10. On a ainsi

$$1 - 0,472163 = 0,527837,$$
$$1 - 0,99274 = 0,00726.$$

MULTIPLICATION

14. Principes démontrés en arithmétique théorique.

1° *Un produit de plusieurs facteurs ne change pas lorsqu'on change l'ordre des facteurs, ou lorsqu'on remplace plusieurs de ces facteurs par leur produit effectué.*

Ce principe permet de simplifier le calcul d'un produit de plusieurs facteurs dans le cas où certains de ces facteurs ont pour produit un nombre tel que 10, 100, etc. Ainsi, soit le produit

$$2 \times 7 \times 25 \times 12 \times 5.$$

On doit remarquer de suite que le premier et le dernier facteurs ont pour produit 10 ; de plus que le quatrième facteur peut s'écrire 4×3, et, comme on a $25 \times 4 = 100$, on voit que le produit donné peut s'écrire

$$7 \times 3 \times 1000, \quad \text{c'est-à-dire} \quad 21000.$$

2° *Le carré d'un produit de plusieurs facteurs s'obtient en élevant au carré chacun des facteurs.*

3° *Pour multiplier par un nombre la somme de plusieurs autres, on peut multiplier par ce nombre chacun des autres nombres donnés et faire la somme des produits obtenus.*

Ainsi, on a

$$(4 + 8 + 5) \times 3 = 12 + 24 + 15 = 51.$$

4° *Pour multiplier par un nombre la différence de deux autres, on peut multiplier par ce nombre chacun des deux autres et retrancher le plus petit produit du plus grand.*

Ainsi, on a

$$(12 - 8) \times 5 = 60 - 40 = 20.$$

5° *Pour multiplier une somme par une autre somme, on multiplie la première somme successivement par chaque terme de la deuxième et on ajoute les produits partiels obtenus.*

Ainsi, on a

$$(5 + 3) \times (4 + 7) = (5 + 3) \times 4 + (5 + 3) \times 7,$$
$$= 20 + 12 + 35 + 21 = 88.$$

6° *Le produit de la différence de deux nombres par la diffé-rence de deux autres nombres est égal au produit des deux grands nombres plus le produit des deux petits et moins les produits obte-nus en multipliant le grand nombre de chaque différence par le petit de l'autre.*

Ainsi, on a

$$(12 - 9) \times (7 - 4) = 12 \times 7 + 9 \times 4 - 12 \times 4 - 7 \times 9$$
$$= 84 + 36 - 48 - 63 = 9.$$

7° *Le carré de la somme de deux nombres est égal au carré du premier nombre, plus le carré du second, plus deux fois le produit du premier par le second.*

Ainsi, on a

$$(7 + 3)^2 = 7^2 + 3^2 + 2 \times 7 \times 3$$
$$= 49 + 9 + 42 = 100.$$

8° *Le carré de la différence de deux nombres est égal au carré du premier nombre, plus le carré du second, moins deux fois le produit du premier par le second.*

Ainsi, on a

$$(7 - 3)^2 = 7^2 + 3^2 - 2 \times 7 \times 3$$
$$= 49 + 9 - 42 = 16.$$

9° *Le produit de la somme de deux nombres par leur diffé-rence est égal à la différence des carrés de ces deux nombres.*

Ainsi, on a

$$(7 + 5) \times (7 - 5) = 7^2 - 5^2$$
$$= 49 - 25 = 24.$$

Inversement, la différence des carrés de deux nombres peut se mettre sous la forme d'un produit. Ainsi, on a

$$48^2 - 35^2 = (48 + 35) \times (48 - 35)$$
$$= 83 \times 13 = 1079;$$

et cette transformation simplifie le calcul de la différence

$48^2 - 35^2$, car on ne fait ainsi qu'une multiplication au lieu d'en faire deux.

15. Table de multiplication. — Il est indispensable de savoir très bien la table de multiplication des premiers nombres entiers au moins jusqu'au nombre 15 (Voir au verso, avec la disposition de Pythagore, la partie de cette table qui ne se trouve pas dans les tables ordinaires).

La connaissance de cette table, jointe aux principes de calcul mental relatifs à l'addition, permet de faire mentalement certaines multiplications dans le cas où le multiplicateur ne dépasse pas 15.

Ainsi, soit à multiplier 86 par 7. Le multiplicande 86 est égal à la somme $80 + 6$; nous aurons donc le produit cherché en multipliant 80 par 7, puis 6 par 7, et en ajoutant les produits partiels obtenus. Nous dirons

$$80 \times 7 = 560,$$
$$6 \times 7 = 42. \qquad \text{Réponse : } 602.$$

De même, soit à faire la multiplication 1513×14. Le multiplicande est égal à la somme $1500 + 13$; nous dirons alors

$$1500 \times 14 = 21000,$$
$$13 \times 14 = 182. \qquad \text{Réponse : } 21182.$$

Soit encore à multiplier 754 par 12. Le multiplicande est égal à $700 + 50 + 4$; nous dirons alors

$$700 \times 12 = 8400,$$
$$50 \times 12 = 600,$$
$$4 \times 12 = 48. \qquad \text{Réponse : } 9048.$$

Et ainsi de suite.

Dans de pareilles opérations, il est bon de commencer les multiplications partielles par les unités de l'ordre le plus élevé du multiplicande.

16. *Il faut s'habituer à faire la multiplication sans écrire le multiplicateur au-dessous du multiplicande et en prononçant le moins de mots possible. Si le chiffre des unités du multiplicateur*

1	10	11	12	13	14	15
2	20	22	24	26	28	30
3	30	33	36	39	42	45
4	40	44	48	52	56	60
5	50	55	60	65	70	75
6	60	66	72	78	84	90
7	70	77	84	91	98	105
8	80	88	96	104	112	120
9	90	99	108	117	126	135
10	100	110	120	130	140	150
11	110	121	132	143	154	165
12	120	132	144	156	168	180
13	130	143	156	169	182	195
14	140	154	168	182	196	210
15	150	165	180	195	210	225

est 1, il est inutile d'écrire le produit partiel correspondant, le multiplicande en tient lieu.

C'est ainsi qu'on fera les multiplications suivantes :

$$3629 \times 473$$
$$10887$$
$$25403$$
$$14516$$
$$\overline{}$$
$$1716517$$

$$14573 \times 81$$
$$116584$$
$$\overline{}$$
$$1180413$$

17. Multiplication sans produits partiels. — Lorsque le multiplicande et le multiplicateur ne sont pas trop grands, il est facile de faire la multiplication en n'écrivant que les chiffres du résultat final. Le procédé employé pour cela repose sur ce que chacun des deux facteurs du produit peut être considéré comme la somme de deux nombres : les dizaines plus les unités ; et alors, d'après le 5ᵉ principe rappelé au nᵒ 14, la multiplication peut se subdiviser en quatre multiplications partielles.

Ainsi, soit à faire l'opération 47×36. Cette opération peut s'écrire

$$(7 + 40) \times (6 + 30),$$

c'est-à-dire $7 \times 6 + 40 \times 6 + 7 \times 30 + 40 \times 30,$

ou bien 42 unités + 24 dizaines + 21 dizaines + 12 centaines,

ou   2 unités + 49 dizaines + 12 centaines,

ou encore   2 unités + 9 dizaines + 16 centaines.

c'est-à-dire enfin   1692.

De là résulte la règle suivante :

Règle. — *Pour faire le produit de deux nombres tels que 47 et 36, on fait d'abord le produit des unités (6 fois 7 font 42, on pose 2 et on retient 4). On fait ensuite le produit des unités de chaque nombre par les dizaines de l'autre et on fait la somme de ces deux produits et de la retenue précédente (6 fois 4, 24 ; 3 fois 7, 21 ; et 24, 45 ; et 4 de retenue, 49 ; on pose 9 et on retient 4). On fait enfin le produit des dizaines (3 fois 4, 12 ; et 4 de retenue, 16).*

On écrit ainsi immédiatement

$$26 \times 53 = 1378,$$
$$82 \times 57 = 4674.$$

La même règle est applicable dans le cas où les nombres ont plus de deux chiffres, le *chiffre des dizaines* est alors remplacé par le *nombre des dizaines*. Ainsi, on doit écrire sans produits partiels

$$123 \times 144 = 17712,$$

et pour cela on dit mentalement

4 fois 3	12, je pose 2 et retiens 1 ;
4 fois 12	48,
3 fois 14	42 ; et 48, 90 ; et 1, 91 ; je pose 1 et retiens 9 ;
12 fois 14	168 ; et 9, 177.

$$\text{Réponse : } 17712.$$

18. Multiplication par un nombre voisin d'un nombre simple, comme 100, 1000, 5000, etc. — Soit à faire la multiplication

$$9536 \times 97.$$

On remarque que $97 = 100 - 3$. On peut donc obtenir le produit en retranchant de 100 fois le multiplicande 3 fois ce même multiplicande, c'est-à-dire en faisant l'opération

$$
\begin{array}{r}
953600 \\
28608 \\
\hline
924992
\end{array}
$$

Dans la pratique, on fait l'opération sans écrire de nouveau le multiplicande et sans ajouter de zéros à sa droite ; on a alors la disposition suivante :

$$
\begin{array}{r}
9536 \quad \times 97 \\
28608 \\
\hline
924992
\end{array}
$$

D'une façon analogue, pour multiplier par 995, on retranche de 1000 fois le multiplicande 5 fois ce même multiplicande.

Pour multiplier par 4993, on retranche de 5000 fois le multiplicande 7 fois ce même multiplicande.

19. Multiplication de deux nombres voisins d'une puissance de 10. — Lorsque le multiplicande et le multiplicateur sont voisins d'une puissance de 10, tous les deux inférieurs ou tous les deux supérieurs à cette puissance, il est facile d'écrire immédiatement le produit. Ainsi, soit à faire la multiplication

$$104 \times 102.$$

Ces deux facteurs sont voisins de 100 et leurs différences avec cette puissance de 10 sont 4 et 2. L'opération peut s'écrire

$$(100 + 4) \times (100 + 2),$$

c'est-à-dire

$$100 \times 100 + 4 \times 100 + 100 \times 2 + 4 \times 2,$$

ou bien

$$(100 + 4 + 2) \times 100 + 8,$$

ou

$$106 \times 100 + 8 = 106 \text{ centaines} + 8 \text{ unités},$$
$$= 10608.$$

De là, résulte la règle suivante :

Le produit de deux nombres supérieurs à 100 *se compose d'un nombre de centaines égal à* 100 *augmenté des deux différences, plus un nombre d'unités égal au produit de ces deux différences.*

D'après cela, on doit écrire immédiatement

$$108 \times 107 = 11556 ;$$

et pour cela on fait mentalement le calcul suivant :

$$8 \text{ et } 7 \text{ font } 15 ; \text{ et } 100, \text{ font } 115.$$
$$8 \times 7 = 56. \quad \text{Réponse : } 11556 ;$$

Si le multiplicande et le multiplicateur sont voisins de 1000 et supérieurs à 1000, on peut appliquer une règle analogue : Le produit se compose d'un nombre *d'unités de mille* égal à 1000 augmenté des deux *différences*, plus un nombre d'unités simples égal au produit de ces deux *différences*. Ainsi, on doit écrire immédiatement

$$1012 \times 1007 = 1019084 ;$$

et pour cela on fait mentalement le calcul suivant :

$$12 \text{ et } 7 \text{ font } 19 \text{ ; et } 1000, \text{ font } 1019,$$
$$12 \times 7 = 84. \quad \text{Réponse : } 1019084.$$

Examinons maintenant le cas où les deux facteurs du produit sont inférieurs à une puissance de 10. Ainsi, soit à faire la multiplication 98×96.

Les deux facteurs ont avec 100 des différences égales à 2 et 4, par suite l'opération peut s'écrire

$$(100 - 2) \times (100 - 4),$$

c'est-à-dire, d'après le 6ᵉ principe du nᵒ 14 :

$$100 \times 100 + 2 \times 4 - 100 \times 4 - 100 \times 2,$$

ou bien $\qquad (100 - 2 - 4) \times 100 + 2 \times 4,$

ou $\qquad 94 \times 100 + 8 = 94 \text{ centaines} + 8 \text{ unités},$
$$= 9408.$$

De là résulte la règle suivante :

Le produit de deux nombres inférieurs à 100 *se compose d'un nombre de centaines égal à* 100 *diminué des deux différences, plus un nombre d'unités égal au produit de ces deux différences.*

D'après cela, on doit écrire immédiatement

$$93 \times 92 = 8556 ;$$

et pour cela on fait mentalement le calcul suivant :

$$7 \text{ et } 8 \text{ font } 15, \quad 100 - 15 = 85,$$
$$7 \times 8 = 56. \quad \text{Réponse : } 8556.$$

Il est aisé d'obtenir des règles analogues pour les autres puissances de 10.

20. Multiplication de deux nombres qui sont, l'un supérieur, l'autre inférieur de la même quantité à un nombre simple. — Soit à faire la multiplication

$$42 \times 38.$$

On remarque qu'on peut écrire

$$42 = 40 + 2,$$
$$38 = 40 - 2.$$

L'opération s'écrit donc

$$(40 + 2) \times (40 - 2),$$

c'est-à-dire, d'après le 9ᵉ principe rappelé au nᵒ 14,

$$40^2 - 2^2,$$

ou bien $$1\,600 - 4 = 1\,596.$$

De la même façon, on obtiendra les résultats suivants :

$$87 \times 93 = 90^2 - 3^2 = 8\,100 - 9 = 8\,091,$$
$$134 \times 126 = 130^2 - 4^2 = 16\,900 - 16 = 16\,884.$$

21. Cas où l'un des facteurs est terminé par 5. — Lorsque le multiplicateur est terminé par 5, on obtient le produit en appliquant la règle suivante :

On multiplie le multiplicande par le nombre des dizaines du multiplicateur, et on ajoute au produit trouvé la moitié du multiplicande. On obtient ainsi le nombre des dizaines du produit cherché, et ce produit est alors terminé par o ou par 5 suivant que le multiplicande est pair ou impair.

En effet, soit à faire la multiplication

$$48 \times 35.$$

Le multiplicateur 35 se compose de 3 dizaines plus une demi-dizaine, donc le produit sera constitué par un nombre de dizaines égal à

$$48 \times 3 + \frac{48}{2},$$

c'est-à-dire $$144 + 24 = 168 \text{ dizaines.}$$

Donc on a $$48 \times 35 = 1\,680.$$

En second lieu, soit à faire la multiplication

$$27 \times 45.$$

Le multiplicateur 45 se compose de 4 dizaines plus une demi-dizaine, donc le produit sera constitué par un nombre de dizaines égal à

$$27 \times 4 + \frac{27}{2},$$

c'est-à-dire $$108 + 13\frac{1}{2} = 121 \text{ dizaines } \frac{1}{2}.$$

Donc on a $\qquad 27 \times 45 = 1215.$

On doit de même écrire immédiatement

$$14 \times 115 = 1610 ;$$

et pour cela on dit mentalement : 11 fois 14, 154 ; et 7, 161. Réponse, 1610. On obtient de même immédiatement

$$4{,}2 \times 6{,}5 = 27{,}30,$$
$$13 \times 1{,}35 = 17{,}55.$$

En particulier, si le multiplicateur est 15, on obtient les dizaines du produit en ajoutant au multiplicande la moitié de ce multiplicande.

22. Cas où les deux facteurs sont terminés par 5. — Lorsque le multiplicande et le multiplicateur sont terminés par 5, on obtient le produit en appliquant la règle suivante :

On multiplie le nombre des dizaines du multiplicande par le nombre des dizaines du multiplicateur, et on ajoute au produit trouvé la demi-somme de ces deux nombres de dizaines. On obtient ainsi le nombre des centaines du produit cherché, et ce produit est alors terminé par 25 ou par 75 suivant que la somme des deux nombres de dizaines est un nombre pair ou impair.

En effet, soit à faire la multiplication

$$95 \times 75.$$

On peut écrire $\qquad 95 = 9 \text{ dizaines} + \dfrac{1}{2} \text{ dizaine},$

$$75 = 7 \text{ dizaines} + \dfrac{1}{2} \text{ dizaine}.$$

En multipliant des dizaines par des dizaines on obtient des centaines. Le produit est donc constitué par un nombre de centaines égal à

$$\left(9 + \frac{1}{2} \right) \left(7 + \frac{1}{2} \right),$$

c'est-à-dire $\qquad 9 \times 7 + 9 \times \dfrac{1}{2} + 7 \times \dfrac{1}{2} + \dfrac{1}{4},$

ou bien $\qquad 63 + (9 + 7) \dfrac{1}{2} + \dfrac{1}{4},$

ou
$$63 + 8 + \frac{1}{4} = 71 + \frac{1}{4}.$$

Or 71 centaines valent 7 100 unités, $\frac{1}{4}$ de centaine vaut 25 unités.

Le produit est donc 7 125 et on voit qu'il a été obtenu par la règle précédente.

En second lieu, soit à faire la multiplication

$$45 \times 35.$$

Comme dans l'exemple précédent, on voit que le produit est constitué par un nombre de centaines égal à

$$\left(4 + \frac{1}{2} \right) \left(3 + \frac{1}{2} \right),$$

c'est-à-dire
$$4 \times 3 + (4 + 3)\frac{1}{2} + \frac{1}{4} ;$$

ou bien
$$12 + 3 + \frac{1}{2} + \frac{1}{4} = 15 + \frac{1}{2} + \frac{1}{4}.$$

Or 15 centaines valent 1 500 unités, $\frac{1}{2}$ centaine vaut 50 unités, $\frac{1}{4}$ de centaine vaut 25 unités. Le produit est donc 1 575 et on voit qu'il a été obtenu par la règle énoncée.

En appliquant cette règle on pourra écrire immédiatement

$$135 \times 75 = 10125.$$
$$24,5 \times 45 = 1102,5,$$
$$1,35 \times 125 = 168,75,$$
$$14,5 \times 20,5 = 297,25.$$

De pareilles multiplications se présentent fréquemment dans le commerce.

23. Multiplication par 11. — Soit à faire les multiplications

$$2143 \times 11,$$
$$7439 \times 11.$$

La règle ordinaire conduit au calcul suivant :

$$
\begin{array}{r}
2\,143 \\
11 \\
\hline
2\,143 \\
2\,143 \\
\hline
23\,573
\end{array}
\qquad\qquad
\begin{array}{r}
7\,439 \\
11 \\
\hline
7\,439 \\
7\,439 \\
\hline
81\,829
\end{array}
$$

On remarque que dans l'addition des deux produits partiels chacun des chiffres du multiplicande est additionné avec le chiffre placé à sa gauche. Cela permet d'énoncer la règle suivante :

Pour multiplier un nombre par 11, on écrit, de droite à gauche, d'abord le chiffre des unités du multiplicande, puis les chiffres obtenus en ajoutant chacun des chiffres de ce multiplicande avec celui qui est à gauche. Si l'une de ces additions donne un résultat supérieur à 10, on écrit seulement le chiffre des unités et on ajoute une unité à l'addition suivante. On continue ainsi jusqu'au dernier chiffre à gauche, qu'on écrit seul ou augmenté, s'il y a lieu, de la retenue qui provient de l'addition précédente.

D'après cela, on écrit immédiatement

$$35 \times 11 = 385, \qquad 48 \times 11 = 528 ;$$

et on voit par là que, lorsque le multiplicande est un nombre de deux chiffres, on obtient le produit en écrivant entre ces deux chiffres le résultat de leur addition si ce résultat est inférieur à 10 ; dans le cas où ce résultat est supérieur à 10, on écrit seulement le chiffre de ses unités et on augmente d'une unité le chiffre des dizaines du multiplicande.

On écrit de même immédiatement

$$407\,625 \times 11 = 4\,483\,875,$$

et pour cela on écrit d'abord 5, puis on dit :

$$
\begin{array}{ll}
5 \text{ et } 2 & 7, \\
2 \text{ et } 6 & 8, \\
6 \text{ et } 7 & 13 \text{ (on pose 3 et on retient 1)}, \\
7 \text{ et } 0 \text{ et } 1 & 8, \\
0 \text{ et } 4, & 4,
\end{array}
$$

et enfin on écrit le premier chiffre 4 du multiplicande.

Remarque. — Pour multiplier un nombre par 22. 33, etc., on peut le multiplier d'abord par 2, 3, etc., puis par 11.

24. Multiplication par 12. — Pour multiplier un nombre par 12, on ajoute le double de ce nombre à son produit par 10. On peut donner à l'opération la disposition suivante :

$$32\,743 \times 12$$
$$65\,486$$

Réponse :   392 916.

Dans certains cas le multiplicande est un nombre décimal dont la partie entière se multiplie aisément par 12 et dont la partie décimale est 0,25, ou 0,50, ou 0,75, c'est-à-dire $\dfrac{1}{4}$, ou $\dfrac{1}{2}$, ou $\dfrac{3}{4}$. Le produit total s'obtient alors aisément en remarquant que l'on a

$$\frac{1}{4} \times 12 = 3,$$

$$\frac{1}{2} \times 12 = 6,$$

$$\frac{3}{4} \times 12 = 9.$$

Soit par exemple la multiplication suivante :

$$15,50 \times 12.$$

On dira

$$15 \times 12 = 180 ; \quad \text{et } 6, 186.$$

On écrira de même immédiatement

$$9,75 \times 12 = 117 \quad (9 \times 12 = 108 ; \quad \text{et } 9, 117);$$
$$14,25 \times 12 = 171 \quad (14 \times 12 = 168 ; \quad \text{et } 3, 171).$$

D'une façon analogue, si on remarque que l'on a

$$\frac{1}{3} \times 12 = 4, \qquad \frac{1}{6} \times 12 = 2,$$

on peut écrire immédiatement

$$13\tfrac{1}{3} \times 12 = 160 ; \qquad 8\tfrac{1}{6} \times 12 = 106.$$

25. Multiplication par 5, 25, 75, 125. — En remarquant que 5 est la moitié de 10, 25 le quart de 100, 75 les trois quarts de 100, 125 le huitième de 1 000, on est conduit aux règles suivantes :

1° *Pour multiplier un nombre par 5, ou par 50, ou par 500, etc., on le multiplie par 10, ou par 100, ou par 1 000, etc., et on prend la moitié du produit obtenu.*

Ainsi, on a $\qquad 312 \times 5 = \frac{1}{2} \, 3120 = 1560 ;$

$$42,64 \times 500 = \frac{1}{2} \, 42640 = 21320.$$

Pour multiplier un nombre par 0,5, on prend la moitié de ce nombre. Ainsi, on a

$$126 \times 0,5 = \frac{1}{2} \, 126 = 63,$$

$$14,70 \times 0,5 = \frac{1}{2} \, 14,70 = 7,35.$$

2° *Pour multiplier un nombre par 25, on le multiplie par 100 et on prend le quart du produit.*

Ainsi, on a

$$328 \times 25 = \frac{1}{4} \, 32800 = 8200 ;$$

$$36,65 \times 25 = \frac{1}{4} \, 3665 = 916,25.$$

Pour multiplier un nombre par 2,5, on le multiplie par 10 et on prend le quart du produit.

Pour multiplier un nombre par 0,25, on en prend le quart.

3° *Pour multiplier un nombre par 75, on le multiplie par 300 et on prend le quart du produit.*

Ainsi, on a

$$426 \times 75 = \frac{1}{4} \, 127800 = 31950,$$

$$316,25 \times 75 = \frac{1}{4} \, 94875 = 23718,75.$$

Pour multiplier par 0,75, on multiplie par 3 et on prend le quart du produit.

4° Pour multiplier un nombre par 125, *on le multiplie par* 1000 *et on prend le huitième du produit.*

Ainsi, on a

$$621 \times 125 = \frac{1}{8} \, 621\,000 = 77\,625.$$

Pour multiplier un nombre par 1,25, on le multiplie par 10 et on prend le huitième du produit.

26. Carré d'un nombre. — Le carré d'un nombre étant égal au produit de ce nombre par lui-même, il sera facile, d'après la règle du n° 17, d'obtenir les carrés des nombres qui ne sont pas trop grands. Ainsi soit à faire le carré du nombre 34 ; on a

$$34^2 = 34 \times 34.$$

D'après la règle du n° 17, on doit dire

4 fois 4 font 16, je pose 6 et retiens 1 ;
4 fois 3 font 12 ;
3 fois 4 font 12 ; et 12, 24 ; et 1, 25 ; je pose 5 et retiens 2 ;
3 fois 3 font 9 ; et 2, 11. Réponse : 1156.

On remarque qu'on a fait ainsi le carré des unités, puis deux fois le produit des dizaines par les unités, puis le carré des dizaines. Cela permet d'énoncer la règle suivante :

Pour faire le carré d'un nombre tel que 34, *on fait d'abord le carré des unités* ($4^2 = 16$, *on écrit* 6 *unités et on retient* 1 *dizaine*). *On fait ensuite le produit du chiffre des unités par le chiffre des dizaines, on double ce produit et on lui ajoute, s'il y a lieu, la retenue qui provient de la première opération* ($4 \times 3 = 12$, 2 *fois* 12 *font* 24 ; *et* 1 *de retenue,* 25 ; *on écrit* 5 *dizaines et on retient* 2 *centaines*). *On fait enfin le carré des dizaines et on lui ajoute la dernière retenue* ($3^2 = 9$; *et* 2 *de retenue,* 11).

La même règle est applicable dans le cas d'un nombre de plus de deux chiffres, le *chiffre* des dizaines est alors remplacé par le *nombre* des dizaines. Ainsi, on a

$$124^2 = 15376 ;$$

et pour cela, on dit

$4^2 = 16$, je pose 6 et retiens 1 ;

4 fois 12 = 48, 2 fois 48 = 96 ; et 1, 97 ; je pose 7 et retiens 9 ;
12² = 144 ; et 9, 153.

REMARQUE. — Le nombre 34 peut s'écrire 30 + 4 et alors
on a, d'après le 7ᵉ principe rappelé au nᵒ 14,

$$34^2 = (30 + 4)^2 = 30^2 + 2 \times 4 \times 30 + 4^2,$$
$$= 900 + 240 + 16.$$

On retrouve ainsi que le carré de 34 se compose des mêmes trois
parties que dans la règle ci-dessus. Cette décomposition en trois
parties permet dans certains cas de former le carré d'un nombre
par un simple calcul mental. Ainsi, on écrit immédiatement

$$401^2 = 160801 \quad (160000 + 2 \times 1 \times 400 + 1),$$
$$602^2 = 362404 \quad (360000 + 2 \times 2 \times 600 + 4).$$

27. Carré d'un nombre terminé par 5. — C'est là un cas particulier du nᵒ 22. Ainsi, soit à faire le carré du nombre 35 ; on a

$$35^2 = 35 \times 35.$$

D'après la règle du nᵒ 22, le nombre des centaines du résultat
sera

$$3 \times 3 + (3 + 3)\,\frac{1}{2},$$

c'est-à-dire $3 \times 3 + 3$, c'est-à-dire enfin 3×4 ;
et à ce nombre de centaines nous devrons ajouter 25 unités, ce
qui donne 1225. De là résulte la règle suivante :

*On obtient le carré d'un nombre terminé par 5 en multipliant
le nombre des dizaines par le nombre entier immédiatement supérieur et en faisant suivre le produit du nombre 25.*

C'est ainsi qu'on écrira

$$75^2 = 5625 \quad (7 \times 8 = 56. \quad \text{Réponse : } 5625),$$
$$25^2 = 625,$$
$$135^2 = 18225,$$
$$405^2 = 164025, \quad \text{etc.}$$

28. Multiplication abrégée de deux nombres décimaux. —
Le produit de deux nombres décimaux contient, en général,
autant de décimales qu'il y en a dans les deux facteurs réunis.

Dans la pratique, il n'est souvent pas nécessaire d'obtenir des résultats ayant un grand nombre de chiffres décimaux. Ainsi, dans l'évaluation d'une somme d'argent on se borne aux centimes, c'est-à-dire aux deux premières décimales.

Il y a lieu alors de chercher à simplifier des multiplications longues qui donnent des chiffres décimaux qu'on ne tient pas à conserver. Un Anglais, Oughtred, a indiqué pour cela une méthode que nous allons exposer. Rappelons d'abord quelques définitions :

Lorsque dans un nombre décimal on néglige sur la droite une ou plusieurs décimales, on dit qu'on obtient une *valeur approchée* du nombre décimal ; cette valeur est dite *approchée à* $\frac{1}{10}$ *près,* ou à $\frac{1}{100}$ *près,* ou à $\frac{1}{1\,000}$ *près,* etc., suivant qu'on conserve un chiffre décimal, ou 2, ou 3, etc.

Ainsi, soit le nombre décimal 395,6278 ; les nombres suivants en sont des valeurs approchées :

$$395,\qquad \text{à une unité près ;}$$

$$395,6,\quad \text{à } \frac{1}{10} \text{ près ;}$$

$$395,62,\ \text{à } \frac{1}{100} \text{ près ; etc.}$$

Ces valeurs sont quelquefois dites *approchées par défaut.* On dit que 395,62, par exemple, est une valeur approchée à $\frac{1}{100}$ près parce que la différence entre ce nombre et le nombre exact est inférieure à 1 centième ; en d'autres termes, en substituant 395,62 au nombre donné, on commet une *erreur* qui est inférieure à $\frac{1}{100}$.

Certains nombres décimaux ont un nombre illimité de décimales. Tel est le cas du nombre π, rapport de la circonférence au diamètre ; on a

$$\pi = 3,141592653589\ldots\ldots$$

On ne peut avoir que des valeurs approchées d'un pareil nombre. On prend ordinairement

$$\pi = 3,1416,$$

et cette valeur est approchée à $\dfrac{1}{10\,000}$ près *par excès*. Cette dernière valeur est *plus exacte* que la valeur 3,1415 approchée à $\dfrac{1}{10\,000}$ près *par défaut*.

Dans beaucoup d'autres cas, il peut y avoir avantage à prendre des valeurs approchées par excès. Ainsi, soit le nombre 46,53872.

$$46,53 \text{ est approché à } \dfrac{1}{100} \text{ près par défaut,}$$

$$46,54 \qquad\qquad\qquad\qquad \text{par excès.}$$

Cette deuxième valeur est plus exacte que la première.

Dans la pratique, lorsqu'on veut supprimer un certain nombre de chiffres décimaux, on augmente d'une unité la dernière décimale conservée si le chiffre suivant est égal ou supérieur à 5, et on ne modifie pas la dernière décimale si le chiffre suivant est inférieur à 5. Ainsi, soient les nombres

$$2,4256, \quad 36,748, \quad 7,0639.$$

On prendra pour valeurs approchées à $\dfrac{1}{100}$ près

$$2,43, \quad 36,75, \quad 7,06.$$

Ceci rappelé, voici la règle à suivre pour faire, *à une approximation donnée*, la multiplication de deux nombres décimaux.

Règle. — *On écrit le multiplicateur de droite à gauche de telle façon que le chiffre de ses unités simples soit sous le chiffre du multiplicande qui représente des parties décimales cent fois plus petites que celles de l'approximation demandée (c'est-à-dire sous le chiffre des cent-millièmes par exemple, si l'on demande le produit à 1 millième près), et que les autres chiffres du multiplicateur soient sous les autres chiffres du multiplicande.*

On multiplie ensuite, en allant de droite à gauche, le multipli-cande par chaque chiffre du multiplicateur, en commençant chaque multiplication partielle par le chiffre placé au-dessus du chiffre multiplicateur, les chiffres placés à droite étant négligés.

On écrit ces produits partiels de droite à gauche, les uns sous les autres, en plaçant le premier chiffre à droite de chacun d'eux sur une même colonne verticale.

On additionne enfin tous ces produits, on sépare par une virgule deux chiffres décimaux de plus que ne l'indique l'approximation demandée, on barre les deux derniers chiffres décimaux et on augmente d'une unité la dernière décimale conservée.

Le nombre ainsi obtenu est le produit approché, par défaut ou par excès, avec l'approximation indiquée.

EXEMPLE. — *Trouver à* $\dfrac{1}{100}$ *près le produit des deux nombres*

$$35,3042179854 \quad et \quad 54,3986728.$$

Nous aurons le calcul suivant :

```
            35,3042179984
          8276 89345
          ─────────────
            176 52105
             14 12168
              1 05912
                31770
                 2824
                  210
                   21
          ─────────────
             1920,5010
Réponse :    1920,51
```

Démonstration de la règle. — Nous allons faire sur cet exemple la démonstration de la règle.

Le premier produit partiel a été obtenu en multipliant 3530421 cent millièmes par les 5 dizaines du multiplicateur ; ce premier produit partiel représente donc des dix-millièmes.

Le deuxième produit partiel a été obtenu en multipliant 353042

dix-millièmes par les 4 unités du multiplicateur ; ce deuxième produit partiel représente donc aussi des dix-millièmes.

Le troisième produit partiel, obtenu en multipliant des millièmes par des dixièmes, représente aussi des dix-millièmes. Et de même pour les autres produits.

Tous les produits partiels représentant des dix-millièmes, il faut, pour les additionner, les écrire les uns sous les autres de façon que le premier chiffre à droite de chacun d'eux soit sous le premier chiffre à droite du précédent.

Le total représente aussi des dix-millièmes, il faut donc séparer quatre chiffres décimaux à la droite de ce total. On a ainsi obtenu le nombre 1920,5010.

Ce nombre n'est pas le produit exact des deux nombres donnés, car nous avons négligé certains chiffres. Cherchons l'erreur qui a été commise.

En faisant le premier produit partiel, nous avons négligé une partie du multiplicande égale à 0,000007984 ; cette partie est inférieure à 0,00001, c'est-à-dire à 1 cent-millième, et, puisque cette partie devait être multipliée par 5 dizaines, l'erreur commise est inférieure à 5 dix-millièmes.

En faisant le deuxième produit partiel, nous avons négligé une partie du multiplicande inférieure à 1 dix-millième, et puisque cette partie devait être multipliée par 4 unités, l'erreur commise est inférieure à 4 dix-millièmes.

On voit de même que dans le troisième produit partiel l'erreur commise est inférieure à 3 dix-millièmes. Et ainsi de suite.

Les erreurs commises dans les produits partiels successifs sont donc respectivement inférieures à 5, 4, 3, 9, 8, 6, 7 dix-millièmes.

D'autre part, la partie supprimée dans le multiplicateur est inférieure à 1 cent-millième, et, comme le multiplicande est inférieur à 4 dizaines, on voit que l'erreur ainsi commise est inférieure à 4 dix-millièmes.

Il résulte de tout cela que le produit obtenu est approché par défaut et que l'erreur commise est inférieure à

$$5 + 4 + 3 + 9 + 8 + 6 + 7 + 4 \quad \text{dix-millièmes,}$$

c'est-à-dire à 46 dix-millièmes. A plus forte raison, l'erreur est inférieure à 100 dix-millièmes, c'est-à-dire à $\dfrac{1}{100}$.

Si au produit trouvé 1920,5010, nous ajoutons 46 dix-millièmes, c'est-à-dire 0,0046, nous obtiendrons un nombre supérieur au vrai produit. Donc, le vrai produit est compris entre les deux nombres suivants :

$$1920,5010 \quad \text{et} \quad 1920,5056.$$

L'application de la règle nous a conduits à prendre le nombre 1920,51. C'est donc une valeur approchée à $\dfrac{1}{100}$ près par excès.

Remarque. — Si nous avions pris, pour valeur du produit, le nombre 1920,50, nous aurions eu une valeur approchée par défaut. En agissant ainsi, nous aurions commis deux erreurs par défaut.

1° Une erreur de 10 dix-millièmes ;

2° Une erreur inférieure à 46 dix-millièmes.

La somme de ces deux erreurs est inférieure à 100 dix-millièmes, c'est-à-dire à $\dfrac{1}{100}$.

Il peut donc paraître superflu d'augmenter d'une unité la dernière décimale conservée puisque, d'après l'exemple considéré, on a immédiatement le produit à $\dfrac{1}{100}$ près par défaut. Mais cela n'est pas général ; il peut arriver que la somme des deux erreurs que nous venons de signaler soit supérieure à 100 dix-millièmes, c'est-à-dire à $\dfrac{1}{100}$. Cela se produit lorsque le nombre des chiffres du multiplicateur est assez grand, et lorsque les deux dernières décimales supprimées forment un nombre voisin de 100. Dans ce cas, on ne serait pas certain d'avoir l'approximation demandée si l'on n'augmentait pas d'une unité la dernière décimale conservée.

C'est ce qui se produit dans l'exemple suivant :

Trouver à $\dfrac{1}{100}$ *près le produit des deux nombres*

$$9,485628792 \quad et \quad 7,320548.$$

L'application de la règle donne le calcul suivant :

$$
\begin{array}{r}
9,485628792 \\
8450237 \\
\hline
663992 \\
28455 \\
1896 \\
45 \\
\hline
69,4388
\end{array}
$$

Le produit 69,4388 est approché par défaut et l'erreur commise est inférieure à $7+3+2+5+10$, c'est-à-dire 27 dix-millièmes. Donc le vrai produit est inférieur à

$$69,4388 + 0,0027.$$

c'est-à-dire à $\qquad\qquad$ 69,4415.

Ce vrai produit est donc compris entre les deux nombres

$$69,4388 \quad et \quad 69,4415.$$

Par suite sa valeur approchée à $\dfrac{1}{100}$ près par défaut est

$$69,43, \quad ou \ bien \quad 69,44.$$

Dans le doute, on est obligé de prendre 69,44 et cette valeur est certainement approchée à $\dfrac{1}{100}$ près, mais on ne sait pas si c'est par défaut ou par excès.

Dans le cas où l'on veut être certain du résultat, il faut calculer le produit à un degré d'approximation 10 fois plus petit que le degré demandé, puis effacer le dernier chiffre dans le résultat obtenu.

DIVISION

29. Principes démontrés en arithmétique théorique :

1° *Si on multiplie ou si on divise par un même nombre le dividende et le diviseur d'une division, le quotient ne change pas, mais le reste, s'il y en a un, est multiplié ou divisé par ce même nombre.*

2° *Pour diviser un produit de plusieurs facteurs par l'un de ces facteurs, il suffit de supprimer ce facteur.*

Ainsi, on a $\qquad 7 \times 5 \times 9 : 5 = 7 \times 9.$

3° *Pour diviser un produit de plusieurs facteurs par un nombre, il suffit, si cela est possible, de diviser l'un des facteurs par ce nombre.*

Ainsi, on a

$$5 \times 7 \times 12 \times 9 : 4 = 5 \times 7 \times 3 \times 9.$$

4° *Si un nombre est exactement divisible par un produit de plusieurs facteurs, il est exactement divisible par chacun de ces facteurs, et, pour avoir le quotient du nombre par le produit des facteurs, on peut diviser ce nombre par le premier facteur, puis diviser le résultat par le deuxième facteur, et ainsi de suite jusqu'au dernier facteur.*

Ainsi le nombre 51 612 est divisible par le produit $12 \times 17 \times 23$; on peut obtenir le quotient en opérant comme il suit :

$$\begin{array}{lll}
51612 & 12 & \\
36 & \overline{4301} & 17 \\
»12 & 90 & \overline{253} \quad 23 \\
» & 51 & 23 \quad \overline{11} \ . \qquad \text{Réponse : 11.} \\
& » & »
\end{array}$$

5° *Pour diviser par un nombre la somme de plusieurs autres, il suffit de diviser par le premier nombre chacun des autres et d'ajouter les quotients obtenus.*

Ainsi, on a

$$(24 + 39 + 15) : 3 = 8 + 13 + 5 = 26.$$

30. Division par des diviseurs simples. — Il faut s'habituer à opérer très rapidement lorsque le diviseur est un nombre simple tel que 2, 3, 4, 5, 6, 7, 8, 9, 11, etc. Cela revient à prendre la moitié, le tiers, le quart, etc. du dividende donné. Il faut voir tout de suite si ce dividende est ou n'est pas exactement divisible par ces diviseurs simples.

Lorsque le diviseur est égal au produit de deux ou plusieurs nombres simples, on peut obtenir le quotient par l'application du 4° des principes rappelés ci-dessus.

Ainsi, pour diviser un nombre par 18, on peut prendre le tiers de ce nombre, puis le sixième du résultat; ou bien prendre la moitié, puis le neuvième. Pour diviser par 24, on peut d'abord diviser par 4, puis par 6; ou bien par 3, puis par 8; etc.

31. Division par 5, 25, 75 125. — 1° *Pour diviser un nombre par 5, ou par 50, ou par 500, etc., on double ce nombre et on divise le résultat par 10, ou par 100, ou par 1 000, etc.*

Ainsi, on a

$$9\,245 : 5 = \frac{1}{10}\,18\,490 = 1\,849,$$

$$6\,474 : 500 = \frac{1}{1\,000}\,12\,948 = 12,948.$$

Pour diviser par 0,5, on double le dividende.

Pour diviser par 0,05, on double le dividende et on multiplie par 10 le résultat obtenu.

2° *Pour diviser un nombre par 25, on multiple ce nombre par 4 et on divise par 100 le résultat obtenu.*

Ainsi, on a

$$6\,975 : 25 = \frac{1}{100}\,27\,900 = 279,$$

$$2\,936 : 25 = \frac{1}{100}\,11\,744 = 117,44.$$

3° *Pour diviser un nombre par 75, on multiplie ce nombre par 4, on prend le tiers du produit et on divise le résultat par 100.*

Ainsi, soit à faire la division 7 245 : 75. En appliquant la règle, on doit écrire les deux nombres ci-dessous dont le deuxième est la réponse :

$$28\,980, \qquad 96,60.$$

4° *Pour diviser un nombre par* 125, *on multiplie ce nombre par* 8 *et on divise par* 1 000 *le résultat obtenu.*

Ainsi, on a

$$29\,726 : 125 = \frac{1}{1\,000}\,237808 = 237,808.$$

La démonstration de ces quatre règles résulte immédiatement de la remarque qui a été faite au début du n° 25.

32. Division par π. — Dans les applications géométriques, on rencontre assez fréquemment des divisions dans lesquelles le diviseur est le nombre π, c'est-à-dire le nombre $3,1415926\ldots$ De pareilles divisions sont très longues. On peut les abréger comme il suit.

Si D représente un dividende quelconque, on peut écrire

$$D : \pi = \frac{D}{\pi} = D \times \frac{1}{\pi},$$

ce qui montre que la division par π peut se remplacer par la multiplication par $\dfrac{1}{\pi}$. Ce nombre $\dfrac{1}{\pi}$ a pour valeur

$$0,3183098\ldots$$

Cette valeur se retient aisément à l'aide de la phrase suivante, dans laquelle les chiffres forment la partie décimale du nombre ci-dessus :

Les 3 journées de 1830 *sont un* 89 *renversé.*

Comme application, proposons-nous de trouver le rayon d'un cercle qui a 30 mètres de circonférence.

On sait que la longueur de la circonférence s'obtient en multipliant le double du rayon par π. Donc, dans le cas actuel, le produit du rayon par π est égal à la moitié de 30, c'est-à-dire à 15, et on a

$$\text{Rayon} = 15 : \pi,$$

c'est-à-dire

$$\text{Rayon} = 15 \times 0,3183098$$

$$= \frac{1591549}{\quad} \; 4,774647. \quad \text{Réponse} : 4^{\text{m}},775.$$

Pour faire cette multiplication par 15, on a ajouté à $\dfrac{1}{\pi}$ sa moitié et on a multiplié le résultat par 10.

33. Division par $1-f$, f **étant une fraction très petite.** — D'une façon analogue à ce qui précède, la division par $1-f$ peut se remplacer par la multiplication par $\dfrac{1}{1-f}$.

Nous allons montrer que, n représentant un nombre entier quelconque, on peut toujours écrire

$$\frac{1}{1-f} = 1+f+f^2+f^3+\ldots+f^{n-1}+\frac{f^n}{1-f}. \qquad (1)$$

Multiplions en effet par $1-f$ le second membre de cette égalité ; on obtient

$$(1+f+f^2+f^3+\ldots+f^{n-1})(1-f)+f^n. \qquad (2)$$

Or, pour multiplier la somme $1+f+f^2+f^3\ldots+f^{n-1}$ par $1-f$, on peut multiplier cette somme d'abord par 1 puis par f et retrancher le deuxième produit du premier.

$$1^{er}\ \text{produit} = 1+f+f^2+f^3+\ldots+f^{n-1} ;$$
$$2^e\ \text{produit} = f+f^2+f^3+f^4+\ldots+f^n.$$

La différence de ces deux produits est $1-f^n$. Donc l'expression (2) est égale à $1-f^n+f^n$, c'est-à-dire à 1.

Par conséquent, le second membre de l'égalité (1) représente bien le quotient de la division de 1 par $1-f$, puisque le produit de ce second membre par $1-f$ est égal à 1.

Par suite, si nous écrivons

$$\frac{1}{1-f} = 1+f+f^2+f^3+\ldots+f^{n-1},$$

nous commettons une erreur égale à $\dfrac{f^n}{1-f}$, mais cette erreur est d'autant plus faible que le nombre n est plus grand et la fraction f plus petite, car les puissances successives d'une fraction inférieure à l'unité sont de plus en plus petites.

Lorsqu'on veut indiquer une approximation indéfinie, on écrit

$$\frac{1}{1-f} = 1 + f + f^2 + f^3 + \dots$$

Dans la pratique, il arrive souvent qu'on peut, *sans erreur sensible*, remplacer $\dfrac{1}{1-f}$ par $1 + f + f^2 + f^3$, et même par $1 + f + f^2$.

Ainsi, supposons que la fraction f soit égale à $\dfrac{1}{100}$, et prenons seulement les trois premiers termes du second membre de l'égalité ci-dessus ; nous aurons

$$\frac{1}{1 - \dfrac{1}{100}} = 1 + \frac{1}{100} + \frac{1}{10000},$$

$$= 1 + 0,01 + 0,0001 = 1,0101,$$

et l'erreur commise a pour valeur $\dfrac{f^3}{1-f}$, c'est-à-dire

$$\frac{\dfrac{1}{100^3}}{1 - \dfrac{1}{100}} = \frac{\dfrac{1}{100^3}}{\dfrac{99}{100}} = \frac{1}{100^3} \times \frac{100}{99} = \frac{1}{990000};$$

cette erreur est inférieure à 1 cent-millième.

Applications. Exemple 1. — *Faire la division suivante :*

$$75,836 : 99.$$

On peut écrire

$$99 = 100 - 1 = 100\left(1 - \frac{1}{100}\right).$$

Par conséquent, diviser un nombre par 99 revient à prendre le centième de ce nombre puis diviser le résultat par $1 - \dfrac{1}{100}$, c'est-à-dire multiplier ce résultat par $\dfrac{1}{1 - \dfrac{1}{100}}$, ou

$$1 + \frac{1}{100} + \frac{1}{10000} + \dots$$

Il faut donc multiplier le centième du nombre donné par 1, puis par $\dfrac{1}{100}$, puis par $\dfrac{1}{10\,000}$, etc., et ajouter tous ces produits partiels.

On obtient donc le quotient cherché en prenant le centième du dividende, puis le centième du résultat, puis le centième du nouveau résultat, etc., et en ajoutant tous ces centièmes. En se bornant aux trois premiers centièmes, on obtient le calcul suivant :

$$0,75836$$
$$0,0075836$$
$$0,000075836$$
$$\overline{\text{quotient} = 0,766019436}$$

D'après ce qui précède, l'erreur commise est égale à

$$0,75836 \times \frac{1}{990\,000} = \frac{0,75836}{990\,000}.$$

Cette erreur est inférieure à 1 cent-millième.

EXEMPLE II. — *Faire la division suivante :*

$$6485 : 99,75.$$

On peut écrire $\quad 99,75 = 99\dfrac{3}{4} = 100 - \dfrac{1}{4} = 100\left(1 - \dfrac{1}{400}\right).$
Par conséquent, le problème revient à diviser le dividende par 100, puis diviser le résultat par $1 - \dfrac{1}{400}$, c'est-à-dire multiplier ce résultat par

$$\frac{1}{1 - \dfrac{1}{400}}, \qquad \text{ou} \qquad 1 + \frac{1}{400} + \frac{1}{160\,000} + \ldots$$

Nous aurons un résultat très approché en prenant la centième partie du dividende, puis la 400e partie du résultat, puis la 400e partie du nouveau résultat et en ajoutant ces trois parties, ce qui donne

$$64,85$$
$$0,162125$$
$$0,0004053125$$
$$\overline{\text{quotient} = 65,0125303125.}$$

La division directe donnerait le calcul suivant :

$$
\begin{array}{r|l}
648500 & 9975 \\
\hline
50000 & 65,0125313\ldots\ldots \\
12500 & \\
25250 & \\
53000 & \\
31250 & \\
13250 & \\
32750 & \\
\end{array}
$$

Le quotient a donc été précédemment obtenu avec une grande approximation.

34. Division par $1+f$, f **étant une fraction très petite.** — La division par $1+f$ peut se remplacer par la multiplication par $\dfrac{1}{1+f}$. D'une façon analogue à ce qui précède, on vérifie l'égalité suivante :

$$\frac{1}{1+f} = 1 - f + f^2 - f^3 + f^4 - \ldots$$

Dans la pratique, on a ordinairement une approximation suffisante en prenant les trois premiers termes du second membre, c'est-à-dire en écrivant

$$\frac{1}{1+f} = 1 - f + f^2.$$

Exemple. — *Faire la division suivante :*

$$5374 : 1001.$$

On peut écrire $1001 = 1000 + 1 = 1000\left(1 + \dfrac{1}{1000}\right)$.

Par conséquent, on doit diviser le dividende par 1000, puis diviser le résultat par $1 + \dfrac{1}{1000}$, c'est-à-dire multiplier ce résultat par $\dfrac{1}{1 + \dfrac{1}{1000}}$, ou $1 - \dfrac{1}{1000} + \dfrac{1}{1\,000\,000}$.

On obtient alors le calcul suivant :

$$\frac{1}{1000} \text{ de } 5374 \quad = 5,374,$$

$$\frac{1}{1000} \text{ de } 5,374 \quad = 0,005374,$$

$$\frac{1}{1000} \text{ de } 0,005374 = 0,000005374 ;$$

en retranchant le deuxième nombre de la somme des deux autres, on a

$$\text{quotient} = 5,368631374.$$

La division directe donnerait le calcul suivant :

$$
\begin{array}{r|l}
5374 & 1001 \\
\cline{2-2}
3690 & 5,36863136\ldots\ldots \\
\quad 6870 & \\
\quad\; 8640 & \\
\quad\;\; 6320 & \\
\quad\;\;\; 3140 & \\
\quad\;\;\;\; 1370 & \\
\quad\;\;\;\;\; 3690 & \\
\quad\;\;\;\;\;\; 6870 & \\
\end{array}
$$

Le quotient a donc été précédemment obtenu avec une grande approximation.

35. Division abrégée de deux nombres décimaux. — Comme pour la multiplication, il y a lieu de chercher à abréger la division de deux nombres décimaux lorsqu'on veut obtenir le quotient avec une approximation donnée. Nous démontrerons d'abord le théorème suivant :

Théorème. — *Si à la droite du diviseur on supprime un ou plusieurs chiffres décimaux, le quotient de la nouvelle division est supérieur au quotient vrai, et l'erreur commise est inférieure au quotient vrai divisé par le diviseur modifié et écrit sans virgule.*

Soit D un dividende quelconque et soit q le quotient vrai de la division

$$D : 7,364.$$

Soit q' le quotient de la division $D : 7,36.$

On a évidemment $q' > q$, car lorsque le diviseur diminue le quotient augmente. Nous voulons démontrer de plus que l'on a

$$q' - q < \frac{q}{736}.$$

En effet, on a

$$D = 7{,}364 \times q = (7{,}36 + 0{,}004) \times q$$

et

$$D = 7{,}36 \times q'.$$

On peut donc écrire

$$7{,}36 \times q' = (7{,}36 + 0{,}004) \times q,$$

ou bien

$$7{,}36 \times q' = 7{,}36 \times q + 0{,}004 \times q,$$

ou bien, en divisant par 7,36 les deux membres de cette égalité,

$$q' = q + \frac{0{,}004 \times q}{7{,}36},$$

ou encore

$$q' = q + \frac{0{,}4 \times q}{736},$$

et par suite

$$q' - q = \frac{0{,}4 \times q}{736}.$$

La fraction qui est dans le second membre est inférieure à $\dfrac{q}{736}$ puisqu'elle est les $\dfrac{4}{10}$ de cette dernière fraction. On peut donc écrire

$$q' - q < \frac{q}{736}. \qquad\qquad \text{C. q. f. d.}$$

Ceci posé, voici la règle à suivre pour faire à une approximation donnée la division de deux nombres décimaux :

Règle. — *On dispose l'opération comme pour la division ordinaire ; on cherche le nombre des chiffres que doit avoir le quotient, chiffres décimaux compris ; on compte sur la gauche du diviseur autant de chiffres, plus deux, qu'on doit en trouver au quotient, et on barre les autres chiffres du diviseur.*

On compte ensuite sur la gauche du dividende assez de chiffres pour avoir, abstraction faite des virgules, un nombre qui con-

tienne le diviseur modifié comme il vient d'être dit ; on barre les autres chiffres du dividende, et l'on divise ce qui reste du dividende par ce qui reste du diviseur. On obtient ainsi le premier chiffre du quotient et un premier reste.

On barre ensuite le dernier chiffre sur la droite du diviseur employé, puis on divise le premier reste par le nouveau diviseur. On obtient ainsi le deuxième chiffre du quotient et un second reste.

On barre ensuite le dernier chiffre sur la droite du dernier diviseur employé, puis on divise le deuxième reste par le nouveau diviseur.

On continue ainsi jusqu'à ce qu'on ait obtenu au quotient le nombre de chiffres fixé d'avance. On met alors une virgule à ce quotient de manière à avoir le nombre de décimales indiqué par l'approximation donnée.

Exemple. — Appliquons cette règle à l'exemple suivant :

$$\text{Trouver à } \frac{1}{1000} \text{ près le quotient de la division}$$

$$5134,87925716 : 83,6513724.$$

Le dividende contient plus de 10 fois le diviseur et moins de 100 fois ; donc le quotient est compris entre 10 et 100, et par suite ce quotient doit avoir deux chiffres à sa partie entière. Le quotient étant demandé à $\frac{1}{1000}$ près, nous devrons calculer trois chiffres décimaux, ce qui fera en tout cinq chiffres au quotient.

Comptons alors sept chiffres sur la gauche du diviseur et barrons les autres chiffres, 2 et 4. Comptons de même sur la gauche du dividende assez de chiffres pour pouvoir contenir, abstraction faite des virgules, le diviseur modifié ; il faut ici en compter huit ; nous barrons les autres chiffres, 5, 7, 1, 6, et nous avons alors à faire la division

$$51348792 : 8365137.$$

L'opération qui suit résume toute la série des opérations indiquées par la règle :

$$5134,87925716 \,\vert\, 83,65137\underline{24}$$
$$115\ 7970 \,\vert\, 61,384$$
$$32\ 1457$$
$$7\ 0504$$
$$3584$$
$$240$$

Réponse : 61,384.

Démonstration de la règle. — D'après la théorie des nombres décimaux, la division proposée n'est autre chose que la recherche du quotient à une unité près de la division suivante :

$$5134879,25716 : 83,6513724.$$

Désignons par la lettre q le quotient exact de cette division. L'application de la règle nous a fait faire une première division partielle qui n'est autre que la première division qu'il aurait fallu faire pour trouver le quotient à une unité près de la division suivante :

$$5134879,25716 : 83,65137.$$

En continuant l'opération avec ce dernier diviseur, nous aurions obtenu un quotient supérieur au quotient exact, et, d'après le théorème qui précède, nous aurions commis une erreur inférieure à $\dfrac{q}{8365137}$. Le numérateur q n'ayant que cinq chiffres à sa partie entière, tandis que le dénominateur en a sept, cette fraction est inférieure à $\dfrac{1}{10}$. Donc en continuant la division avec le diviseur $83,65137$, on obtiendrait un quotient approché à $\dfrac{1}{10}$ près ; ce quotient aurait pour premier chiffre 6 ; désignons par q' la partie de ce quotient qu'il resterait à trouver.

A la deuxième division partielle on modifie encore le diviseur, on divise par $83,6513$ et par suite on commet une nouvelle erreur par excès ; cette erreur est inférieure à $\dfrac{q'}{836513}$, et comme q' est un nombre n'ayant que quatre chiffres à sa partie entière, on voit que cette nouvelle erreur est inférieure à $\dfrac{1}{10}$.

Et ainsi de suite. A chaque division partielle on commet une erreur par excès moindre que $\dfrac{1}{10}$, et comme nous avons fait 5 divisions partielles, on voit que l'erreur totale par excès est inférieure à $\dfrac{5}{10}$, c'est-à-dire inférieure à une unité.

D'autre part, en prenant pour quotient 61384, on néglige la partie décimale, c'est-à-dire la fraction $\dfrac{240}{836}$; on commet ainsi une erreur par défaut inférieure à une unité.

On voit alors qu'en prenant pour quotient 61384 on commet deux erreurs, l'une en plus, l'autre en moins; chacune de ces deux erreurs est inférieure à l'unité; donc l'erreur finale qui est leur différence est aussi inférieure à l'unité. Donc 61384 est bien le quotient à une unité près de la division

$$5\,134\,879,257\,16 : 83,651\,372\,4,$$

et par suite 61,384 est le quotient à $\dfrac{1}{1\,000}$ près de la division proposée.

Remarque I. — La démonstration ci-dessus est en défaut si le nombre des chiffres à trouver au quotient est supérieur à 10, car alors l'erreur commise par excès peut être supérieure à $\dfrac{10}{10}$, c'est-à-dire supérieure à l'unité. C'est là un cas assez rare. Pour tourner la difficulté, il n'y a qu'à compter à la gauche du diviseur donné autant de chiffres, plus trois, qu'on doit en trouver au quotient, et on applique ensuite la même règle.

Remarque II. — La démonstration paraît être en défaut dans le cas où l'on serait conduit à barrer au diviseur des chiffres non décimaux, car le théorème qui précède n'est plus applicable. Mais on peut toujours diviser le dividende et le diviseur donnés par une puissance convenable de 10 pour que cela n'ait pas lieu. Le quotient n'est pas changé et le raisonnement précédent est applicable.

DU TANT POUR CENT OU POUR MILLE

36. Les questions de *tant pour cent* sont des problèmes dans lesquels on se propose généralement d'ajouter à un nombre donné, ou d'en retrancher, autant de fois un autre nombre qu'il y a de centaines dans le premier.

Ainsi, soit à prendre le 3 pour cent (pour abréger on écrit 3 °/₀) du nombre 6 275. Dans ce nombre il y a 62 centaines,75 ; le 3 °/₀ est alors
$$62,75 \times 3 = 188,25.$$

Ainsi donc, pour avoir le tant pour cent d'un nombre, on le divise par 100 et on multiplie le résultat par le nombre qui exprime le tant pour cent.

De même, pour avoir le *tant pour mille* (pour abréger on écrit °/₀₀) d'un nombre, on divise ce nombre par 1000 et on multiplie le résultat par le nombre qui exprime le tant pour mille.

37. Désignons par N un nombre quelconque. Si l'on ajoute à ce nombre t °/₀ de sa valeur, on obtient
$$N + \frac{N \times t}{100}.$$
Ce résultat peut s'écrire
$$N\left(1 + \frac{t}{100}\right), \qquad \text{ou bien} \qquad \frac{N(100 + t)}{100}.$$

Il résulte de là que pour ajouter à un nombre le t °/₀ de sa valeur, on peut procéder de deux façons : ou bien *calculer le tant pour cent de ce nombre et faire l'addition*, ou bien *multiplier le nombre donné par* 100 + t *et prendre la centième partie du produit*.

De même, en retranchant du nombre N t °/₀ de sa valeur, on obtient
$$N - \frac{N \times t}{100}.$$
Ce résultat peut s'écrire
$$N\left(1 - \frac{t}{100}\right), \qquad \text{ou bien} \qquad \frac{N(100 - t)}{100}.$$

Il résulte de là que pour retrancher d'un nombre le t % de sa valeur, on peut procéder de deux façons : ou bien *calculer le tant pour cent de ce nombre et faire la soustraction*, ou bien *multiplier le nombre donné par* $100 - t$ *et prendre la centième partie du produit*.

On emploiera suivant les cas l'une ou l'autre de ces deux façons. Les calculs sont ordinairement très simples ; il importe cependant de savoir les disposer de manière à opérer le plus rapidement possible. Nous allons montrer par quelques exemples comment il faut procéder pour cela.

38. *Un commerçant achète pour 3 625 fr. de marchandises. Les frais de commission s'élèvent à 7 % du prix d'achat. Quelle somme doit débourser ce commerçant ?*

On ajoute au prix d'achat les frais de commission et ces frais s'écrivent immédiatement au-dessous du prix d'achat en multipliant ce prix par 7 et écrivant le premier chiffre du produit à deux rangs sur la droite du premier chiffre du multiplicande, de telle sorte que la division par 100 se trouve effectuée en même temps. On obtient ainsi le calcul suivant :

$$
\begin{array}{ll}
\text{Prix d'achat} & 3\,625 \\
\text{Commission 7 \%} & 253,75 \\
\hline
\text{Prix de revient} & 3\,878,75.
\end{array}
$$

39. *Un négociant ayant reçu des marchandises avariées, consent à les accepter moyennant une réduction de 30 % sur le prix d'achat. Combien doit-il donner sachant que le prix convenu était 840 fr. ?*

Il faut déduire de 840^{fr} le 30 % de cette somme. D'après le n° 37, cela revient à multiplier 840 par 70 et à prendre le centième du résultat ; ou encore, multiplier 840 par 7 puis diviser par 10. On a donc le calcul suivant :

$$
\begin{array}{l}
\text{Prix d'achat}\quad 840^{fr}. \\
\text{Net à payer}\quad 84 \times 7 = 588^{fr}.
\end{array}
$$

40. *Une personne achète pour* 7 420 *fr. de marchandises et doit payer en outre des frais accessoires qui s'élèvent à* 4,35 °/₀ *du prix d'achat. Quel est le prix de revient?*

On multiplie le prix d'achat par 4 comme dans le n° 38, puis on multiplie ce prix d'achat par 3 et ensuite par 5, et on écrit ces produits partiels les uns sous les autres, en plaçant le premier chiffre de chacun d'eux à un rang sur la droite du premier chiffre du produit précédent. On fait enfin l'addition finale, ce qui donne le calcul suivant :

Prix d'achat	7 420
Commission 4,35 °/₀	296,80
	22,260
	3,7100
Prix de revient	7 742,77

41. *Un négociant achète pour* 45 210 *fr. de marchandises, et veut les revendre en gagnant* 15,75 °/₀ *sur le prix d'achat. Quel doit être le prix de vente?*

On remarque que $0,75 = \dfrac{3}{4} = \dfrac{1}{2} + \dfrac{1}{4}$. On a alors le calcul suivant, dans lequel on prend d'abord le 10 °/₀ du prix d'achat (ce qui revient à diviser ce prix d'achat par 10), puis le 5 °/₀ (c'est-à-dire la moitié du 10 °/₀), puis le $\dfrac{1}{2}$ °/₀ (ce qui se fait en divisant par 2 le prix d'achat et plaçant les chiffres du quotient à deux rangs sur la droite de ceux du prix d'achat, ou encore en prenant la 10° partie du 5 °/₀), puis enfin le $\dfrac{1}{4}$ °/₀ (ce qui se fait en prenant la moitié du résultat précédent) :

Prix d'achat	45210
Bénéfice 15,75 °/₀	4521
	2260,5
	226,05
	113,025
Prix de vente	52330,575

42. *Le montant d'une facture s'élève à 980ᶠʳ, et comme le débiteur paye comptant, on lui fait un escompte de 4,55 %; combien doit-il débourser ?*

Le calcul sera disposé comme les précédents, seulement il faut soustraire la remise du prix d'achat :

Prix d'achat	980
	39,20
Escompte 4,55 %	4,90
	0,49
Prix net	935,41

Pour obtenir le nombre 4,90, on a remarqué que 0,5 % équivaut à $\frac{1}{2}$ %. Pour obtenir le nombre 0,49, on a remarqué que 0,05 % équivaut à la 10ᵉ partie du tant pour cent précédent.

43. Le tant pour mille donne lieu à des calculs analogues, seulement le premier chiffre du produit du nombre donné par le chiffre des unités du tant pour mille doit être placé à trois rangs sur la droite du premier chiffre à droite du nombre donné.

44. On voit par les exemples précédents qu'il est parfois plus rapide de substituer à certains chiffres du tant pour cent donné des fractions ordinaires équivalentes. Ainsi on a

$$0,5 \text{ %} = \frac{1}{2} \text{ %,}$$

$$0,25 \text{ %} = \frac{1}{4} \text{ %,}$$

$$0,75 \text{ %} = \frac{1}{2} \text{ %} + \frac{1}{4} \text{ %.}$$

45. Il y a également avantage dans certains cas à remplacer les multiplications précédentes par des divisions simples. Ce sont les cas où le nombre qui exprime le tant pour cent est une partie aliquote simple du nombre 100.

Ainsi le $t \,^{0}/_{0}$ du nombre N est

$$\frac{N \times t}{100}, \qquad \text{ou bien} \qquad \frac{N}{100 : t}.$$

Le tant pour cent peut donc s'obtenir en divisant N par le quotient de la division $100 : t$.

Si $t = 5$, on a $100 : t = 20$;
$t = 2,5 \qquad 100 : t = 40$;
$t = 1,25 \qquad 100 : t = 80$; etc.

Donc, pour avoir le 5 $^{0}/_{0}$ d'un nombre on peut diviser ce nombre par 20, c'est-à-dire en prendre la moitié en écrivant chaque chiffre du quotient à un rang sur la droite du chiffre qui l'a produit. Pour avoir le 2 $^{1}/_{2}\,^{0}/_{0}$ d'un nombre, on peut diviser ce nombre par 40. Et ainsi de suite.

46. Le tant pour cent et le tant pour mille donnent lieu à d'autres problèmes dans lesquels, par exemple, connaissant le prix d'achat et le prix de vente, ou le prix de revient ou le prix net, on se propose de rechercher le tant pour cent sur le prix de vente ou sur le prix d'achat. Ce sont là des problèmes qui se résolvent aisément par des règles de trois.

RACINE CARRÉE

47. Valeurs de $\sqrt{2}$, $\sqrt{3}$, $\sqrt{5}$. — Les racines carrées des nombres 2, 3, 5 et de beaucoup d'autres nombres ont un nombre illimité de chiffres décimaux. On a

$$\sqrt{2} = 1,414213\ldots,$$
$$\sqrt{3} = 1,732050\ldots,$$
$$\sqrt{5} = 2,236068\ldots$$

Dans la pratique, on se contente ordinairement de prendre les valeurs approchées de ces nombres à $\dfrac{1}{1000}$ près :

$$\sqrt{2} = 1,414, \qquad \sqrt{3} = 1,732, \qquad \sqrt{5} = 2,236.$$

Il est bon de savoir par cœur ces trois derniers nombres dont on fait un fréquent usage dans les applications géométriques.

48. Divisions par $\sqrt{2}$, $\sqrt{3}$, $\sqrt{5}$. — On rencontre assez fréquemment, en géométrie surtout, des divisions dans lesquelles le diviseur est l'un des nombres $\sqrt{2}$, $\sqrt{3}$, $\sqrt{5}$, ou une racine carrée quelconque. De pareilles opérations sont assez longues, mais il est aisé de les abréger considérablement en opérant comme il suit :

Soit à diviser par $\sqrt{2}$ un nombre quelconque N. On peut, sans changer la valeur du quotient, multiplier par $\sqrt{2}$ le dividende et le diviseur, et on a alors à faire la division $N\sqrt{2} : 2$. En d'autres termes, on peut écrire

$$\frac{N}{\sqrt{2}} = \frac{N\sqrt{2}}{2}.$$

On obtient donc le quotient cherché en prenant la moitié du produit du nombre donné par 1,414.

Ainsi, soit à faire la division $48 : \sqrt{2}$; on remplacera cette division par la multiplication suivante :

$$24 \times 1,414 = 33,936.$$

De même, on a

$$\frac{N}{\sqrt{3}} = \frac{N\sqrt{3}}{3}, \qquad \frac{N}{\sqrt{5}} = \frac{N\sqrt{5}}{5}, \qquad \text{etc.}$$

49. Racine carrée d'un produit. — Pour extraire la racine carrée d'un produit de plusieurs facteurs, on peut extraire la racine carrée de chaque facteur et faire le produit des résultats obtenus. Ainsi, on a

$$\sqrt{9 \times 25 \times 16} = \sqrt{9} \times \sqrt{25} \times \sqrt{16},$$
$$= 3 \times 5 \times 4 = 60.$$

Cela permet de calculer aisément la racine carrée d'un nombre qui est le produit de plusieurs facteurs dont quelques-uns sont des carrés parfaits. Ainsi, on a

$$\sqrt{18} = \sqrt{9 \times 2} \qquad = \sqrt{9} \times \sqrt{2} = 3 \times 1,414 = 4,242,$$
$$\sqrt{48} = \sqrt{16 \times 3} \qquad = \sqrt{16} \times \sqrt{3} = 4 \times 1,732 = 6,928,$$
$$\sqrt{180} = \sqrt{36 \times 5} \qquad = \sqrt{36} \times \sqrt{5} = 6 \times 2,236 = 13,416,$$
$$\sqrt{288} = \sqrt{9 \times 16 \times 2} = 3 \times 4 \times 1,414 = 16,968,$$

et ainsi de suite. Des simplifications analogues se présentent chaque fois que le nombre considéré est divisible par 4, ou par 9, ou par 25, ou par un carré parfait quelconque.

On pourrait obtenir une plus grande approximation en prenant un plus grand nombre de chiffres décimaux pour $\sqrt{2}$, $\sqrt{3}$, etc.

50. Méthode abrégée pour l'extraction de la racine carrée. — On sait que l'extraction de la racine carrée d'un nombre entier ou décimal, à une approximation quelconque, se ramène toujours à l'extraction de la racine carrée d'un nombre entier à une unité près. Lorsque ce nombre entier est très grand, les calculs sont très longs. Il existe des procédés qui permettent d'abréger ces calculs; l'un des plus faciles à appliquer, celui que nous allons exposer, permet d'obtenir par une simple division tous les chiffres de la racine, lorsqu'on en a déterminé déjà plus de la moitié par la méthode ordinaire.

Voici la règle à suivre pour cela :

Règle. — *On détermine par la méthode ordinaire plus de la moitié des chiffres de la racine, ou bien on en détermine au moins la moitié dans le cas où cette racine commence par un chiffre égal ou supérieur à 5. On fait ensuite, à une unité près, une division dans laquelle le dividende se compose du dernier reste trouvé suivi de tous les chiffres non employés du nombre donné, le diviseur étant égal au double du nombre déjà trouvé à la racine suivi d'autant de zéros qu'il faut trouver d'autres chiffres. Le quotient de cette division est égal à la partie complémentaire cherchée de la racine, ou bien est supérieur d'une unité à cette partie, suivant que le carré de ce quotient est inférieur ou supérieur au reste de la division.*

EXEMPLES. — Appliquons cette règle à l'extraction de la racine carrée de chacun des deux nombres suivants :

$$2\,046\,298\,225, \qquad 365\,097\,464\,164.$$

La racine du premier de ces nombres aura cinq chiffres, et celle du second six. Avant de faire la division dont parle la règle, nous devrons donc calculer les trois premiers chiffres de la première racine, et nous calculerons aussi les trois premiers chiffres de la deuxième car cette deuxième racine commence par le chiffre 6 qui est supérieur à 5.

Nous aurons alors les deux calculs suivants :

```
20·4 6·2 9·8 2·2 5 | 452
  4 4.6            | 85 × 5
    2 1 2.9        | 902 × 2
      3 2 5 8 2 2 5 | 90400
          5 4 6 2 2 5 | 36
              3 8 2 5 | Rép. : 45 236
```

```
36·5o·9 7·4 6·4 1·6 4 | 6o4
  5o 9.7              | 1204 × 4
      2 8 1 4 6 4 1 6 4 | 1208000
          3 9 8 6 4 1 6 | 233
            3 6 2 4 1 6 4 |
                    1 6 4 | Rép. : 604 232
```

Démonstration de la règle. — Nous allons faire sur les exemples ci-dessus la démonstration de la règle :

1ᵉʳ *Exemple.* — Si nous multiplions le diviseur 90400 par le quotient 36 et si nous ajoutons au produit le reste 3825, nous devons obtenir le dividende 3258225. Si, au lieu d'ajouter le reste, nous ajoutons 36² qui lui est inférieur, nous obtiendrons un total inférieur au dividende. Donc on a

$$90\,400 \times 36 + 36^2 < 3\,258\,225,$$

ou bien $\qquad 2 \times 45\,200 \times 36 + 36^2 < 3\,258\,225.$

L'inégalité subsistera si nous augmentons les deux membres de la quantité 45 200² ; mais alors le second membre reproduit le nombre donné, que nous désignerons, pour abréger, par la lettre N. Donc on a

$$45\,200^2 + 2 \times 45\,200 \times 36 + 36^2 < N,$$

c'est-à-dire
$$(45\,200 + 36)^2 < N,$$

ou bien
$$45\,236^2 < N. \qquad\qquad (1)$$

D'autre part, puisque 36 est le quotient à une unité près de la division considérée, on peut écrire

$$90\,400 \times 37 > 3\,258\,225,$$

ou bien
$$2 \times 45\,200 \times 37 > 3\,258\,225\,;$$

et à plus forte raison

$$2 \times 45\,200 \times 37 + 37^2 > 3\,258\,225.$$

on en déduit, en ajoutant $45\,200^2$ aux deux membres,

$$(45\,200 + 37)^2 > N,$$

c'est-à-dire
$$45\,237^2 > N. \qquad\qquad (2)$$

Les inégalités (1) et (2) montrent que la racine carrée de N est comprise entre $45\,236$ et $45\,237$. Donc cette racine carrée à une unité près est bien $45\,236$.   C. q. f. d.

2ᵉ *Exemple*. — Si nous multiplions le diviseur $1\,208\,000$ par le quotient 233 et si nous ajoutons au produit le reste 164, nous devons obtenir le dividende $281\,464\,164$. Si, au lieu d'ajouter le reste, nous ajoutons 233^2 qui lui est supérieur, nous obtiendrons un total supérieur au dividende. Donc on a

$$1\,208\,000 \times 233 + 233^2 > 281\,464\,164,$$

ou bien
$$2 \times 604\,000 \times 233 + 233^2 > 281\,464\,164.$$

En ajoutant $604\,000^2$ aux deux membres, et en désignant par N′ le deuxième nombre donné, on obtient

$$(604\,000 + 233)^2 > N',$$

c'est-à-dire
$$604\,233^2 > N'. \qquad\qquad (1)$$

D'autre part, si nous remarquons que 233 fois le diviseur équivalent à 232 fois le diviseur plus une fois ce diviseur, on peut écrire

$$1\,208\,000 \times 232 + 1\,208\,000 < 281\,464\,164.$$

Or 232 est un nombre de trois chiffres, c'est-à-dire un nombre inférieur à $1\,000$. Son carré est donc inférieur à $1\,000\,000$, et par suite est inférieur à $1\,208\,000$. Donc on a à plus forte raison

$$1\,208\,000 \times 232 + 232^2 < 281\,464\,164,$$

ou $\qquad 2 \times 604\,000 \times 232 + 232^2 < 281\,464\,164.$

En ajoutant $604\,000^2$ aux deux membres, on obtient

$$(604\,000 + 232)^2 < N',$$

c'est-à-dire $\qquad 604\,232^2 < N'.$ $\hfill (2)$

Les inégalités (1) et (2) montrent que la racine carrée de N' est comprise entre $604\,232$ et $604\,233$. Donc cette racine à une unité près est bien $604\,232$. $\hfill$ C. q. f. d.

Remarque. — Si, dans la division indiquée par la règle, le reste est égal au carré du quotient, cela signifie que le nombre donné est un carré parfait, et le quotient trouvé représente la partie complémentaire exacte à ajouter à la racine.

PROBLÈMES A RÉSOUDRE

1. Une personne ayant fait dans un magasin divers achats s'élevant à $1^{fr},35$, $0^{fr},75$, $1^{fr},15$ et $0^{fr},95$, remet au caissier une pièce de 10 francs. Calculer mentalement ce que doit cette personne et dire comment doit s'exprimer le caissier pour rendre la monnaie.

2. Calculer mentalement la somme des 12 premiers nombres entiers, puis la somme des 14 premiers, puis enfin faire la somme des deux résultats trouvés.

3. Faire mentalement le calcul suivant : prendre le tiers de 72, ajouter 35 au résultat, doubler le résultat obtenu, puis retrancher 3 et élever la différence au carré.

4. Une personne fait les achats suivants :

$$14^m,50 \text{ de drap} \qquad \text{à } 6^{fr},50 \text{ le mètre ;}$$
$$18^m \quad \text{de doublure à } 2^{fr},50 \qquad — \quad ;$$
$$7^m,50 \text{ de toile} \qquad \text{à } 3^{fr},20 \qquad — \quad .$$

Établir le compte de cette personne en faisant mentalement les multiplications, et donner ensuite l'explication de ce calcul mental.

5. Comment peut-on procéder pour faire mentalement et d'une façon simple les calculs suivants :

$$2 \times 17 \times 3 \times 5 ; \qquad 3 \times 8 \times 15 \times 11 ; \qquad 35 \times 6 \times 13 ?$$

6. Même question pour les calculs suivants :

$$2^2 \times 3^3 \times 5 \times 11 ; \qquad 2 \times 3^2 \times 5^2 \times 7 ; \qquad 24 \times 17 \times 125.$$

7. Même question pour les calculs suivants :

$$48 \times 52 \times 4 ; \qquad 2 \times 11^2 \times 119.$$

8. Énoncer une règle permettant d'obtenir rapidement le produit de deux nombres inférieurs à 1000 et voisins de 1000. Démontrer cette règle.

9. Trouver une règle permettant de calculer mentalement le produit de deux nombres voisins de 100, l'un inférieur et l'autre supérieur, les deux différences à 100 n'étant pas égales.

10. Effectuer à $\dfrac{1}{10}$ près les multiplications suivantes :

$$356{,}264897 \times 26{,}8025479 ; \qquad 2529{,}763 \times 514{,}69.$$

Dire, dans chaque multiplication, quels sont les nombres entre lesquels se trouve compris le produit exact.

11. Effectuer à $\dfrac{1}{100}$ près les multiplications suivantes :

$$7{,}63927 \times 0{,}9285 ; \qquad 482{,}20576 \times 0{,}09837.$$

12. Effectuer à une unité près les multiplications suivantes :

$$925{,}375 \times 6{,}27 ; \qquad 1836 \times 8{,}379.$$

13. On veut calculer à $\dfrac{1}{10}$ près le produit suivant :

$$374{,}2684 \times \sqrt{5}.$$

1° Combien faut-il prendre de chiffres décimaux à la racine carrée de 5 ?

2° Faire le calcul.

14. Calculer à $\dfrac{1}{1000}$ près le rayon d'une circonférence qui a pour longueur $4^m,6087$.

15. Faire mentalement les calculs suivants et donner l'explication de chaque calcul :

$$\frac{3}{0,5} + \frac{8}{0,05} + \frac{2}{0,005} \; ; \qquad \frac{12}{25} + \frac{21}{5}.$$

16. Calculer à un dix-millième près, sans faire les divisions, les quotients suivants :

$$3,685 : 0,99 \; ; \qquad 8527 : 101 \; ; \qquad 415 : 999,5.$$

17. Effectuer à $\frac{1}{100}$ près les divisions suivantes :

$$48,6200967 : 6,4158327 \; ;$$
$$0,0687925 : 0,00294813276.$$

18. Une personne fait dans un magasin les achats suivants :

$$
\begin{array}{llll}
12^{\mathrm{m}},50 & \text{de toile} & \text{à } 1^{\mathrm{fr}},25 & \text{le mètre ;} \\
8^{\mathrm{m}},50 & \text{de ruban} & \text{à } 0^{\mathrm{fr}},95 & \text{— ;} \\
7^{\mathrm{m}} & \text{de soie} & \text{à } 8^{\mathrm{fr}}45 & \text{— ;} \\
4^{\mathrm{m}},50 & \text{de satin} & \text{à } 3^{\mathrm{fr}},50 & \text{— .}
\end{array}
$$

Établir la facture de cette personne, sachant qu'il lui est fait une remise de $2\,\%$ sur le prix d'achat.

19. Un marchand achète 2 hectolitres et quart d'une huile dont le litre pèse 9 hectogrammes 15 grammes, au prix de $1^{\mathrm{fr}},40$ le kilogramme. Quelle somme doit-il donner sachant qu'on lui fait une remise de $1,75\,\%$ parce qu'il paye comptant ?

20. Une construction est mise en adjudication au rabais. Un premier soumissionnaire offre de la faire pour $34\,992^{\mathrm{fr}}$; un second demande 72^{fr} de moins que le premier, et il fait ainsi un rabais de $3\,\%$ sur le montant du devis. Quel est le montant de ce devis, et quel rabais pour cent offrait le premier soumissionnaire ?

21. Un libraire a gagné $147^{\mathrm{fr}},60$ en vendant 246 exemplaires d'un ouvrage, la moitié au prix du catalogue, l'autre moitié avec une remise de $10\,\%$. Il avait obtenu lui-même de l'éditeur une remise de $25\,\%$ sur la totalité de la livraison. Quel est le prix porté au catalogue ?

22. On a 288 kilogrammes d'eau salée contenant $\frac{1}{120}$ de son poids de sel. Combien devrait-on ajouter de litres d'eau pure pour obtenir un mélange contenant $8\,\%_{00}$ de son poids de sel ?

23. Un marchand a reçu 300 kilogrammes d'une marchandise qui lui revient à $0^{fr},74$ le kilogramme. Il veut la revendre avec un bénéfice de 8 °/₀. Après en avoir ainsi vendu le tiers, il veut augmenter le prix de vente de façon que le bénéfice total s'élève à 10 °/₀. Quel doit être le second prix de vente ?

24. Une marchandise a été vendue avec un bénéfice de 12 °/₀ sur le prix d'achat. Le prix de vente est $1\,545^{fr},40$. Quel a été le prix d'achat ?

25. En désignant par les lettres a et v le prix d'achat et le prix de vente d'une marchandise sur laquelle on a gagné l °/₀, on demande d'établir les formules qui donnent les valeurs de chacune des trois quantités a, v, l, quand on connaît les deux autres.

26. Faire à $\dfrac{1}{100}$ près les opérations suivantes :

$$\sqrt{2}\times 58,302754\,; \qquad 94,2714543:\sqrt{3}.$$

27. Calculer à une unité près les racines carrées des nombres suivants :

$$540981325786\,; \qquad 35486270964.$$

28. Calculer à un cent-millième près la racine carrée du nombre

$$\pi = 3,141592653589\ldots$$

29. Calculer à un dix-millième près la racine carrée de la fraction

$$\frac{48520}{37}.$$

CHAPITRE II

SYSTÈME MÉTRIQUE

---

51. On appelle *système métrique* l'ensemble des unités de mesures obligatoires en France et dans ses colonies depuis le 1ᵉʳ janvier 1840.

Ce système a été établi de 1790 à 1795 par une commission de savants français, et s'est peu à peu substitué à l'ancien système des poids et mesures qui présentait de graves inconvénients.

L'unité fondamentale du système métrique est le *mètre* qui est la dix-millionième partie de la distance du pôle à l'équateur. Les autres unités de mesure dérivent du mètre d'une façon très simple.

Les mots *déca, hecto, kilo, myria*, placés devant le nom d'une unité de mesure, servent à exprimer les multiples décimaux de cette unité. Dans les mêmes conditions, les mots *déci, centi, milli*, expriment les sous-multiples. Ces multiples et sous-multiples sont de 10 en 10 fois, ou de 100 en 100 fois, etc. plus grands ou plus petits.

On appelle *mesures réelles* les mesures dont on fait usage dans le commerce et l'industrie. Elles sont construites en bois ou en métal et doivent porter la marque de la *vérification des poids et mesures*. Ces mesures réelles doivent représenter une fois, deux fois et cinq fois l'unité ou les multiples et sous-multiples de cette unité.

Beaucoup de nations étrangères ont déjà adopté le système

métrique français en totalité ou en partie, et il y a lieu d'espérer qu'il se répandra de plus en plus, au grand profit du commerce international.

Les unités de longueur, de surface, de volume et de poids, c'est-à-dire les poids et mesures proprement dits, sont surtout très répandues. Leur emploi est obligatoire ou facultatif à peu près dans toutes les nations.

Les unités de monnaie se propagent un peu plus lentement. Cependant la Belgique, la Suisse, l'Italie, la Grèce, l'Espagne, la Bulgarie, la Roumanie, la Serbie et la plupart des républiques de l'Amérique du Sud ont adopté le système monétaire français. L'Autriche et la Russie frappent des pièces d'or qui ont cours en France.

LONGUEURS

52. L'unité des mesures de longueur est le *mètre* (m).

Les multiples du mètre sont :

le *décamètre* (Dm), qui vaut 10   mètres ;
l'*hectomètre* (Hm),   —   100   — ;
le *kilomètre* (Km),   —   1 000   — ;
le *myriamètre* (Mm),   —   10 000   — .

Les sous-multiples du mètre sont :

le *décimètre* (dm), qui vaut un dixième de mètre ;
le *centimètre* (cm),   —   un centième   — ;
le *millimètre* (mm),   —   un millième   — .

Ces différentes mesures étant de dix en dix fois plus grandes ou plus petites, les nombres qui représentent des longueurs s'écrivent d'après les règles de la numération décimale. Ainsi, pour indiquer qu'une longueur contient 538 mètres 7 décimètres 5 centimètres, on peut écrire l'un quelconque des nombres suivants :

53875^{cm}, $5387^{dm},5$, $538^{m},75$, $53Dm,875$,   etc.

53. Mesures réelles. — Ces mesures sont au nombre de huit :

1° le décimètre,
2° le double décimètre,
3° le demi-mètre,
4° le mètre,
5° le double mètre,
6° le demi-décamètre,
7° le décamètre,
8° le double décamètre.

Les deux premières sont en bois ou en ivoire et servent principalement pour le dessin linéaire.

Le demi-mètre, le mètre et le double mètre servent pour les usages ordinaires ; ils sont en bois, en forme de règle, pour la mesure des étoffes ; ils sont aussi *brisés* ou *pliants* (*fig.* 1), en

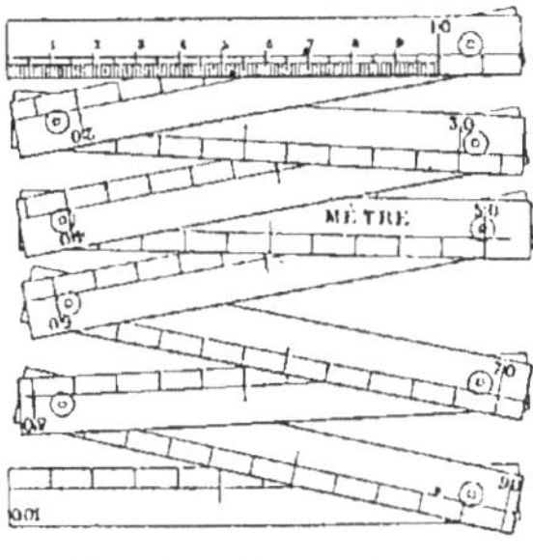

Fig. 1. — Mètre pliant.

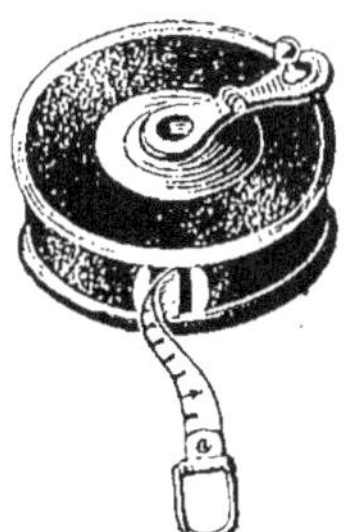

Fig. 2. — Mètre à roulette.

bois, en baleine, en ivoire, en cuivre, etc. ; ils sont, enfin, en rubans dans de petits étuis cylindriques appelés *roulettes* (*fig.* 2).

Le demi-décamètre, le décamètre et le double décamètre sont employés pour la mesure des terrains, des routes et le métrage des travaux du bâtiment. Ils sont en *roulettes*, ou bien composés

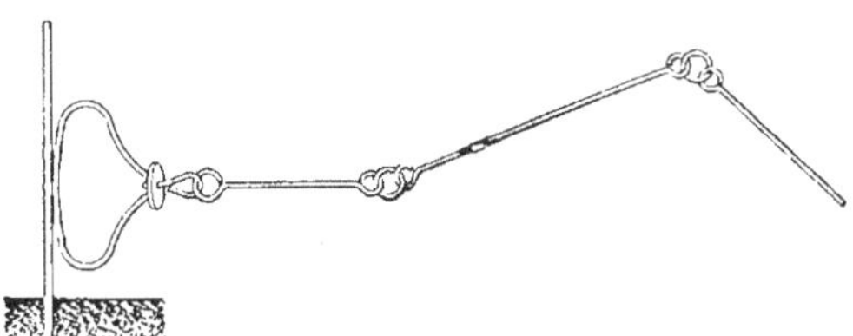

Fig. 3. — Chaîne d'arpenteur.

de chaînons de fer réunis par des anneaux (*chaîne d'arpenteur*) (*fig.* 3), ou bien enfin constitués par des rubans d'acier sur lesquels les divisions sont indiquées par des clous de cuivre.

54. Mesures Itinéraires. — Ce sont les mesures qui servent à évaluer les longueurs des routes, des chemins de fer, des canaux, etc. L'unité principale est le *kilomètre*.

Sur les grandes routes, chaque kilomètre est indiqué par une pierre dite *borne kilométrique*. Entre deux bornes kilométriques se trouvent neuf bornes plus petites qui séparent les dix hectomètres intermédiaires.

Le myriamètre ne s'emploie guère que dans les calculs géographiques.

La *lieue métrique* est une longueur de 4 kilomètres.

55. Mesures marines. — 1° **Lieue marine.** — L'unité principale des mesures marines est la lieue marine, encore appelée *lieue géographique* de 20 au degré, car en parcourant sur un méridien *un degré de latitude* on fait un chemin ayant pour longueur 20 lieues marines. Cette lieue a pour longueur 5 556 mètres.

2° **Mille marin.** — Le mille marin est le tiers de la lieue marine. Il y en a donc 60 dans un degré de latitude. Par suite, le mille marin est la longueur d'un arc de méridien d'*une minute*. Cette longueur est 1 852 mètres.

3° **Nœud.** — Le nœud est la 120° partie du mille marin, à savoir 15^m,43. C'est la distance qui sépare deux nœuds consécutifs sur la corde du *loch*, instrument qui sert à mesurer la vitesse d'un navire. Cet instrument se compose d'un flotteur que l'on jette à la mer et qui est réuni au navire par une corde qui peut se dérouler ; ce flotteur reste immobile à la surface de l'eau pendant que le navire continue sa marche ; un matelot tient la corde qui se déroule et compte le nombre des nœuds de cette corde qui lui passent entre les doigts pendant une demi-minute.

Supposons qu'en une demi-minute il soit passé 14 nœuds, il en résulte qu'en une heure, c'est-à-dire en 120 demi-minutes, le navire parcourt une distance égale à 120 fois 14 nœuds, ou bien 14 fois 120 nœuds. Or 120 nœuds font un *mille*, donc le navire fait 14 *milles par heure*. Dans ces conditions, on dit ordinairement que le navire *file 14 nœuds*.

Un mille vaut 1852 mètres, par suite 14 milles valent

$$1852 \times 14 = 25\,928 \text{ mètres},$$

c'est-à-dire environ 26 kilomètres.

4° **Brasse**. — La brasse est usitée pour l'évaluation des profondeurs de la mer ; elle vaut $1^m,624$ (5 pieds).

5° **Encâblure**. — C'est l'unité employée pour l'évaluation approximative des distances inférieures à un mille ; elle vaut 200 mètres.

56. Mesures astronomiques. Pour l'évaluation des distances astronomiques telles que la distance de la terre à la lune, au soleil, aux étoiles, on prend ordinairement pour unité le *rayon terrestre* qui vaut 6366 kilomètres.

La distance moyenne de la terre à la lune est de 60 rayons terrestres. La distance moyenne de la terre au soleil est de 23400 rayons terrestres.

57. Mesures microscopiques. — L'unité employée dans les recherches au microscope est le *micron*, qui est la millionième partie du mètre, c'est-à-dire la millième partie du millimètre.

58. Longueur de la circonférence. — On obtient la longueur d'une circonférence quelconque en multipliant le double du rayon par le nombre $\pi = 3,1415926\ldots$ Dans la pratique, on prend $\pi = 3,1416$. Cette règle peut se traduire par la formule suivante, dans laquelle les lettres C et R représentent la longueur de la circonférence et la longueur du rayon :

$$C = 2\pi R.$$

Il résulte de là que, lorsqu'on connaît la longueur d'une circonférence, on peut obtenir son rayon en divisant par π la moitié de cette longueur, ou mieux en multipliant par $\dfrac{1}{\pi}$ (voir n° 32).

SURFACES

59. L'unité des mesures de surface est le *mètre carré* (mq) ;
c'est la surface d'un carré de 1 mètre de côté.

Les multiples du mètre carré sont :

le *décamètre carré*   (Dmq), carré de 10^m de côté ;
l'*hectomètre carré*   (Hmq),   —   100^m —   ;
le *kilomètre carré*   (Kmq),   —   1 000^m —   ;
le *myriamètre carré* (Mmq),   —   10 000^m —   .

Les sous-multiples du mètre carré sont :

le *décimètre carré*   (dmq), carré de 1^{dm} de côté ;
le *centimètre carré*   (cmq),   —   1^{cm} —   ;
le *millimètre carré* (mmq),   —   1^{mm} —   .

Si l'on divise les côtés d'un carré en dix parties égales, et si
l'on joint les points de division par des droites parallèles aux
côtés, on forme à l'intérieur du carré donné 100 petits carrés

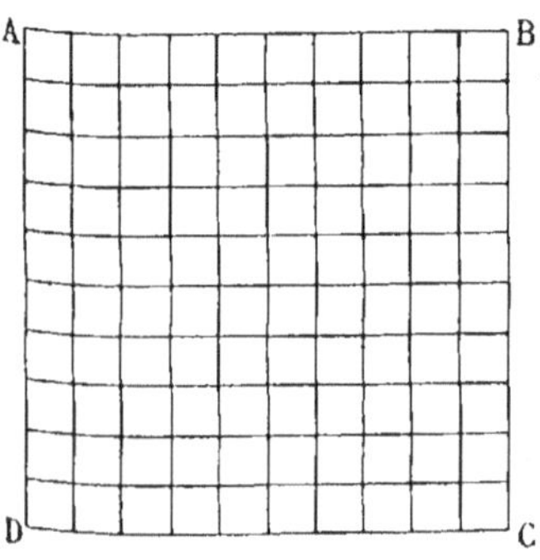

Fig. 4.

ayant chacun pour côté la
dixième partie du côté du premier (*fig. 4*). Par conséquent :

*Le mètre carré, ses multiples
et ses sous-multiples sont des
mesures de cent en cent fois
plus grandes ou plus petites.*

Il résulte de là que, dans les
nombres qui représentent des
surfaces, on doit employer
deux chiffres pour représenter
chacune des diverses unités de
surface. Ainsi, pour indiquer que dans une surface il y a
325^{mq}8^{dmq}49^{cmq}, on peut écrire l'un quelconque des nombres
suivants :

3 250 849^{cmq},   32 508^{dmq},49,   325^{mq},0849,   etc.

60. Mesure des surfaces. — Il n'existe pas de mesures réelles
de surface. On mesure, à l'aide des unités de longueur, certaines
lignes ou dimensions de la figure dont on veut évaluer la surface,

et on en déduit cette surface par un calcul qui résulte des principes de la géométrie. Nous allons rappeler les principaux résultats :

61. Rectangle. — La surface d'un rectangle (*fig.* 5) s'obtient en faisant le produit des longueurs de deux côtés consécutifs ;

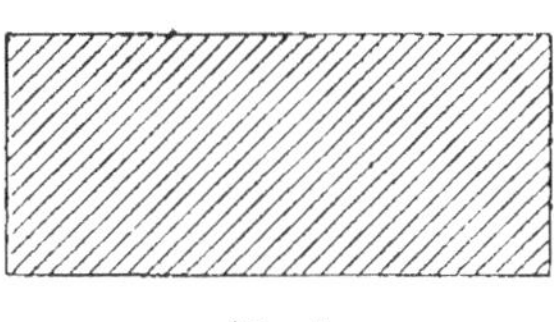
Fig. 5.

l'un de ces deux côtés est appelé *base* ou *longueur*, l'autre est appelé *hauteur* ou *largeur*. Les nombres qui mesurent ces deux côtés doivent exprimer des unités de longueur de *même nature*, par exemple des mètres (la surface est alors exprimée en mètres carrés).

Si l'on désigne par a et b les deux dimensions et par S la surface, on a la formule

$$S = ab.$$

62. Parallélogramme. — La surface d'un parallélogramme (*fig.* 6) s'obtient en multipliant la base par la hauteur. On appelle base l'un quelconque des quatre côtés, et hauteur la distance qui sépare ce côté du côté opposé, c'est-à-dire la longueur de la perpendiculaire à la base, comprise entre cette base et le côté opposé.

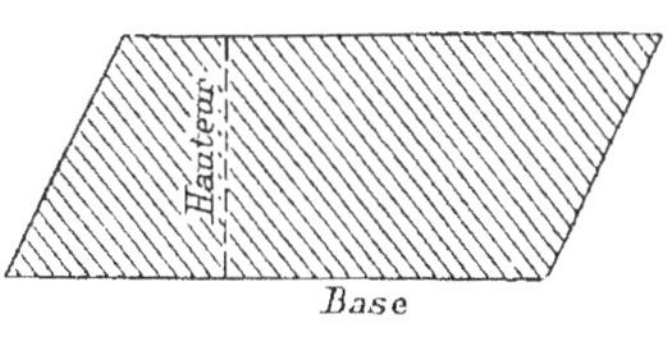

Fig. 6.

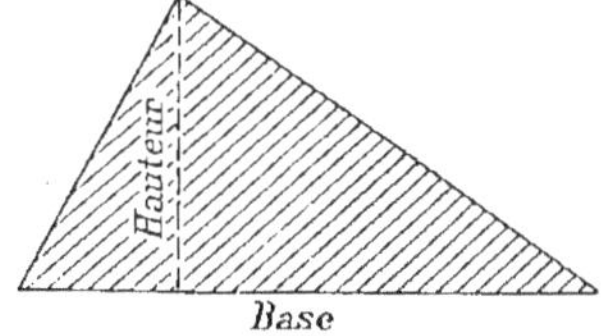

Fig. 7.

63. Triangle. — La surface d'un triangle (*fig.* 7) s'obtient en prenant la moitié du produit de la base par la hauteur. On peut prendre pour base l'un quelconque des trois côtés et alors la hauteur est la longueur de la perpendiculaire abaissée sur ce côté du sommet opposé.

Si l'on désigne la base par b et la hauteur par h, on peut écrire l'une ou l'autre des trois formules suivantes :

$$S = \frac{bh}{2}, \qquad S = \frac{b}{2} \times h, \qquad S = b \times \frac{h}{2} \cdot$$

On peut encore obtenir la surface d'un triangle en appliquant la formule suivante, dans laquelle a, b, c représentent les longueurs des trois côtés, et p la moitié de la somme $a + b + c$, c'est-à-dire la moitié du *périmètre* :

$$S = \sqrt{p(p - a)(p - b)(p - c)}.$$

64. Trapèze. — La surface d'un trapèze (*fig.* 8) s'obtient en multipliant par la hauteur la demi-somme des bases. On appelle bases les deux côtés parallèles, et hauteur la distance qui les sépare.

Si l'on désigne les deux bases par B et b et la hauteur par h, la surface du trapèze est donnée par l'une ou l'autre des trois formules suivantes :

$$S = \frac{B + b}{2} \times h, \qquad S = (B + b) \times \frac{h}{2}, \qquad S = \frac{(B + b) \times h}{2} \cdot$$

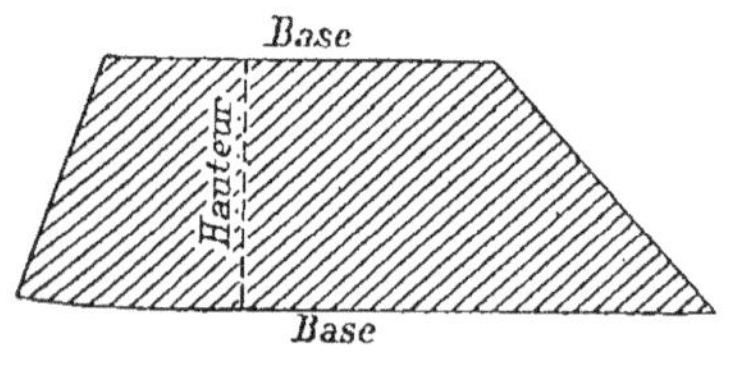

Fig. 8.

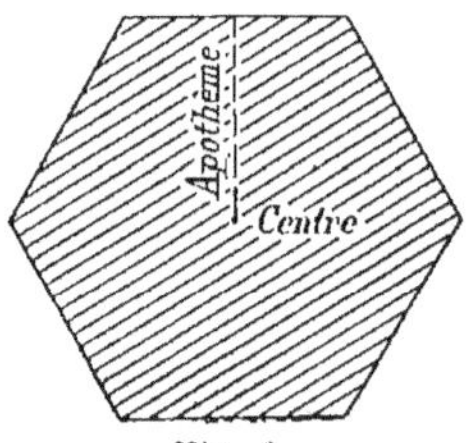

Fig. 9.

65. Polygone convexe régulier. — La surface d'un polygone convexe régulier (*fig.* 9) s'obtient en prenant la moitié du produit du périmètre par l'apothème. Le périmètre est la somme des longueurs des côtés, l'apothème est la distance du centre à l'un quelconque de ces côtés.

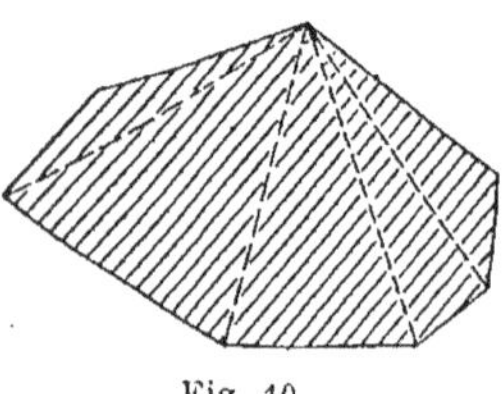
Fig. 10.

66. Polygone quelconque. — Si le polygone est convexe, on peut obtenir sa surface en joignant un sommet quelconque à tous les autres et en faisant la somme des surfaces des triangles ainsi formés (*fig.* 10).

On peut encore (*fig.* 11) mener une diagonale et abaisser des perpendiculaires sur cette diagonale par les sommets du polygone. On forme ainsi quatre triangles et un certain nombre de trapèzes ; la somme des surfaces de ces figures est égale à la surface du polygone.

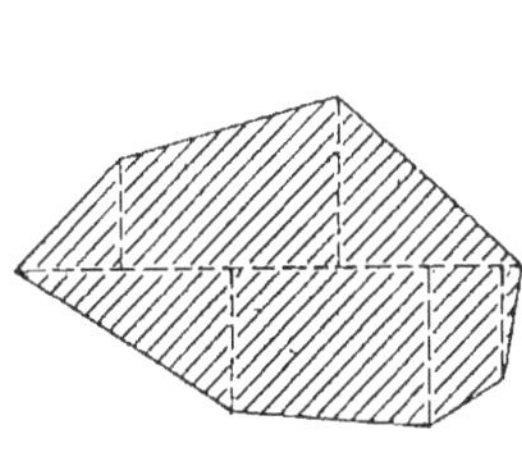

Fig. 11.

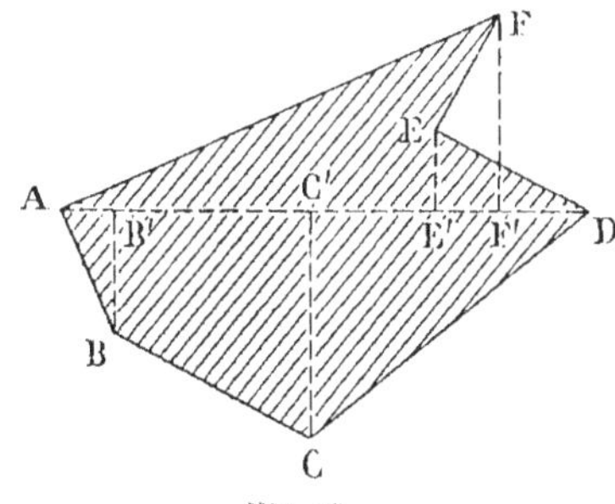

Fig. 12.

Si le polygone n'est pas convexe, on peut aisément le décomposer en plusieurs polygones convexes. On peut aussi procéder comme dans la figure 11 ci-dessus, mais alors la surface cherchée n'est plus la somme des surfaces des figures obtenues. Ainsi la surface du polygone représenté par la figure 12 est égale à la somme des surfaces des figures ABB′, BCB′C′, CDC′, DEE′, AFF′, diminuée de la surface du trapèze EFE′F′.

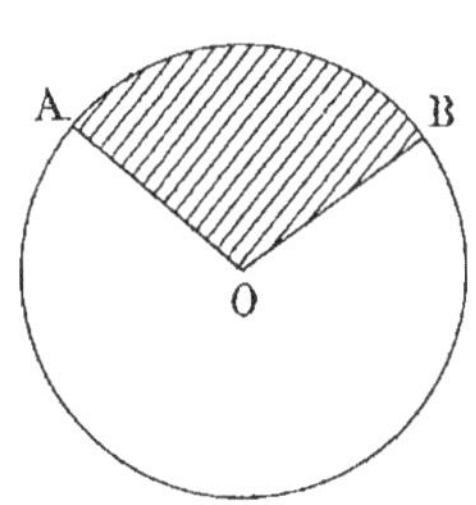

Fig. 13.

67. Secteur circulaire. — C'est la figure obtenue en joignant les deux extrémités d'un arc de circonférence au centre de cette circonférence (*fig.* 13). La surface de cette figure s'obtient en prenant la moitié du produit de la longueur de l'arc par le rayon.

$$S = \frac{OA \times \text{arc } AB}{2}.$$

68. Cercle. — La surface d'un cercle s'obtient en faisant le carré du nombre qui mesure le rayon et en multipliant par π le résultat obtenu, ce qui se traduit par la formule $S = \pi R^2$.

D'après cela, pour avoir le rayon d'un cercle dont on connaît la surface, on divise cette surface par π [ce qui se fait en multipliant par $\dfrac{1}{\pi}$ (voir n° 32)] et on extrait la racine carrée du quotient.

69. Ellipse. — La surface d'une ellipse (*fig.* 14) s'obtient en multipliant le nombre π par le produit du demi grand axe et du demi petit axe. Si donc on désigne par a et b les moitiés des deux axes, la surface est donnée par la formule

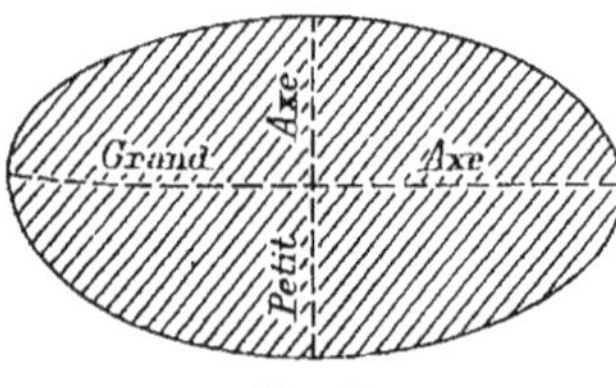

Fig. 14.

$$S = \pi ab.$$

Si l'on désigne par R la racine carrée du produit ab, on voit que cette formule peut s'écrire $S = \pi R^2$, ce qui permet de dire : *La surface d'une ellipse est égale à celle du cercle qui a pour rayon la moyenne géométrique des deux demi-axes.*

70. Prisme. — Dans un prisme oblique chacune des faces latérales est un parallélogramme et les deux bases sont des polygones égaux. Il est donc aisé d'obtenir, soit la surface latérale, soit la surface totale, par l'application des principes précédents.

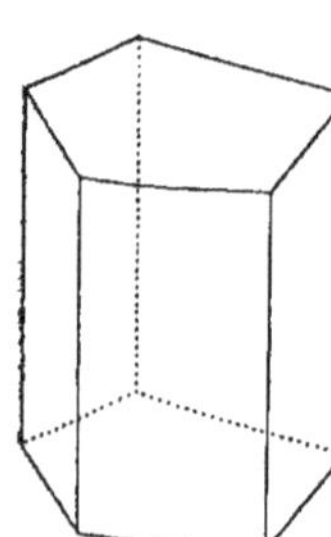

Fig. 15.

S'il s'agit d'un prisme droit comme celui de la figure 15, on obtient la surface latérale *en multipliant par la hauteur le périmètre du polygone de base,* car dans ce cas chacune des faces latérales est un rectangle ayant pour hauteur la hauteur du prisme et pour base l'un des côtés du polygone de base.

S'il s'agit d'un tronc de prisme, chacune des faces latérales est un trapèze.

71. Pyramide. — Chacune des faces latérales d'une pyramide (*fig.* 16) est un triangle et la base est un polygone quelconque. Il est donc aisé d'obtenir, soit la surface latérale, soit la surface totale.

S'il s'agit d'une *pyramide régulière*, tous les triangles sont égaux, et par suite on obtient la surface latérale *en prenant la moitié du produit du périmètre de la base par la perpendiculaire abaissée du sommet sur l'un des côtés de cette base.*

S'il s'agit d'un *tronc de pyramide*, chacune des faces latérales est un trapèze.

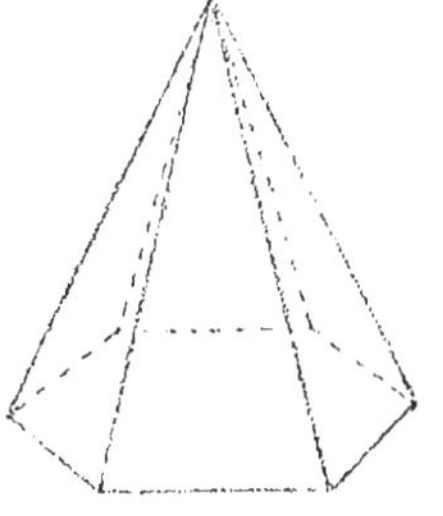

Fig. 16.

72. Cylindre. — La surface convexe d'un cylindre droit à base circulaire (*fig.* 17) peut être développée sur un plan et donne alors un rectangle ayant pour hauteur celle du cylindre, et pour base la longueur de la circonférence de base du cylindre. Dès lors, si l'on désigne par R et H le rayon et la hauteur du cylindre, la surface en question est donnée par la formule $s = 2\pi RH$.

La surface totale est donnée par $S = 2\pi RH + 2\pi R^2$, c'est-à-dire

$$S = 2\pi R(H + R).$$

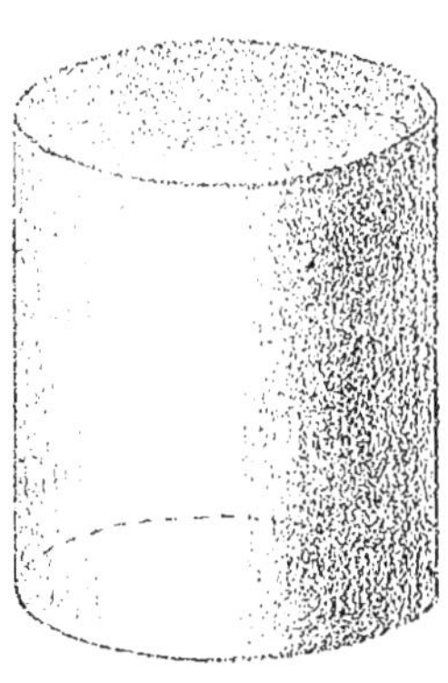

Fig. 17.

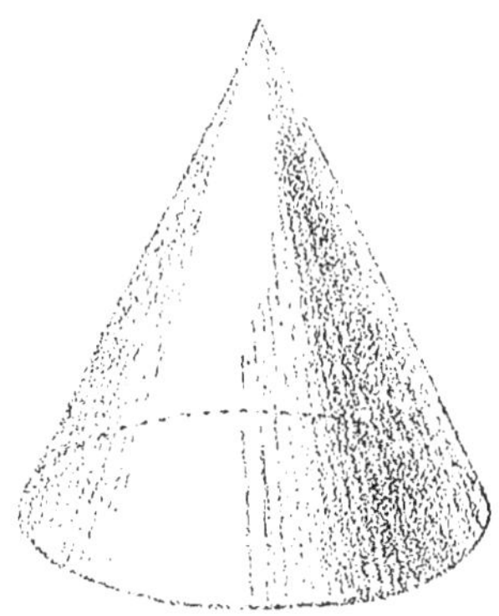

Fig. 18.

73. Cône. — La surface latérale d'un cône droit à base circulaire (*fig.* 18) peut également se développer sur un plan et donne alors un secteur circulaire dont le rayon est égal à l'arête du cône et dont l'arc a pour longueur celle de la circonférence de base du cône. Dès lors, si l'on désigne par R et a le rayon de base et l'arête du cône, la surface en question est donnée par la formule

$$s = \pi R a.$$

La surface totale est donnée par $S = \pi R a + \pi R^2$, c'est-à-dire

$$S = \pi R(a + R).$$

74. Tronc de cône. — La surface latérale d'un tronc de cône (*fig.* 19) s'obtient en multipliant par l'arête la demi-somme des longueurs des deux circonférences de base. Si l'on désigne par R, R', a les deux rayons et l'arête, cette surface est donnée par la formule

$$S = \pi a(R + R').$$

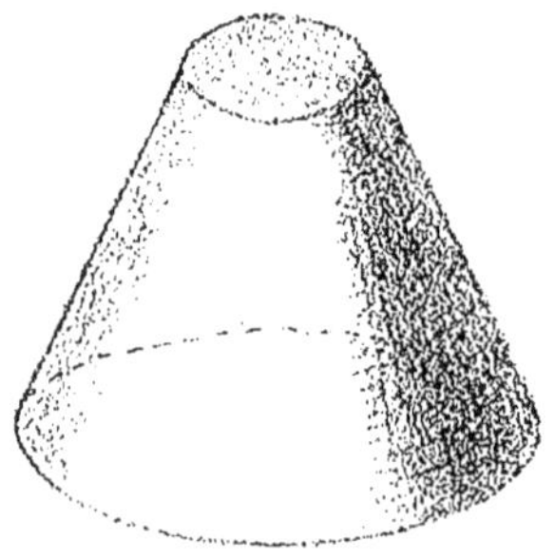

Fig. 19.

Fig. 20.

75. Sphère. — La surface d'une sphère (*fig.* 20) n'est pas développable sur un plan. On démontre en géométrie qu'elle équivaut à 4 fois la surface d'un *grand cercle* de cette sphère, c'est-à-dire qu'elle est donnée par la formule

$$S = 4\pi R^2.$$

On appelle *zone* la portion de la surface de la sphère comprise entre deux plans parallèles. Si h est la distance de ces deux plans, on a

$$S' = 2\pi R h.$$

76. Mesures agraires. — On donne ce nom aux unités de surface spécialement affectées à la mesure de la surface des champs.

L'unité principale est le décamètre carré, qui prend alors le nom d'*are*. L'are n'a qu'un multiple, l'*hectare*, qui vaut 100 ares, c'est-à-dire 1^{Hmq}, et un sous-multiple, le *centiare*, qui vaut la centième partie de l'are, c'est-à-dire 1^{mq}.

Les mesures agraires sont donc de cent en cent fois plus grandes ou plus petites, et par suite sont assujetties à la même numération que les mesures ordinaires de surface.

Pour les grandes étendues, telles que celles d'un département, d'un État, etc., on prend pour unité le kilomètre carré, et quelquefois le myriamètre carré. La superficie de la France est $536\,400^{Kmq}$; celle de l'Europe, environ $10\,000\,000^{Kmq}$; celle de l'Afrique, environ $30\,000\,000^{Kmq}$.

VOLUMES

77. L'unité des mesures de volume est le *mètre cube* (mc) ;

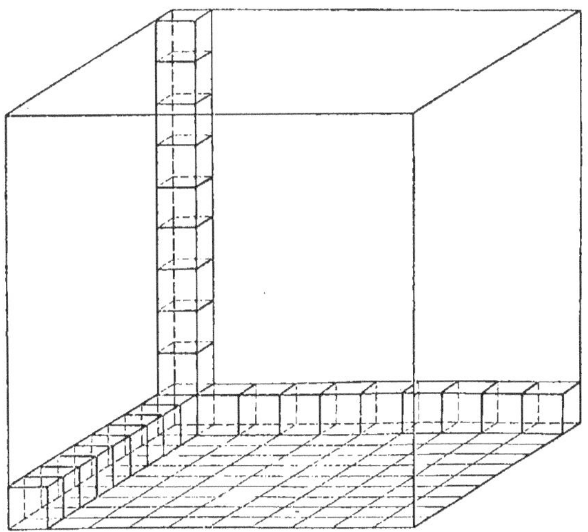

Fig. 21.

c'est le volume d'un cube de 1^m d'arête. Les multiples du mètre cube ne sont pas usités ; les sous-multiples sont :

le *décimètre cube* (dmc), cube de 1^{dm} d'arête ;
le *centimètre cube* (cmc), — 1^{cm} — ;
le *millimètre cube* (mmc), — 1^{mm} — .

Dans le fond d'une boîte cubique de 1^m d'arête (*fig.* 21) on peut placer une couche de 100 petits cubes de 1^{dm} d'arête, et, dans toute la boîte, on peut placer en tout 10 couches semblables, ce qui fait un total de 1 000 cubes de 1^{dm} d'arête.

Par conséquent *le mètre cube contient* 1 000 *décimètres cubes.* De même, le décimètre cube contient 1 000 centimètres cubes, et le centimètre cube contient 1 000 millimètres cubes.

En d'autres termes, le mètre cube et ses trois sous-multiples sont des unités de volume de 1 000 en 1 000 fois plus petites.

Il résulte de là que, dans les nombres qui représentent des volumes, on doit employer trois chiffres pour représenter chacune des diverses unités de volume. Ainsi pour indiquer que dans un volume il y a $18^{mc} 543^{dmc} 48^{cmc} 509^{mmc}$, on peut écrire l'un quelconque des quatre nombres suivants :

$$18^{mc},543048509, \qquad 18\,543^{dmc},048509,$$
$$18\,543\,048^{cmc},509, \qquad 18\,543\,048\,509^{mmc}.$$

78. Mesure des volumes. — Comme pour les surfaces, il n'existe pas de mesures réelles de volume. On mesure, à l'aide des unités de longueur, certaines *dimensions* des corps dont on veut connaître le volume, et l'on en déduit ce volume par un calcul qui résulte des principes de la géométrie. Nous allons rappeler les principaux résultats :

79. Parallélépipède rectangle. — Le volume d'un parallélépipède rectangle (*fig.* 22) s'obtient en faisant le produit des longueurs des trois arêtes qui partent d'un même sommet. L'une de ces trois arêtes s'appelle *longueur*, une autre *largeur*, et la troisième *hauteur*

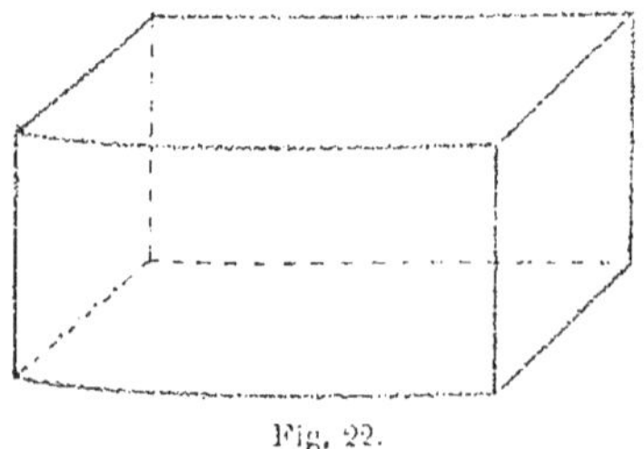

Fig. 22.

ou *épaisseur*. Les nombres qui les mesurent doivent exprimer des unités de longueur de *même nature*, des mètres par exemple (le volume est alors exprimé en mètres cubes).

C'est le calcul qu'on doit faire pour avoir le volume d'une caisse, d'une salle à parquet rectangulaire, d'un mur, etc.

80. Prisme. — Le volume d'un prisme s'obtient en multipliant la surface de la base par la hauteur, c'est-à-dire par la distance qui sépare les plans des deux bases.

On obtient donc le volume d'une salle dont le parquet n'est pas rectangulaire, en cherchant d'abord la surface de ce parquet, et en la multipliant par la hauteur de la salle.

81. Pyramide. — Le volume d'une pyramide s'obtient en prenant le tiers du produit de la surface de la base par la hauteur. On appelle hauteur la longueur de la perpendiculaire abaissée du sommet sur le plan de la base.

82. Tronc de prisme. — S'il s'agit d'un tronc de prisme *triangulaire* (*fig.* 23), on obtient le volume en prenant le tiers du produit de la surface de la *section droite* par la somme des trois arêtes latérales.

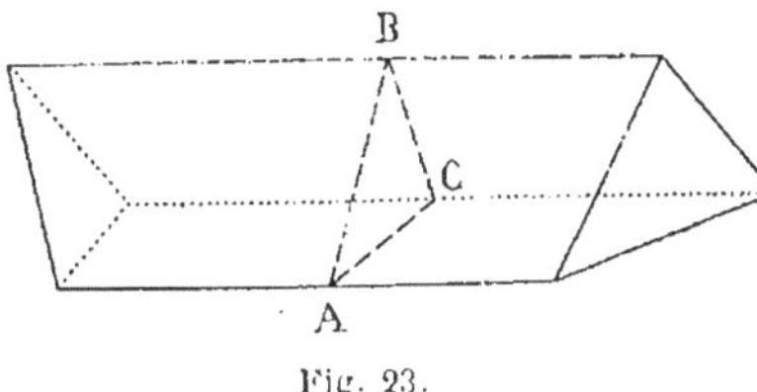

Fig. 23.

On appelle section droite le triangle obtenu en coupant le tronc de prisme par un plan perpendiculaire aux arêtes latérales. Ainsi, dans la figure 23, la section droite est le triangle ABC. Si l'on désigne par S la surface de ce triangle et par a, b, c les longueurs des trois arêtes latérales, le volume du tronc de prisme est donné par la formule

$$V = \frac{1}{3} S \times (a + b + c).$$

S'il s'agit d'un tronc de prisme *quelconque*, on peut le décomposer en plusieurs troncs de prisme triangulaires, et faire la somme des volumes de ces troncs de prisme.

83. Tombereau et tas de pierres. — Certains volumes tels
que les *tombereaux*, *tas de pierres*, *tas de sable*, *auges*, *pétrins*,

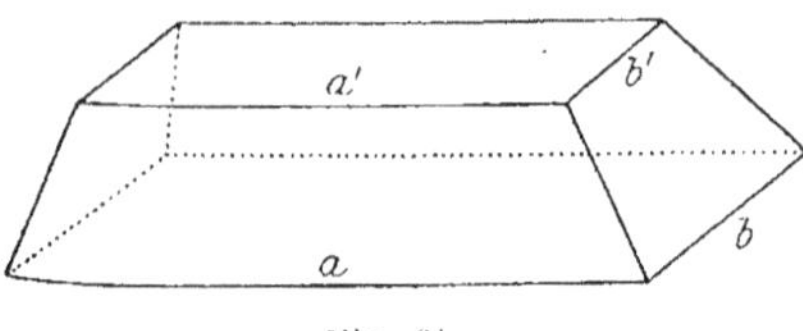

Fig. 24.

etc., sont limités par
deux bases qui sont deux
rectangles ayant leurs
côtés parallèles deux à
deux, les quatre faces latérales étant des trapèzes.

Ces volumes affectent la forme ci-contre (*fig.* 24) ou bien la
forme renversée. Cette forme est un tronc de prisme quadran-
gulaire.

Si l'on désigne par a et b, a' et b', les dimensions des deux
rectangles, et par h la distance des plans de ces deux rectangles,
c'est-à-dire la hauteur du tas ou du tombereau, etc., le volume
est donné par la formule

$$V = \frac{h}{6}\left[b(2a + a') + b'(2a' + a) \right].$$

Dans le cas particulier où le rectangle supérieur se réduit à
une droite, c'est-à-dire dans le cas où l'on a $b' = 0$, cette
formule devient

$$V = \frac{bh}{6}(2a + a').$$

84. Tronc de pyramide. — Le volume d'un tronc de pyramide
est donné par la formule suivante, dans laquelle B et b désignent les surfaces des deux bases et h la hauteur du tronc :

$$V = \frac{h}{3}(B + b + \sqrt{Bb}).$$

85. Cylindre. — Le volume d'un cylindre s'obtient en multipliant la surface de la base par la hauteur.

S'il s'agit d'un *cylindre droit à base circulaire*, de rayon R et
de hauteur H, le volume est donné par la formule

$$V = \pi R^2 H.$$

86. Cône. — Le volume d'un cône s'obtient en prenant le tiers
du produit de la surface de la base par la hauteur.

S'il s'agit d'un *cône droit à base circulaire*, de rayon R et de hauteur H, le volume est donné par la formule

$$V = \frac{1}{3}\pi R^2 H.$$

87. Tronc de cône. — Le volume du tronc de cône obtenu en coupant par un plan parallèle à la base un cône circulaire droit, est donné par la formule

$$V = \frac{\pi h}{3}(R^2 + r^2 + Rr),$$

dans laquelle R et r désignent les rayons des deux bases, et h la hauteur, c'est-à-dire la distance entre les centres des deux bases.

88. Remarque. — Les formules des trois derniers numéros s'appliquent au cas où les bases, au lieu d'être circulaires, sont *elliptiques*. Il suffit pour cela, d'après le n° 69, d'imaginer que chaque ellipse est remplacée par un cercle ayant pour rayon la racine carrée du produit des deux demi-axes.

Ces formules sont aussi applicables au cylindre, au cône et au tronc de cône obliques, pourvu que les bases restent circulaires, et h étant compté sur la perpendiculaire au plan de la base.

89. Sphère. — Si l'on désigne par R le rayon et par D le diamètre, le volume de la sphère est donné par l'une ou l'autre des deux formules :

$$V = \frac{4}{3}\pi R^3, \qquad V = \frac{1}{6}\pi D^3.$$

90. Segment sphérique. — On appelle *segment sphérique* une portion du volume de la sphère limitée par deux plans parallèles. Ces deux plans coupent la sphère suivant deux cercles parallèles qu'on appelle les *bases* du segment. La distance des centres de ces deux cercles est la *hauteur* du segment.

Si l'on désigne par r et r' les rayons des bases et par h la hauteur, le volume est donné par la formule

$$V = \frac{1}{6}\pi h^3 + \frac{1}{2}\pi h(r^2 + r'^2).$$

Si l'un des deux plans considérés est tangent à la sphère, on obtient le *segment sphérique à une base* dont le volume est donné par la formule précédente où l'on annule l'un des deux rayons.

91. Ellipsoïde. — L'ellipsoïde (*fig.* 25) est un corps limité par une surface fermée de toutes parts et dont la section plane est toujours une ellipse. Ce corps admet trois axes de symétrie per-pendiculaires deux à deux, et se coupant en un même point qui est le centre de l'ellipsoïde. Ces axes pris deux à deux déterminent trois plans qui coupent l'el-lipsoïde suivant trois ellipses qu'on appelle *ellipses princi-*

Fig. 25.

pales, et qui ont pour axes ceux de l'ellipsoïde.

Si l'on désigne par a, b, c, les longueurs des demi-axes, le volume est donné par la formule

$$V = \frac{4}{3}\pi abc.$$

On déduit de là que le volume d'un ellipsoïde est égal à celui d'une sphère qui a pour rayon la racine cubique du produit des trois demi-axes.

On appelle *ellipsoïde de révolution* celui qui est engendré par une ellipse qui tourne autour d'un de ses axes. Dans un pareil ellipsoïde, les sections faites par des plans perpendiculaires à l'axe de rotation sont circulaires. Par suite, deux des trois axes sont égaux. Si l'axe de révolution est l'axe a, le volume est donné par

$$V = \frac{4}{3}\pi ab^2.$$

L'ellipsoïde de révolution est *allongé* ou *aplati* suivant que l'ellipse qui l'engendre tourne autour de son grand axe ou de son petit axe.

92. Solides semblables. — On dit que deux solides sont *semblables* lorsqu'ils sont composés des mêmes éléments groupés de la même façon, et que leurs dimensions correspondantes sont dans le même rapport ; ce rapport commun est appelé *rapport de similitude.*

On dit ordinairement, dans ce cas, que l'un des deux solides est une *réduction* de l'autre.

On démontre à ce sujet les deux théorèmes suivants :

1° *Le rapport des surfaces de deux figures semblables est égal au carré du rapport de similitude ;*

2° *Le rapport des volumes de deux solides semblables est égal au cube du rapport de similitude.*

Ces théorèmes permettent de calculer, par une simple proportion, une surface ou un volume lorsqu'on connaît la surface ou le volume d'un corps *semblable* au corps considéré, ainsi que le rapport de similitude.

93. Caves, citernes, etc. — Les caves, citernes, fosses, etc., affectent diverses formes. Généralement, cependant, leur contenance est limitée par un sol horizontal rectangulaire, par deux murs verticaux parallèles qui en constituent les extrémités, et par deux autres murs latéraux supportant une voûte ou un plafond horizontal. Les sections déterminées par des plans parallèles aux murs des extrémités sont égales entre elles.

La contenance en question est donc assimilable à un cylindre horizontal ayant pour hauteur la longueur de la cave et pour base la surface du mur vertical qui constitue l'une des extrémités. Par suite, *on obtient le volume en multipliant cette longueur par cette surface.*

Cette surface du mur vertical affecte ordinairement les formes suivantes que nous savons évaluer : 1° un demi-cercle ou un segment de cercle ; 2° un rectangle, ou bien un rectangle surmonté d'un demi-cercle, ou d'un segment de cercle, ou d'une demi-ellipse ; 3° un trapèze surmonté d'un demi-cercle, ou d'un segment de cercle, ou d'une demi-ellipse.

S'il existe à l'intérieur de la cave ou du réservoir des piliers on d'autres constructions, il faut calculer leur volume et le déduire de la contenance totale.

Remarque. — On obtient la surface totale de la maçonnerie d'une cave (y compris le sol) en ajoutant aux surfaces des deux extrémités le produit de la longueur de la cave par le périmètre de la surface du mur vertical de l'extrémité. Il est aisé d'en déduire la surface du sol si l'on ne veut pas en tenir compte.

94. Voûtes. — Proposons-nous d'évaluer le volume de la maçonnerie qui entre dans la construction d'une voûte. Nous ne tiendrons pas compte des murs qui soutiennent la voûte, car il est facile d'avoir leur volume.

Il y a plusieurs espèces de voûtes ; nous allons examiner les plus répandues.

1° *Voûtes cylindriques ou en berceaux.* — Ce sont celles dont nous avons parlé au numéro précédent. Considérons une section faite dans la maçonnerie d'une pareille voûte par un plan parallèle aux murs verticaux des extrémités. *Le volume de la maçonnerie de la voûte est égal à la surface de cette section multipliée par la longueur de la voûte.* Tout revient donc à trouver la surface de cette section qu'on appelle *section droite*.

Dans les voûtes à *plein cintre*, la section droite est limitée par deux demi-circonférences, et par suite sa surface est égale à la différence des surfaces de deux demi-cercles.

Dans les voûtes en *arc de cercle*, la section droite est la différence des surfaces de deux secteurs *circulaires*.

Dans les voûtes en *demi-ellipse*, la section droite est la différence des surfaces de deux demi-ellipses.

Il y a encore les voûtes cylindriques *en ogive, en anse de panier, en arc d'ellipse,* etc. Dans toutes ces voûtes, comme dans les précédentes d'ailleurs, on peut obtenir d'une façon simple et approximative la surface de la section droite *en multipliant par l'épaisseur de la voûte la demi-somme des arcs intérieur et extérieur de cette section.*

La surface interne de chacune de ces voûtes s'obtient en multipliant par la longueur de la voûte la longueur de l'arc intérieur de la section droite. Cette surface interne s'appelle *intrados ;* la surface extérieure s'appelle *extrados.*

2° *Voûtes en dôme ou en coupole.* — Ce sont celles qui surmontent un cylindre à base circulaire ou elliptique.

Les *voûtes sphériques* ont pour intrados et extrados deux portions de sphère, et le volume d'une pareille voûte est égal à la différence des volumes de deux segments sphériques à une base. La surface de l'intrados est celle d'une zone à une base. Le calcul du volume et celui de la surface sont plus simples dans le cas fréquent où l'intrados et l'extrados sont des demi-sphères.

Les *voûtes elliptiques* ont ordinairement pour intrados et extrados deux demi-ellipsoïdes, et il est encore aisé de calculer leur volume d'après le n° 91.

3° *Voûtes d'arêtes.* — Ces voûtes sont généralement produites par le croisement de deux ou plusieurs galeries voûtées ; leur intrados est divisé en plusieurs triangles curvilignes. Si la courbure de ces triangles n'est pas très prononcée on peut avoir approximativement la surface de chacun d'eux en mesurant ses trois côtés et appliquant la formule qui termine le n° 63.

La surface de l'intrados multipliée par l'épaisseur de la voûte donne approximativement le volume.

95. Volume d'un corps quelconque. — Lorsqu'il s'agit d'évaluer le volume d'un corps qui ne rentre pas dans l'un des cas précédents, on peut chercher à décomposer ce corps en plusieurs autres répondant chacun, exactement ou approximativement, à l'un de ces cas ; on évalue les volumes partiels ainsi formés et on fait leur somme.

Si le corps considéré est *homogène* et si l'on peut avoir son poids, on obtient le volume en divisant le poids par la densité. Si le poids est exprimé en kilogrammes, on a le volume en décimètres cubes.

Si le corps considéré a de faibles dimensions, on peut procéder simplement de la façon suivante : on l'introduit dans un récipient plein d'eau et l'on jauge ou l'on pèse la quantité d'eau qui sort du récipient ; le volume de cette quantité d'eau est égal au volume du corps (*on sait que* 1^{cme} *d'eau pèse* 1^{gr}).

On peut d'une façon analogue déduire la capacité intérieure d'un récipient du poids de l'eau nécessaire pour remplir ce récipient.

Nous allons examiner en détail quelques cas particuliers importants : *cubage des bois, jaugeage des tonneaux,* etc.

96. Cubage des bois. — 1° **Bois équarris.** — On appelle ainsi les troncs d'arbres dépouillés de leur écorce et ramenés à la forme de prismes droits. On obtient le volume d'une pareille poutre en multipliant sa longueur par la surface de l'une des extrémités.

Dans le cas où les deux extrémités n'ont pas la même surface, on obtient très sensiblement le volume en multipliant par la longueur de la poutre la surface de la section équidistante des deux extrémités faite perpendiculairement à la poutre.

2° **Bois en grume.** — Ce sont les troncs d'arbres revêtus de leur écorce ; ils ont quelquefois la forme d'un cylindre, mais plus ordinairement celle d'un tronc de cône. Dans ce dernier cas, on suppose que le tronc est un cylindre ayant pour circonférence de base la circonférence équidistante des deux extrémités du tronc.

Si l est la longueur du tronc et C la longueur de la circonférence de base (ou bien la longueur de la circonférence moyenne), le rayon de cette circonférence est $\dfrac{C}{2\pi}$, et par suite le volume du tronc est

$$V = \pi\left(\frac{C}{2\pi}\right)^2 l = \frac{\pi C^2 l}{4\pi^2} = \frac{C^2 l}{4\pi},$$

ou bien

$$V = C^2 l \times \frac{1}{4} \times \frac{1}{\pi}.$$

Si nous prenons $\dfrac{1}{\pi} = 0{,}3183$ (n° 32), cette formule s'écrit

$$V = C^2 l \times \frac{0{,}3183}{4}.$$

Or, on a très sensiblement $\dfrac{0,3183}{4} = \dfrac{8}{100}$; par suite, on peut écrire

$$V = C^2 l \times \dfrac{8}{100} \cdot$$

Donc : *on obtient le volume d'un bois en grume en prenant les huit centièmes du produit de la longueur par le carré de la circonférence de base.*

3° **Cubage d'équarrissage.** — On appelle ainsi le procédé qui permet d'obtenir le volume que donnerait un bois en grume si on l'équarrissait. Ce cubage se fait d'après plusieurs règles suivant la nature du bois en question.

Dans le *cubage au quart sans déduction,* on admet que le bois en grume a pour volume équarri celui d'un prisme ayant pour hauteur la hauteur du tronc et pour base un carré dont le côté est égal au quart de la circonférence de base ou de la circonférence moyenne.

Dans le *cubage au cinquième déduit,* qui est le plus usité, on admet que la base du prisme est un carré dont le côté est égal au quart de la différence obtenue en retranchant à la longueur de la circonférence moyenne le cinquième de sa valeur.

Si C est la circonférence moyenne, le côté du carré sera donc

$$\left(C - \dfrac{C}{5}\right)\dfrac{1}{4}, \qquad \text{ou} \qquad \dfrac{4C}{5} \times \dfrac{1}{4}, \qquad \text{ou} \qquad \dfrac{C}{5} ;$$

par suite, le volume sera

$$V = \left(\dfrac{C}{5}\right)^2 \times l.$$

Cela permet d'énoncer la règle pratique suivante :

RÈGLE POUR LE CUBAGE AU CINQUIÈME DÉDUIT. — *Le volume au cinquième déduit s'obtient en multipliant par la longueur du tronc le carré du cinquième de la circonférence moyenne.*

La formule ci-dessus peut s'écrire

$$V = \dfrac{C^2}{25} \times l = C^2 l \times \dfrac{1}{25} = C^2 l \times \dfrac{4}{100},$$

ce qui montre que le volume d'un bois équarri au cinquième déduit est la moitié de celui du même bois en grume.

Pour quelques bois à écorce mince on emploie le *sixième déduit*. Le côté du carré est alors égal au quart de la différence obtenue en retranchant à la longueur de la circonférence moyenne le sixième de sa valeur. On obtient le volume en multipliant par la longueur du tronc le carré de ce côté.

4° **Sapin.** — On emploie le cubage au cinquième déduit, ou l'un des deux autres procédés, pour le chêne et pour plusieurs autres bois. On opère autrement pour le bois de sapin. On admet qu'un bois de sapin en grume a pour volume équarri celui d'un prisme ayant pour hauteur la longueur du tronc, et pour base un carré dont le côté est égal au diamètre de la circonférence moyenne.

97. Jaugeage des tonneaux. — Dans un tonneau, on appelle *douves* les planches courbées qui en forment le corps (*ces planches ont une courbure sensiblement parabolique*) ; on appelle *bouge* la partie la plus renflée du tonneau ; *jable* la rainure pratiquée à chacune des deux extrémités et dans laquelle s'encastrent les fonds ; *bonde* le trou circulaire pratiqué au milieu d'une douve pour l'introduction du liquide ; on appelle aussi bonde le bouchon qui sert à fermer ce trou.

Il est difficile d'obtenir d'une façon rigoureuse la capacité d'un tonneau. On applique des formules donnant des résultats plus ou moins approchés ; nous allons indiquer les principales d'entre elles.

1° **Double tronc de cône.** — La courbure des douves étant peu prononcée, on peut, dans une première approximation, considérer le volume intérieur du tonneau comme la somme des volumes de deux troncs de cône (*fig. 26*) ayant tous deux pour grande base le cercle du bouge et pour petites bases les fonds

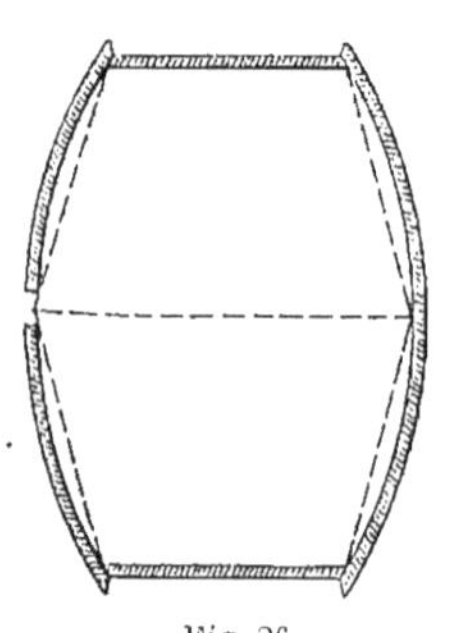

Fig. 26.

du tonneau. Désignons par l la longueur du tonneau, par D le diamètre du bouge et par d celui des fonds. Chacun des deux troncs de cône égaux dont nous venons de parler a pour volume (n° 87)

$$\frac{\pi l}{6}\left(\frac{D^2}{4} + \frac{d^2}{4} + \frac{Dd}{4}\right),$$

c'est-à-dire

$$\frac{\pi l}{24}(D^2 + d^2 + Dd).$$

Le volume du tonneau est alors

$$V = \frac{\pi l}{12}(D^2 + d^2 + Dd). \qquad (1)$$

Cette formule donne une valeur trop faible pour le volume, aussi n'est-elle jamais employée.

Le diamètre D s'obtient en plongeant un mètre dans le tonneau par l'ouverture de la bonde. Le diamètre d s'obtient à l'aide d'un mètre à ruban ou d'une ficelle qu'on reporte sur le mètre; si les deux fonds n'ont pas le même diamètre, on prend pour d la moyenne des deux diamètres. La longueur l s'obtient en retranchant de la longueur totale de la pièce la saillie des douves près des fonds, plus 2 centimètres environ pour tenir compte de l'épaisseur des fonds.

Si ces différentes longueurs sont évaluées en *décimètres*, la formule (1) donne le volume en *décimètres cubes*, c'est-à-dire en *litres*.

2° **Formule d'Oughtred.** — On obtient cette formule en remplaçant dans la précédente Dd par D^2, ce qui donne

$$V = \frac{\pi l}{12}(2D^2 + d^2). \qquad (2)$$

On obtient ainsi pour V une valeur généralement trop forte, mais plus approchée que celle donnée par la formule (1).

3° **Formule de Dez.** — C'est la formule dont on a fait longtemps usage en France et qui est encore employée quelquefois

$$V = \frac{\pi l}{4}\left[D - \frac{3}{8}(D - d)\right]^2. \qquad (3)$$

4° **Formule de Guilmin.**

$$V = Ddl \times 0,82. \qquad (4)$$

5° **Formule des octrois.** — En France, les octrois et les marchands de vin se servent actuellement de la formule suivante, qui a été déterminée par l'expérience :

$$V = \pi l \left(\frac{2D + d}{6} \right)^2. \tag{5}$$

Cette formule se déduit de la formule de Dez en remplaçant dans cette dernière le coefficient $\frac{3}{8}$ par $\frac{3}{9}$, ou $\frac{1}{3}$.

6° **Emploi de la jauge.** — La jauge est une règle métallique qui porte sur l'une de ses faces une graduation en centimètres, et sur l'autre face une graduation particulière qui permet aux employés d'octroi et aux marchands de vin d'avoir immédiatement et d'une façon très approximative, le volume d'un tonneau. A cet effet ils introduisent la jauge par le trou de bonde jusqu'à ce qu'elle atteigne le point le plus éloigné de l'un des deux fonds, et ils lisent la contenance du tonneau au point de la jauge situé au centre du trou de bonde. Cette graduation particulière est faite d'après la formule suivante, dans laquelle a désigne la distance du centre du trou de bonde au point le plus éloigné de l'un des fonds :

$$V = \frac{5}{8} a^3. \tag{6}$$

Si la longueur a est exprimée en décimètres, le volume V représente des litres.

Exemple. — Supposons avoir

$$l = 1^m,05, \qquad D = 0^m,90, \qquad d = 0^m,80 ;$$

les formules ci-dessus donnent les résultats suivants :

la formule (1) 596 litres.
— (2) 621 —
— (3) 613 —
— (4) 620 —
— (5) 619 —
— (6) 623 —

98. Dans certains tonneaux les fonds et le bouge sont des ellipses au lieu d'être des cercles. Les formules précédentes, sauf la dernière, s'appliquent à de pareils tonneaux. Il suffit (n° 69) de remplacer le diamètre de chaque cercle par la racine carrée du produit des deux axes de l'ellipse correspondante.

99. Les marchands de vin mesurent leurs tonneaux en les remplissant à l'aide d'un décalitre ou d'un demi-décalitre, et ils inscrivent le résultat sur l'un des fonds.

Si le tonneau n'a pas de trop grandes dimensions, le procédé le plus exact pour avoir sa contenance consiste à le peser plein d'eau, à le vider et à faire immédiatement la tare ; la différence entre les deux poids indique le nombre de kilogrammes d'eau et par suite le nombre de litres que contient le tonneau.

100. Cuves et cuviers. — Les cuviers ont ordinairement la forme d'un tronc de cône fermé par sa petite base. Leur contenance s'évalue donc d'après la formule du n° 87.

Les cuves ont la forme d'un cuvier ou celle d'un tonneau. Dans ce dernier cas, on obtient approximativement le volume en appliquant l'une des formules du n° 97.

101. Tonneaux en vidange. — On peut avoir à évaluer la quantité du liquide contenu dans un tonneau qui n'est pas plein. Il existe des formules permettant de faire cette évaluation, mais ces formules sont plus compliquées et moins rigoureuses que les précédentes. Il y a lieu d'ailleurs de distinguer deux cas, suivant que le tonneau repose sur le sol par l'un de ses fonds, ou suivant qu'il est couché.

Dans ce dernier cas on emploie quelquefois le procédé suivant qui ne donne qu'un résultat approximatif :

On introduit verticalement par le trou de bonde une tige divisée en parties égales au dixième du diamètre du cercle du bouge, et, en retirant la tige, on compte le nombre des parties qui ont été mouillées par le liquide. On obtient alors le volume du liquide contenu dans le tonneau en multipliant la contenance totale du tonneau par le coefficient du tableau suivant qui correspond au nombre de parties mouillées :

Dixièmes du diamètre :	10	9	8	7	6	5	4	3	2	1
Coefficients :	1	0,95	0,86	0,75	0,63	0,50	0,37	0,25	0,14	0,05.

102. Jaugeage des navires. — Dans la marine on appelle *tonneau métrique*, ou *tonneau de poids*, ou *tonne* un poids de 1 000 kilogrammes. Ce poids est représenté par un volume de 1^{mc} d'eau distillée, et par un volume d'eau de mer égal à $\dfrac{1\,000}{1\,026}$ de mètre cube, car un litre d'eau de mer pèse 1^{kg},026.

On appelle *tonneau d'encombrement* un volume de 1^{mc},440, qui représente le volume moyen occupé par 1 000^{kg} des matières légères que transportent ordinairement les navires. Ce volume de 1^{mc},44 correspond à 42 pieds cubes français ; il sert à calculer le *fret* des marchandises encombrantes. Le fret des marchandises lourdes est compté avec le tonneau de poids.

Tonnage brut. Unité de jauge. — Le jaugeage d'un navire est la mesure de la capacité intérieure totale de ce navire ; cette capacité est appelée *tonnage brut*, elle est évaluée en *tonneaux de jauge*. On appelle ainsi un volume de 2^{mc},83. Cette unité de jauge, qui équivaut à 100 pieds cubes anglais, a été déclarée officielle en France par décret du 24 mai 1873.

D'après cela, lorsqu'on dit qu'un navire a un tonnage brut de 500 tonneaux, cela signifie que la capacité intérieure de ce navire est, en mètres cubes $500 \times 2,83 = 1\,415^{mc}$.

La détermination du tonnage brut d'un navire est une opération compliquée qui se fait d'après des règles établies par décret. On partage le navire perpendiculairement à sa longueur en tranches d'autant plus nombreuses que le navire est plus long. Chacune de ces tranches peut-être considérée comme un prisme dont on cherche le volume en mètres cubes. La somme de ces volumes, divisée par 2,83, donne le tonnage cherché.

On peut obtenir d'une façon approximative le tonnage brut d'un navire en appliquant la règle *empirique* suivante :

Les trois dimensions principales du navire (moyenne entre la longueur du pont et celle de la quille, plus grande largeur du pont, profondeur) *étant exprimées en mètres, on prend le quart de leur produit.*

Tonnage net, ou tonnage de registre. — C'est le tonnage

obtenu en retranchant du tonnage brut le volume occupé par les chaudières, machines, soutes, ce volume étant exprimé en mètres cubes puis divisé par 2,83. Le maximum de cette déduction est de 50 %. On déduit aussi le logement de l'équipage, 5 % au maximum.

Les droits et impôts qui frappent les navires sont proportionnels au tonnage net.

103. Jaugeage des pompes. — Le jaugage d'une pompe d'une fontaine, d'une source, etc. est l'évaluation du volume d'eau qui est fourni dans un temps donné.

Cette évaluation peut se déduire aisément du temps qui est employé par la pompe pour remplir un réservoir dont on connaît la capacité.

Cette évaluation se fait aussi à l'aide de la *cuvette de jauge*. On appelle ainsi un réservoir qui reçoit l'eau de la pompe et qui laisse écouler cette eau par plusieurs orifices de même dimension placés à la même hauteur. On ouvre un nombre plus ou moins grand de ces orifices jusqu'à ce que l'eau atteigne dans le réservoir un niveau déterminé et se maintienne à ce niveau. Le débit des orifices est alors égal à celui de la pompe. Or on connaît le débit d'un orifice ; par suite, il n'y a qu'à multiplier ce débit par le nombre des orifices ouverts.

104. Jaugeage des cours d'eau. — Le jaugeage d'un cours d'eau est l'évaluation de son *débit*, c'est-à-dire l'évaluation du volume

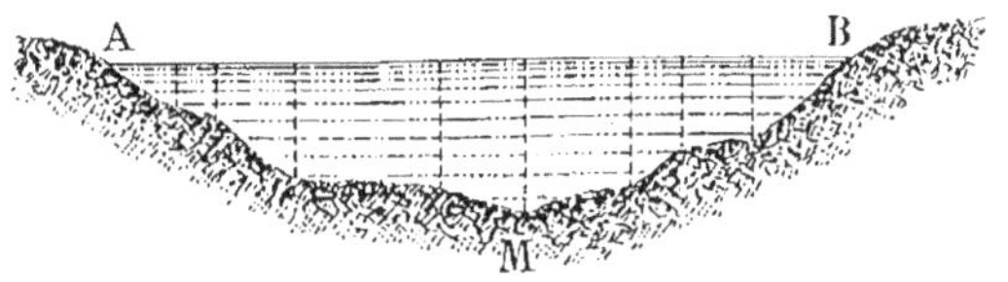

Fig. 27.

d'eau qui passe dans un temps donné par une section transversale quelconque de ce cours d'eau.

Pour déterminer une section transversale, on tend de l'une à l'autre rive, perpendiculairement au courant, un cordeau AB (*fig.* 27), et, en se déplaçant le long de ce cordeau, on mesure la profondeur de l'eau à des intervalles aussi rapprochés qu'on le veut. La section AMB se trouve ainsi sensiblement décomposée en trapèzes et triangles dont on obtient aisément les surfaces.

On détermine la section AMB à un endroit du cours d'eau tel que de part et d'autre de cette section, sur une longueur de 8 à 10 mètres au moins, la largeur et la profondeur soient à peu près les mêmes, et le mouvement de l'eau sensiblement uniforme. Il importe aussi que le lit du cours d'eau ne contienne ni trous ni grosses pierres.

La vitesse du courant, c'est-à-dire le chemin parcouru par l'eau dans un temps déterminé, une minute par exemple, s'évalue à l'aide d'un flotteur entraîné par le courant. On note le temps que met ce flotteur pour parcourir la distance comprise entre deux piquets plantés au bord de l'eau, distance soigneusement mesurée. On fait plusieurs fois l'expérience en plaçant le flotteur au milieu de la rivière, puis près des bords, et on prend la moyenne des résultats.

Ce flotteur consiste en un petit bâton qui est lesté par une pierre et dont l'extrémité supérieure apparaît seule au-dessus de l'eau. On opère ainsi car c'est à quelques centimètres au-dessous de la surface de l'eau que le courant a la plus grande vitesse; les frottements contre le fond et les rives et aussi contre l'air diminuent cette vitesse. On obtient généralement la *vitesse moyenne* en multipliant par 0,8 la vitesse ainsi mesurée.

Le volume d'eau qui passe en une minute par la section considérée est égal au volume d'un prisme ayant pour base cette section et pour hauteur la vitesse moyenne ci-dessus. On obtient donc le débit par une simple multiplication. Ce débit est exprimé en litres si toutes les mesures ont été faites en décimètres.

105. Bois de chauffage. — Le mètre cube appliqué à la mesure des bois de chauffage prend le nom de *stère*. Le stère n'a qu'un multiple, *le décastère*, qui vaut 10 stères, et un sous-multiple, *le décistère*, qui vaut un dixième de stère.

Le stère (*fig.* 28) est un cadre en bois composé d'une pièce horizontale appelée *sole*, sur laquelle sont fixés à un intervalle de 1 mètre deux montants verticaux consolidés par deux *contre-fiches*. C'est entre les deux montants qu'on entasse les bûches jusqu'à une hauteur d'un mètre si les bûches ont exactement un mètre de long. Si les

Fig. 28. — Le stère.

bûches n'ont pas un mètre, on obtient la hauteur en divisant l'unité par la longueur de ces bûches.

Le double stère et le quintuple stère sont deux mesures de même forme que le stère.

Ces différentes mesures sont de moins en moins employées. Le bois se vend actuellement plus souvent au poids qu'à la mesure.

106. Mesures pour les liquides et les grains. — Ces mesures sont plus spécialement appelées *mesures de capacité;* leur unité est le décimètre cube, qui prend le nom de *litre* (l).

Les multiples usités du litre sont :

le *décalitre* (Dl), qui vaut 10 litres ;
l'*hectolitre* (Hl),   —   100   —   .

Les sous-multiples usités du litre sont :

le *décilitre* (dl), qui vaut la dixième partie du litre ;
le *centilitre* (cl),   —   centième   —   .

Ces différentes mesures étant de dix en dix fois plus grandes ou plus petites, les nombres qui expriment des capacités s'écrivent d'après les règles de la numération décimale. Ainsi, pour indiquer qu'une capacité contient 276 litres 8 centilitres, on peut écrire l'un quelconque des nombres suivants :

27 608^{cl},   2 760^{dl},8,   276^l,08,   27^{Dl},608,   2^{hl},7 608.

107. Mesures réelles de capacité. — Il y en a treize dont la plus petite est le centilitre et la plus grande l'hectolitre. Ce sont les suivantes :

1° le centilitre,	8° le double litre,
2° le double centilitre,	9° le demi-décalitre,
3° le demi-décilitre,	10° le décalitre,
4° le décilitre,	11° le double décalitre,
5° le double décilitre,	12° le demi-hectolitre,
6° le demi-litre,	13° l'hectolitre.
7° le litre,	

Ces mesures, qui ont toutes la forme cylindrique, sont de quatre sortes :

1° 8 *mesures en étain* pour le commerce en détail du vin et de l'eau-de-vie. Ce sont les huit premières de la liste. Leur profon-

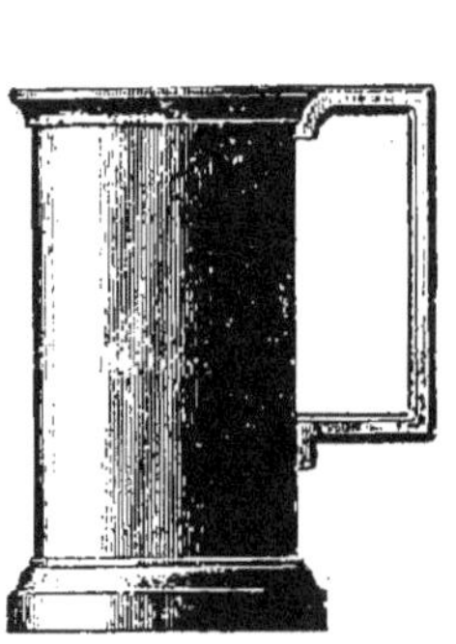
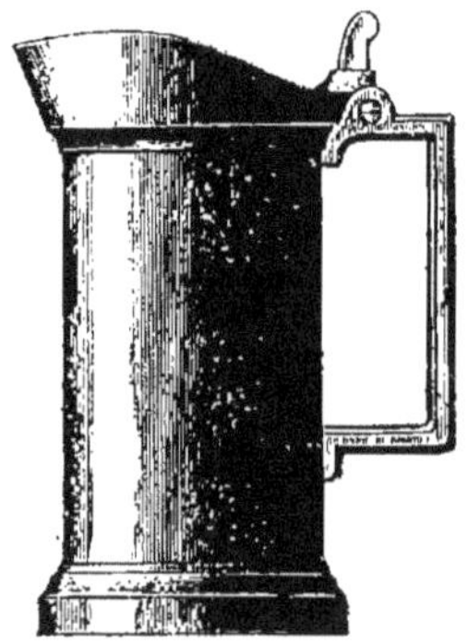

Fig. 29.   Fig. 30.
Mesures en étain pour le vin et l'alcool.

deur est le double du diamètre (*fig.* 29 et 30). Elles sont constituées par un alliage d'étain et de plomb (95 parties d'étain pour 5 de plomb); l'étain seul serait trop cassant.

2° 8 *mesures en fer-blanc* pour l'huile et pour le lait. Ce sont encore les huit premières de la liste. Leur profondeur est égale au diamètre (*fig.* 31 et 32).

3° 5 *mesures en tôle ou en fonte* pour le commerce en gros des vins et de quelques autres liquides. Ce sont les cinq dernières de la liste. Leur profondeur est égale au diamètre.

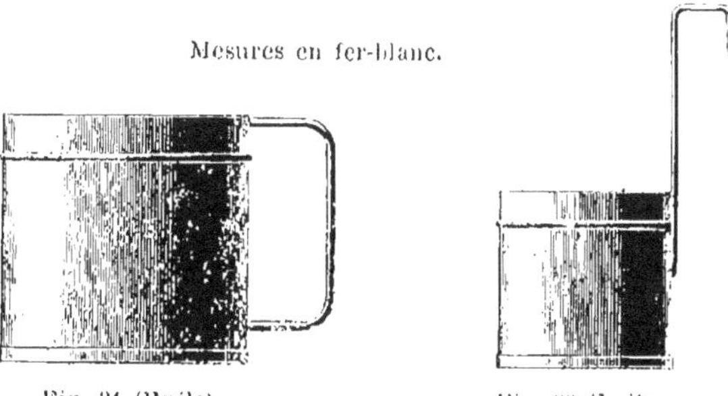

Mesures en fer-blanc.

Fig. 31 (Huile). Fig. 32 (Lait).

4° 11 *mesures en bois ou en tôle* pour les grains et les matières sèches. Ce sont les onze dernières de la liste. Leur profondeur est égale au diamètre (*fig.* 33). Lorsqu'elles sont en bois elles sont

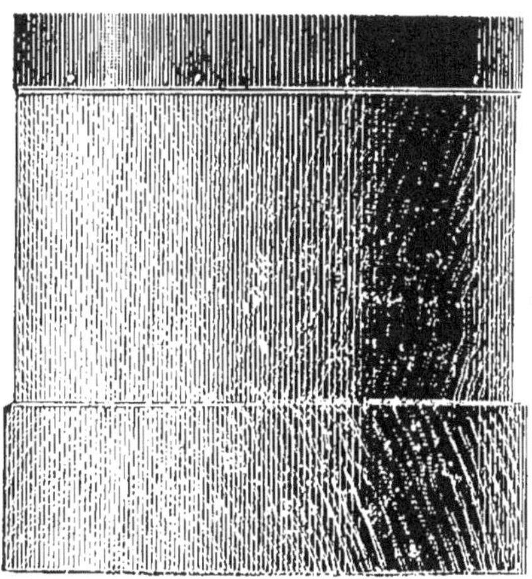

Fig. 33. — Mesures pour les matières sèches.

munies à la partie supérieure d'une garniture métallique. Les plus grandes d'entre elles sont munies intérieurement d'une double tringle en forme de T qui les consolide et permet de les manier plus aisément.

POIDS

108. L'unité des mesures de poids est le *gramme* (gr). C'est ce que pèse dans le vide un centimètre cube d'eau distillée, à la température de 4 degrés centigrades (*c'est à cette température que l'eau pèse le plus*).

Les multiples usités du gramme sont :

le *décagramme* (Dg), qui vaut 10 grammes ;
l'*hectogramme* (Hg), — 100 — ;
le *kilogramme* (Kg), — 1000 — .

Les sous-multiples du gramme sont :

le *décigramme* (dg), qui vaut un dixième de gramme ;
le *centigramme* (cg), — centième — ;
le *milligramme* (mg), — millième — .

Ces différents poids étant de dix en dix fois plus grands ou plus petits, les nombres qui représentent les poids s'écrivent d'après les règles de la numération décimale. Ainsi, pour indiquer qu'un poids est composé de 46 Kg 3 Dg 8 gr on peut écrire l'un des nombres suivants :

$46\,038^{gr}$, $4\,603^{Dg},8$, $460^{Hg},38$, $46^{Kg},038$.

109. Le gramme et ses sous-multiples servent surtout dans les pesées de précision que font les pharmaciens et les chimistes, et aussi pour évaluer le poids des matières précieuses telles que le diamant, l'or et l'argent.

Pour le diamant et les pierres fines, l'unité de poids est le *carat*, qui se divise en quatre *grains*. Le poids du carat, variable d'un pays à l'autre, est en France de $0^{gr},2059$.

Pour les pesées ordinaires du commerce, le gramme est un poids trop faible ; aussi prend-on pour unité le kilogramme, communément appelé le *kilo*. Le demi-kilogramme est employé sous le nom de *livre*.

110. Quintal et tonne. — Le quintal métrique vaut 100^{kg}. On emploie quelquefois encore le quintal ordinaire de 50^{kg}. La tonne vaut $1\,000^{kg}$.

111. Mesures réelles. — Il y a 24 poids usuels dont le plus petit vaut 1 milligramme et le plus grand 50 kilogrammes. Ces poids forment trois séries : 5 gros poids, 10 poids moyens, 9 petits poids.

Gros poids : 50^{kg}, 20^{kg}, 10^{kg}, 5^{kg}, 2^{kg} ;

Poids moyens : 1^{kg}, 5^{hg}, 2^{hg}, 1^{hg}, 5^{Dg}, 2^{Dg}, 1^{Dg}, 5^{gr}, 2^{gr}, 1^{gr} ;

Petits poids : 5^{dg}, 2^{dg}, 1^{dg}, 5^{cg}, 2^{cg}, 1^{cg}, 5^{mg}, 2^{mg}, 1^{mg}.

Ces poids usuels sont de différentes sortes :

Les dix premiers, de 50^{kg} à 5^{Dg}, sont en fonte de fer ; ils ont la forme d'un tronc de pyramide à base hexagonale (*fig.* 34). Les

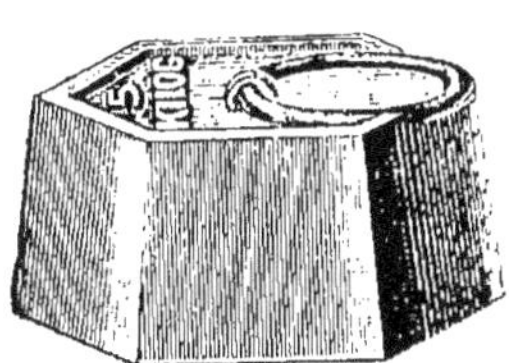

Fig. 34.

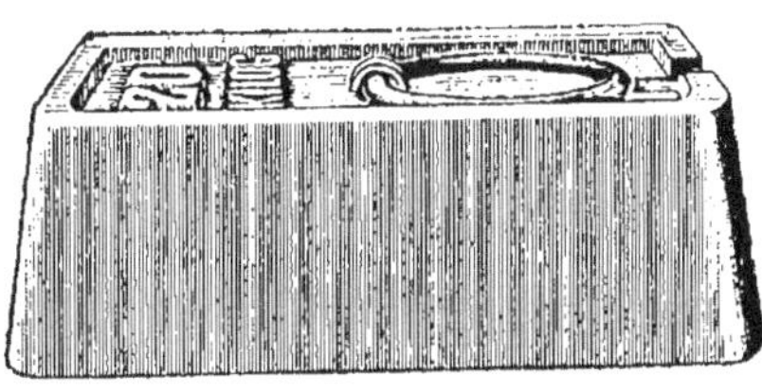

Fig. 35.

Poids en fonte.

deux premiers cependant sont à base rectangulaire (*fig.* 35). Ces poids en fonte sont munis à leur partie supérieure d'un anneau en fer forgé.

Les poids moyens sont en cuivre ; ils ont la forme d'un cylindre surmonté d'un bouton. La hauteur du cylindre est égale au diamètre, et la hauteur du bouton en est la moitié (*fig.* 36). Pour le

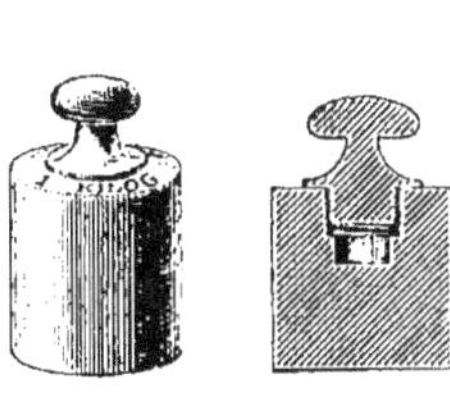

Fig. 36.

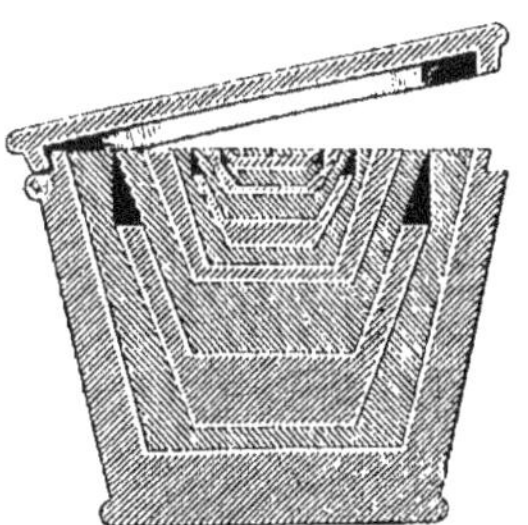

Fig. 37.

gramme et le double gramme le diamètre est plus grand que la hauteur.

Certains de ces poids moyens ont quelquefois la forme de troncs de cône et forment alors des godets de cuivre qui s'emboîtent les uns dans les autres (*fig.* 37).

Les 9 petits poids sont des lames minces taillées en carrés (*fig.* 38) ou en octogones ; l'un des angles est relevé pour rendre leur maniement plus facile. Ces lames sont ordinairement en cuivre, quelquefois en aluminium, en argent ou en platine.

Fig. 38.

112. Poids, volume et densité. — Un décimètre cube d'eau pèse un kilogramme ; dès lors, une certaine quantité d'eau pèse autant de kilogrammes qu'elle contient de litres.

Si nous considérons un autre liquide que l'eau ou un corps solide quelconque, et si nous pesons un décimètre cube de ce corps, nous trouverons des poids variables inférieurs ou supérieurs à un kilogramme. Ainsi,

un décimètre cube d'huile d'olive pèse $0^{Kg}, 919$;

— de liège — $0^{Kg}, 24$;

— de mercure — $13^{Kg}, 6$;

— de fer forgé — $7^{Kg}, 79$; etc.

On appelle *densité* d'un corps le nombre abstrait qui exprime le rapport du poids d'un certain volume de ce corps au poids du même volume d'eau.

Soit un corps ayant pour volume V^{dmc} et pesant P^{Kg}. Un même volume d'eau pèsera V^{Kg}, et par suite, si nous désignons par D la densité de ce corps, nous aurons l'égalité suivante :

$$D = \frac{P}{V}. \tag{1}$$

Si l'on a $V = 1^{dmc}$, on aura $D = P$, d'où cette deuxième définition de la densité :

C'est le nombre abstrait qui indique le poids en kilogrammes d'un décimètre cube de ce corps.

Il résulte de là que la densité de l'huile est $0,919$; celle du liège $0,24$; celle du mercure, $13,6$, etc.

R̲EMARQUE. — De la relation (1), qui existe entre le poids, le volume et la densité d'un corps, on déduit les égalités suivantes :

$$P = V \times D \qquad \text{et} \qquad V = \frac{P}{D},$$

et ces deux formules permettent de résoudre aisément les deux problèmes suivants :

1° *Trouver le poids d'un corps connaissant son volume et sa densité;*

2° *Trouver le volume d'un corps connaissant son poids et sa densité.*

Voici un tableau donnant les densités approximatives des corps les plus usuels :

Corps	Densités	Corps	Densités
Éther	0,73	Verre à bouteilles	2,67
Alcool absolu	0,794	Verre à vitres	2,53
Esprit de bois	0,801	Diamant	3,52
Benzine	0,883	Aluminium	2,6
Huile d'olive	0,919	Étain	7,29
Vin	0,997	Fer forgé	7,79
Eau de mer	1,026	Acier trempé	7.8
Lait	1,035	Cuivre	8,9
Mercure	13,6	Zinc	7,15
Caoutchouc	0,93	Laiton (cuivre et zinc)	7,7
Corps humain (Moyenne)	1,07	Bronze d'aluminium	7,7
Écorce de liège	0,24	Nickel	8,4
Bois de chêne	de 0,61 à 1,17	Argent fondu	10,47
Bois d'olivier	0,68	Plomb	11,25
Bois d'ébène	1,16	Or	19,3
Bois de grenadier	1,35	Platine fondu	21,45
Verre de cristal	3,33		

113. Mesure du travail des forces. — La combinaison des unités de poids, de longueur et de temps permet de définir et d'évaluer le travail des forces. On prend pour unité de force le poids du kilogramme.

Lorsqu'une force déterminée agit sur un corps et qu'elle produit le déplacement de ce corps, on dit que cette force effectue un *travail*, et, par définition, ce travail est égal au produit du nombre qui mesure l'intensité de la force par la longueur du chemin que parcourt le corps dans la direction de cette force.

D'après cela, un homme ou un moteur quelconque qui élève

un certain fardeau effectue un travail proportionnel au poids de ce fardeau et à la hauteur verticale de l'élévation.

Il y a également lieu de tenir compte du temps employé pour effectuer le travail. Nous donnerons à ce sujet les définitions suivantes :

1° *kilogrammètre (Kgm)*. — On appelle kilogrammètre le travail nécessaire pour élever un poids de 1^{Kg} à la hauteur de 1^m ;

2° *Cheval-vapeur*. — C'est l'unité employée pour évaluer le travail des machines. Cette unité représente un travail de 75 kilogrammètres *par seconde* ; c'est donc le travail nécessaire pour élever en une seconde 75^{Kg} à la hauteur de 1^m, ou bien 1^{Kg} à la hauteur de 75^m.

On dit qu'une machine a une force de 200 chevaux lorsqu'elle peut effectuer par seconde un travail égal à

$$200 \times 75 = 15\,000 \text{ kilogrammètres.}$$

Comme exemple, cherchons la force que peut produire une chute d'eau d'une hauteur de 12^m donnant 500^l d'eau par seconde. A chaque seconde un poids d'eau de 500^{Kg} part du haut de la chute, puis parcourt verticalement 12^m ; la pesanteur accomplit ainsi un travail égal à

$$500 \times 12 = 6\,000 \text{ kilogrammètres.}$$

La pesanteur effectue donc un travail continu de

$$\frac{6\,000}{75} = 80 \text{ chevaux.}$$

Si cette chute d'eau est employée à faire mouvoir une turbine et s'il n'y a aucune déperdition de force, cette turbine doit rendre les 80 chevaux qui lui sont ainsi fournis. Il n'en est pas ainsi à cause des pertes et des résistances inévitables qui se produisent. Avec les machines les mieux construites on n'obtient qu'un *rendement moyen* de 70 °/₀. S'il en est ainsi, la turbine aura une force égale à

$$\frac{80 \times 70}{100} = 56 \text{ chevaux.}$$

114. Système C.G.S. — On appelle ainsi un système de mesures, adopté par les physiciens, dans lequel les unités principales sont : la longueur du centimètre, la masse du gramme et la durée d'une seconde.

Dans ce système, l'unité de force est la *dyne*. C'est la force capable d'imprimer au bout d'une seconde la vitesse de 1^{cm} à une masse de 1^{gr}.

115. Travail des machines électriques. — L'unité de force électromotrice est le *volt*, et l'unité d'intensité d'un courant électrique est l'*ampère*. Pour une même force électromotrice, le courant est d'autant plus intense qu'il a lieu dans un fil moins résistant.

L'unité de travail électrique est le *watt*. Cette unité vaut environ la dixième partie du kilogrammètre. (Exactement le watt est égal au quotient de la division du kilogrammètre par l'accélération de la pesanteur 9,81).

Le travail fourni par un courant électrique pendant une seconde est égal au produit de la force électromotrice par l'intensité.

Ainsi, supposons qu'un courant produit par une force électromotrice de 500 volts ait pour intensité 40 ampères, son travail en une seconde sera :

$$500 \times 40 = 20\,000 \text{ watts,}$$
$$= 2\,000 \text{ kilogrammètres,}$$
$$= \text{environ } 27 \text{ chevaux.}$$

Le watt admet deux multiples : l'*hectowatt* et le *kilowatt*, qui valent respectivement 100 et 1 000 watts.

MONNAIES

116. L'unité des monnaies est le *franc*.

D'après la loi de 1795 qui a constitué le système métrique, le franc doit être une pièce du poids de 5^{gr} renfermant neuf dixièmes de son poids en argent pur et l'autre dixième en cuivre.

Les multiples du franc ne sont pas employés ; on dit *dix francs*, *cent francs*, etc.

Le franc a deux sous-multiples, le *décime* et le *centime*, qui valent respectivement la dixième et la centième partie du franc.

Le franc et ses deux sous-multiples étant de dix en dix fois

Fig. 39. — Le franc (vraie grandeur).

plus petits, les nombres qui représentent les monnaies s'écrivent d'après les règles de la numération décimale.

117. Monnaies réelles. — Il y a trois sortes de monnaies : 5 pièces d'or, 5 pièces d'argent, 1 pièce de nickel pur, 4 pièces de bronze : ces pièces ont toutes la forme circulaire. Le tableau suivant indique la valeur, le poids et le diamètre de chacune d'elles :

NATURE DES PIÈCES	VALEUR	POIDS	DIAMÈTRE
Or	100^{fr}	$32^{fr},258$	$35^{m/m}$
	50^{fr}	$16^{fr},129$	28 »
	20^{fr}	$6^{gr},452$	21 »
	10^{fr}	$3^{fr},226$	19 »
	5^{fr}	$1^{gr},613$	17 »
Argent........	5^{fr}	25^{gr}	$37^{m/m}$
	2^{fr}	10^{fr}	27 »
	1^{fr}	5^{fr}	23 »
	$0^{fr},50$	$2^{fr},5$	18 »
	$0^{fr},20$	1^{gr}	16 »
Nickel	$0^{fr},25$	7^{gr}	$24^{m/m}$
Bronze	$0^{fr},10$	10^{gr}	$30^{m/m}$
	$0^{fr},05$	5^{gr}	25 »
	$0^{fr},02$	2^{gr}	20 »
	$0^{fr},01$	1^{gr}	15 »

118. Titres des monnaies d'or et d'argent. — Les pièces d'or et d'argent ne sont pas constituées par de l'or pur et de l'argent pur ; elles contiennent une petite quantité de cuivre, et cet alliage a l'avantage de s'user moins vite par le frottement.

Les pièces d'or et la pièce de 5 francs en argent contiennent 1^{gr} de cuivre pour 9^{gr} de métal pur ; on dit qu'elles sont au *titre* de $\dfrac{9}{10}$, ou $\dfrac{900}{1\,000}$, ou 0,9.

Les autres pièces d'argent qu'on appelle *pièces divisionnaires*, avaient primitivement le même titre ; mais, depuis l'année 1866, elles sont au titre de $\dfrac{835}{1\,000}$, ou 0,835, c'est-à-dire que dans un poids de $1\,000^{gr}$ en pièces divisionnaires d'argent, il y a 835^{gr} d'argent pur et 165^{gr} de cuivre.

Comme il est très difficile de donner aux pièces le titre légal ainsi que le poids légal, la loi accorde une légère *tolérance* sur le poids et sur le titre.

REMARQUE. — Le franc, unité de monnaie, n'existe plus à l'état de *monnaie réelle* depuis 1866. On appelle quelquefois *franc d'or* la valeur représentée par la vingtième partie de la pièce de 20 fr.

119. Alliage des monnaies de bronze. — Les pièces de bronze sont fabriquées avec un alliage de cuivre, d'étain et de zinc dans les proportions suivantes :

Dans un poids de 100 grammes en monnaie de bronze il y a :

$$95^{gr} \text{ de cuivre,}$$
$$4^{gr} \text{ d'étain,}$$
$$1^{gr} \text{ de zinc.}$$

120. Rapport monétaire. — On appelle ainsi le rapport *légal* qui existe entre les valeurs de deux poids égaux de monnaie d'or et de monnaie d'argent, ou bien le rapport qui existe entre les poids de deux valeurs égales de monnaie d'argent et de monnaie d'or.

D'après une loi de 1803, ce rapport est égal à 15,5. Il correspondait alors au rapport des valeurs commerciales de l'or et de l'argent, lequel rapport a plus que doublé depuis cette époque. On peut donc dire :

A poids égal, la monnaie d'or vaut légalement 15 *fois et demie plus que la monnaie d'argent ;*

A valeur égale, la monnaie d'or pèse légalement 15 *fois et demie moins que la monnaie d'argent.*

121. Valeurs d'un même poids des diverses monnaies. — D'après le tableau du n° 117, un centime de monnaie de bronze pèse un gramme, et la pièce d'argent de $0^{fr},20$ pèse aussi un gramme. Par suite, un gramme de monnaie d'or a pour valeur $0^{fr},20 \times 15,5 = 3^{fr},10$.

D'après le même tableau, sept grammes de monnaie de nickel valent $0^{fr},25$, c'est-à-dire un quart de franc ; il en résulte qu'un gramme de cette monnaie vaut un vingt-huitième de franc. Donc, en résumé :

1 gramme de monnaie d'or	vaut	$3^{fr},10$;
1 — —	d'argent —	$0^{fr},20$;
1 — —	de nickel —	$\dfrac{1}{28}$ de franc ;
1 — —	de bronze —	$0^{fr},01$.

Il résulte de là un moyen rapide pour évaluer de grosses sommes qu'il serait long de compter ; il suffit de les peser et c'est ce qu'on fait dans les trésoreries et les maisons de banque :

On cherche le poids de la somme, en grammes, et on multiplie ce poids par $3^{fr},10$ ou $0^{fr},20$ ou $0^{fr},01$, selon que la somme est en or, en argent ou en bronze ; on prend le quart de ce poids, puis le septième du résultat si la somme est en nickel.

122. Paiements. — Les pièces d'or et celles de 5^{fr} en argent peuvent être employées au règlement de toute dette, quelle que soit son importance, aussi bien entre particuliers que vis-à-vis des caisses publiques.

Il n'en est pas de même pour les autres monnaies. Ces dernières servent à faire *l'appoint*, c'est-à-dire à compléter les paiements ; elles peuvent être refusées au delà d'une somme de 50^{fr} pour l'argent et de 5^{fr} pour le nickel et le bronze.

123. Double étalon. — On voit par ce qui précède, qu'indépendamment de la monnaie de bronze ou de nickel et de la monnaie divisionnaire d'argent, il existe en France deux sortes de monnaies ayant *cours forcé :* les pièces d'or et les pièces de 5^{fr} en argent. De plus, il existe entre ces deux monnaies un rapport officiel invariable qui est égal à 15,5.

On exprime cela en disant qu'en matière monétaire la France a le *double étalon*, ou encore que c'est un pays *bimétalliste*.

Ce système présente le grave inconvénient suivant : *le rapport réel entre les valeurs d'un même poids d'or et d'argent peut varier et ne plus concorder avec le rapport légal.* C'est ce qui est arrivé par suite de la découverte de nombreuses mines d'argent ; ce dernier métal devenant plus abondant est devenu moins cher, et il se présente actuellement ce fait qu'un lingot d'argent du poids de 25^{gr} a bien moins de valeur qu'une pièce de cinq francs. Le rapport monétaire est devenu supérieur à 40, tandis que le rapport légal est toujours 15,5.

La monnaie d'argent se trouve ainsi dépréciée, surtout dans les pays étrangers ; les commerçants de ces pays ne veulent pas recevoir des pièces qui ne peuvent être écoulées qu'en France et dont la valeur réelle est inférieure à la valeur *nominale*.

La Belgique, la Suisse, l'Italie, la Grèce, l'Espagne, l'Autriche, etc., sont aussi des pays bimétallistes.

L'Allemagne, l'Angleterre, le Portugal, la Russie, etc., sont des pays *monométallistes*, c'est-à-dire à un seul étalon, l'étalon d'or. Dans ces pays la monnaie d'argent, quelle qu'elle soit, n'a pas cours forcé, elle n'est reçue qu'à titre d'appoint, comme en France la monnaie de bronze ou de nickel et les pièces divisionnaires.

La Chine et certains autres pays ont l'étalon d'argent.

Il est probable que dans un avenir plus ou moins rapproché il n'y aura partout qu'un seul étalon, l'étalon d'or, mais cette transformation ne peut se faire que progressivement, afin d'éviter une crise économique.

124. Union latine. — On appelle ainsi l'entente monétaire établie entre la France, la Belgique, la Suisse, l'Italie et la Grèce par une série de conventions dont la première date de 1865, et d'après lesquelles ces quatres dernières puissances ont adhéré au système monétaire français basé sur le double étalon.

Depuis l'année 1878, les puissances de l'union latine ne frappent plus de pièces de 5^{fr} en argent. De plus, elles ne peuvent émettre de pièces divisionnaires d'argent que pour une valeur totale calculée à raison de 6^{fr} par habitant, ce qui, pour la France et ses colonies, donne un total de 256 millions de francs.

Enfin, ces puissances refusent les pièces de 5^{fr} en argent émises par les pays étrangers à l'union.

125. Fabrication des monnaies. — En France, l'État seul a le droit de *battre monnaie*. Son unique atelier monétaire, appelé *Hôtel de la Monnaie*, est situé à Paris. Les pièces qui sortent de cet atelier ont une marque spéciale qui est la lettre *A*.

Les anciens ateliers, qui étaient au nombre de 3o avant la Révolution, ont peu à peu disparu. Celui de Bordeaux fonctionnait encore en 1879. Voici quelles étaient les marques spéciales des principaux d'entre eux :

Bordeaux	K	Marseille	AM
Rouen	B	Lille	W
Lyon	D	etc.	

Outre ces marques, les pièces portent deux autres signes particuliers appelés *différents*, dont l'un est la marque distinctive du graveur, et l'autre, celle du directeur de la fabrication.

126. Les particuliers qui possèdent des lingots d'or ou d'argent peuvent les porter à la Monnaie pour les faire transformer en pièces d'or ou d'argent.

La Monnaie retient pour les frais de fabrication 6^{fr},70 *par kilogramme d'or au titre de* 900 *millièmes, et* 1^{fr},50 *par kilogramme d'argent au même titre.* Si les lingots ne sont pas au titre indiqué, ou s'ils contiennent un autre métal que le cuivre, il est encore perçu d'autres droits.

Les porteurs de lingots reçoivent en échange des *bons de Monnaie* payables par le *Trésor public.* Ces bons de Monnaie sont payables de suite s'il s'agit de lingots d'or, mais leur échéance peut être portée à plusieurs années s'il s'agit de lingots d'argent.

Grâce à cette dernière mesure, on évite de donner prise à la spéculation qui mettrait à profit la grande différence de valeur entre l'argent en lingot et l'argent monnayé. L'échéance étant éloignée, le spéculateur éprouve une perte d'intérêts qui l'empêche de se livrer à cette opération.

127. Monnaies fiduciaires. — On appelle ainsi une monnaie dépourvue de toute valeur réelle, et représentée par des coupons de papier. Les *billets de banque*, le *papier-monnaie*, constituent la monnaie fiduciaire.

Le *papier-monnaie* est émis par un État dans le but de solder le déficit de son budget. Il a cours forcé. Mais, comme le public préfère les espèces métalliques, il cherche à échanger son papier, même à perte, contre des pièces d'or ou d'argent. Il en résulte une dépréciation du papier-monnaie, dépréciation d'autant plus forte que le crédit de l'État est moins établi. En France, il n'y a pas de papier-monnaie; il y a eu les *assignats* sous la Convention.

Le *billet de banque* est un effet émis par la Banque de France. Il est *au porteur et payable à vue*. Il n'a pas cours forcé. Le porteur d'un pareil billet peut, lorsqu'il le désire, l'échanger à la Banque contre des pièces d'or ou d'argent.

Les avantages pratiques offerts par les billets de banque les font généralement rechercher de préférence aux espèces métalliques; ils sont moins lourds et moins encombrants.

La Banque de France, qui jouit ainsi d'un privilège qui lui a été conféré par l'État, doit garantir la circulation des billets par une encaisse métallique suffisante en or et en argent.

De 1870 à 1878, les billets de banque ont eu cours forcé.

Il y a des billets de banque de 1 000^{fr}, de 500^{fr}, de 100^{fr} et de 50^{fr}.

128. Évaluation des monnaies et des matières d'or et d'argent. — Dans l'évaluation des monnaies et des matières d'or et d'argent, on distingue trois sortes de valeurs : la *valeur au pair* ou *valeur intrinsèque*, la *valeur au tarif*, la *valeur commerciale*. Nous allons examiner successivement ces diverses valeurs :

129. Valeur au pair. — On appelle *valeur au pair*, ou *valeur* *intrinsèque*, d'une pièce de monnaie ou bien d'un lingot d'or ou d'argent, la valeur du métal fin contenu dans cette pièce ou ce lingot, cette valeur étant calculée d'après la convention suivante qui résulte du système monétaire français :

9 grammes d'argent fin valent 2 francs, et, à poids égal, l'or vaut 15 fois et demie plus que l'argent.

Cette convention résulte bien du système monétaire français puisque l'unité de ce système, le franc, pèse 5^{gr} et doit être au titre de $\dfrac{9}{10}$. Il contient donc $4^{gr},5$ d'argent fin, et par suite 9^{gr} d'argent fin valent bien 2^{fr}.

Il résulte de là que

$$1^{gr} \text{ d'argent fin vaut } \frac{2}{9} \text{ de franc,}$$

$$1^{kg} \quad - \quad - \quad \frac{2\,000}{9} = 222^{fr},22\ldots$$

Par suite

$$1^{gr} \text{ d'or fin vaut } \frac{2}{9} \times 15,5 = \frac{31}{9} \text{ de franc,}$$

$$1^{kg} \quad - \quad - \quad \frac{31\,000}{9} = 3444^{fr},44\ldots$$

On peut donc énoncer la règle suivante :

Règle. — *On obtient la valeur au pair d'un lingot ou d'une pièce de monnaie en cherchant le poids en grammes du métal fin contenu dans ce lingot ou dans cette pièce, et en multipliant ce poids par* $\dfrac{2}{9}$ *s'il s'agit de l'argent, et par* $\dfrac{31}{9}$ *s'il s'agit de l'or.*

Exemple. — Calculer la valeur au pair de la *livre sterling*, pièce d'or anglaise dont le titre est $0,91666$ et le poids $7^{gr},98805$.

Puisque 1^{gr} d'or monnayé anglais contient $0^{gr},91666$ d'or pur, la livre sterling en contiendra

$$0^{gr},91666 \times 7,98805 = 7^{gr},322326.$$

La valeur au pair de la livre sterling est donc

$$\frac{7,322326 \times 31}{9} = 25^{fr},22135.$$

Ceci nous montre de plus qu'on obtient le poids du métal fin contenu dans une pièce ou un lingot en multipliant le poids total par le titre.

130. Valeur au tarif. — On appelle *valeur au tarif* d'une pièce de monnaie française ou étrangère, ou bien d'un lingot d'or ou d'argent, la somme que procure la vente de cette pièce ou de ce lingot au bureau de change de l'Hôtel de la Monnaie.

S'il s'agit d'une vente de monnaies, on ne les considère que comme lingots d'or ou d'argent, et on évalue leur valeur d'après leur poids *réel* et à un titre fixé par des *tarifs* spéciaux. Cette façon de procéder résulte de ce que la circulation des pièces d'or ou d'argent en altère le poids et le titre.

Pour la *livre sterling* par exemple, le titre au tarif est 0,916, et par suite, en admettant que cette pièce n'ait subi aucune perte de poids, sa valeur au tarif devient

$$\frac{7,98805 \times 0,916 \times 31}{9} = 25^{fr},15.$$

S'il s'agit de lingots d'or ou d'argent, l'Hôtel de la Monnaie les accepte aux conditions indiquées dans le n° 126.

Comme exemple, cherchons la valeur au tarif d'un kilogramme d'or pur.

Pour $\frac{9}{10}$ de kilogramme d'or pur, on retient $6^{fr},70$;

$$— 1 \qquad\qquad — \qquad — \qquad \frac{6,70 \times 10}{9} = 7^{fr},444\ldots$$

Donc la valeur au tarif d'un kilogramme d'or pur est

$$3\,444^{fr},44 — 7^{fr},44 = 3\,437^{fr}.$$

On trouve de même que la valeur au tarif d'un kilogramme d'argent pur est

$$222^{fr},22 — \frac{1,50 \times 10}{9} = 220^{fr},56.$$

Il est bon de savoir par cœur les valeurs au pair et les valeurs au tarif d'un kilogramme d'or pur et d'un kilogramme d'argent pur.

Remarque. — Avant 1854, la retenue faite par les Hôtels des Monnaies sur les lingots d'argent était de 3 francs par kilogramme à 900 millièmes, et alors la valeur au tarif d'un kilogramme d'argent pur était 218^{fr},89. C'est ce dernier nombre qui a servi, jusqu'au 1er janvier 1901, à établir en Bourse la cote de l'argent pur.

131. Valeur commerciale. — Les pièces de monnaie étrangère et les matières d'or et d'argent se vendent et s'achètent tous les jours à la *Bourse*. Leur valeur commerciale est le prix qu'on peut en retirer d'après le *cours moyen* de la Bourse. Ce cours est variable comme celui d'une marchandise quelconque, et dépend uniquement de l'*offre* et de la *demande*.

Ce cours est indiqué chaque jour, sur le *Bulletin officiel* de la Bourse de Paris, de la façon suivante :

Pour les monnaies étrangères, la cote donne le nombre de francs auquel chacune de ces monnaies a été négociée. Dans une même journée il peut y avoir plusieurs *cours*. La cote donne ordinairement les cours extrêmes. Pour les matières d'or la cote donne le prix au tarif de l'or pur, augmenté d'une *prime* ou diminué d'une *perte*. Actuellement, l'or fait souvent prime. Pour l'argent la cote donne le prix d'un kilogramme d'argent pur ; ce prix, depuis longtemps inférieur à la valeur au tarif, a diminué de 25^{fr} de janvier 1901 à janvier 1903.

Voici un extrait d'une cote officielle :

Or en barre à 1000/1000 le kilog. .	3 437^{fr}	3 à	4°/₀₀ prime.
Argent en barre à 1000/1000 le kilog. . . .		83,65 à	84,15
Souverains anglais		25,14 à	25,17
Banknotes		25,16 à	25,19
Piastres mexicaines		2,13 à	2,16
Guillaume (20 marks).		24,72 à	24,75
Nouvelles 1/2 imp. de Russie		20 à	20

Cela signifie :

1° Que le kilogramme d'or pur s'est négocié ce jour-là au prix de 3 437 francs plus une prime de 3 à 4 pour mille. Si par exemple la prime a été de 3 1/2 °/₀₀, le kilog. d'or pur s'est vendu en réalité

$$3437 + 3,437 \times 3,5,$$

c'est-à-dire $\quad 3437 + 12,0295 = 3449^{fr},0295 ;$

2° Que le kilogramme d'argent pur s'est négocié ce même jour au prix moyen de 83^{fr},90. Avant le 1er janvier 1901, la cote de l'argent pur se déduisait de la valeur au tarif, 218^{fr},89, diminuée d'une perte évaluée en *tant pour mille*. Dans le cas actuel, cette perte est 617 $^o/_{oo}$ environ ;

3° Que pour avoir une livre sterling il a fallu donner de 25^{fr},14 à 25^{fr},17, c'est-à-dire en moyenne 25^{fr},15 1/2.

132. Titres en carats et deniers. — Autrefois le titre des monnaies et celui des matières d'or et d'argent ne s'exprimaient pas en *millièmes*. Ces titres étaient exprimés en *carats* pour l'or et en *deniers* pour l'argent.

L'or pur était dit à 24 *carats*. Un lingot d'or contenant 23 parties d'or fin pour 1 de cuivre était dit à 23 carats ; un lingot contenant 22 parties d'or fin pour deux parties de cuivre était dit à 22 carats ; et ainsi de suite. Pour exprimer les titres intermédiaires, le carat était divisé en 32 *grains*.

Cherchons d'après cela quel est, en carats, le titre des pièces d'or françaises :

Sur 10 parties d'alliage il y a 9 parties   d'or fin,

$$— \quad 1 \qquad — \qquad \frac{9}{10} \text{ de partie} \quad — \quad ,$$

$$— \quad 24 \qquad — \qquad \frac{9\times24}{10} \text{ parties} \quad — \quad ,$$

c'est-à-dire $\dfrac{216}{10}$, ou 21 carats $\dfrac{6}{10}$. Puisqu'un carat vaut 32 grains, $\dfrac{6}{10}$ de carat vaudront

$$\frac{32\times6}{10} = \frac{192}{10} = 19 \text{ grains } 2/10.$$

Le titre des pièces d'or françaises est donc

21 carats 19 grains 1/5.

L'argent pur était dit à 12 *deniers*. Un lingot d'argent contenant 11 parties d'argent fin pour une de cuivre était dit à 11 *deniers* ; et ainsi de suite. Pour exprimer les titres intermédiaires, le denier était divisé en 24 *grains*.

Ces anciennes façons d'exprimer les titres sont encore usitées dans la bijouterie et l'orfèvrerie.

133. Titres pour l'orfèvrerie et la bijouterie. — Dans le commerce de l'orfèvrerie et de la bijouterie, il y a trois titres légaux pour l'or et deux pour l'argent :

Pour l'or
$$\begin{cases} 0,920, \text{ ou } 22 \text{ carats } 2 \text{ grains } ^1/_2 \text{ environ ;} \\ 0,840, \text{ ou } 20 \text{ carats } 5 \text{ grains environ ;} \\ 0,750, \text{ ou } 18 \text{ carats.} \end{cases}$$

Pour l'argent
$$\begin{cases} 0,950, \text{ ou } 11 \text{ deniers } 9 \text{ grains } ^3/_5 \text{ ;} \\ 0,800, \text{ ou } 9 \text{ deniers } 14 \text{ grains } ^2/_5. \end{cases}$$

Il y a une légère tolérance sur ces titres. De plus, une loi de 1884 a créé pour l'or un titre (0,583, ou 14 carats) pour certains objets destinés à l'exportation.

Aucun objet d'or ou d'argent ne peut être mis en vente s'il n'est revêtu de l'empreinte des *poinçons de l'État*, empreinte qui se fait dans les bureaux de garantie (il y en a 40 en France), et pour laquelle on retient certains droits.

Des objets d'or ou d'argent destinés à l'exportation peuvent être fabriqués à d'autres titres que ceux qui précèdent, mais alors ils ne reçoivent pas le poinçon de l'État. Ils doivent être marqués d'un poinçon spécial indiquant leur titre.

Les *jetons* et les *médailles* sont frappés à la Monnaie, sauf autorisation spéciale du Gouvernement. Leur titre est 0,916 pour l'or et 0,950 pour l'argent.

ANCIENNES MESURES FRANÇAISES

134. Longueurs. — L'unité de longueur la plus usitée était la *toise*, qui valait environ deux mètres. La toise se divisait en 6 *pieds*, le pied en 12 *pouces*, le pouce en 12 *lignes*, la ligne en 12 *points*.

Il y avait également l'*aune* ($1^m,19$) pour la mesure des étoffes.

L'unité itinéraire, la *lieue de poste*, valait 2000 toises.

Ces diverses mesures de longueur, comme toutes les autres d'ailleurs, variaient d'une province à une autre, et variaient même parfois avec le temps dans une même province. De plus les nombres qui correspondaient à ces mesures, n'étant pas écrits suivant les règles de la numération décimale, donnaient lieu à des calculs compliqués.

Delambre et Méchain, les deux savants français chargés de la mesure du méridien, ont trouvé pour la distance du pôle à l'équateur 5 130 740 toises, ce qui donne pour la longueur de la toise 1^{m},94 904.

135. Surfaces. — Les mesures de surface étaient : la *toise carrée*, le *pied carré*, etc. Les mesures agraires étaient :

la *perche des eaux et forêts*, carré de 22 pieds de côté ;
la *perche de Paris*,   —   18   —   ;
l'*arpent des eaux et forêts*,   100 perches de 22 pieds ;
l'*arpent de Paris*,   —   18 — ;
le *journal*, valant à peu près l'arpent de Paris.

136. Volumes. — Les mesures de volume étaient : la toise cube, le pied cube, etc. Pour la mesure des bois on employait :

la *voie*   (56 pieds cubes ou 1^{mc},91952),
la *corde*   (2 voies),
la *solive*   (pour les bois de charpente, 3 pieds cubes).

Pour la mesure des liquides :

la *pinte*   (0^{l},931318),
la *chopine* ($1/2$ pinte),
la *feuillette* (1^{hl}.34109),
le *muid*   (2 feuillettes).

Pour la mesure des matières sèches :

le *litron*   (0^{l},813),
le *boisseau* (16 litrons),
le *setier*   (12 boisseaux).

137. Poids. — L'unité des mesures de poids était la *livre*, *poids* qui valait environ 500 grammes (489^{gr},506). Elle se divisait en deux *marcs*, le marc en huit *onces*, l'once en huit *gros*, le gros en 72 *grains*.

Il y avait en outre, pour les gros poids, le *quintal* qui valait 100 livres.

138. Monnaies. — L'unité monétaire était la *livre-tournois* qui valait 0^{fr},9876. Elle se subdivisait en 20 *sols*, le sol en 4 *liards*, le liard en 3 *deniers*.

Il y avait eu autrefois deux espèces de livres : la *livre-tournois* et la *livre-parisis*, la première frappée à Tours et la seconde à Paris. Mais la livre-parisis était plus forte que la livre-tournois, elle valait 25 sols tournois. Cette livre-parisis fut supprimée par Louis XIV, et, depuis 1667, la livre-tournois eut seule cours en France.

Voici quelles étaient les principales monnaies d'or et d'argent, avec leurs valeurs en francs (d'après un décret de 1810) :

Or.	Double louis (48 livres)	47^{fr},20
	Louis	23^{fr},55
	Demi-louis	11^{fr},77
Argent.	Écu de 6 livres	5^{fr},80
	Écu de 3 livres	2^{fr},75
	Pièce de 30 sols	1^{fr},50
	— 24 —	1^{fr}
	— 15 —	0^{fr},75
	— 12 —	0^{fr},50
	— 6 —	0^{fr},25

Il n'y avait pas de pièce de 1 livre. Il y avait en outre plusieurs pièces de billon exprimant des sols et des liards.

139. Tables de conversion. — On appelle ainsi les tables qui servent à convertir les mesures anciennes en mesures nouvelles. Ces tables permettent d'éviter des calculs qui seraient parfois très longs, mais qui se présentent de moins en moins dans la pratique.

MESURES DES PAYS ÉTRANGERS

140. Certains pays étrangers ont adopté complètement le système métrique français. Ce sont : l'Italie, la Grèce, la Belgique, la Suisse, la Bulgarie, la Roumanie, la Serbie, l'Espagne, le Pérou, le Vénézuela.

Dans ces pays le système métrique est *obligatoire*. Les noms donnés à certaines unités de mesure sont seuls différents. Ainsi:

en Italie le franc est appelé *lira*   (au pluriel *lire*), et les centimes, *centesimi* ;
en Grèce — *drachme* (— *drachmes*) — *lepta* ;
en Bulgarie — *lew* (— *leva*) — *stotinkis* ;
en Roumanie — *leu* (— *ley*) — *bani* ;
en Serbie — *dinar* (— *dinars*) — *paras* ;
en Espagne — *peseta* (— *pesetas*) — *centimos* ;
au Vénézuela — *bolivar* (— *bolivars*) — *centavos* ;

Au Pérou, l'unité monétaire est le *sol*, qui vaut cinq francs et qui se divise en 100 *cents*.

Dans la plupart de ces pays il existe, en sus de la monnaie de bronze, des pièces de nickel de 20, 10 et 5 centimes. Dans certains d'entre eux, en Suisse et en Espagne notamment, l'usage des anciens poids et mesures disparaît lentement. En Espagne, en sus des pièces d'or et d'argent qui ont la même composition que les pièces françaises, il y a la pièce d'or de 25 *pesetas* qui vaut 25 francs, et d'anciennes pièces d'or et d'argent appelées *doublon, piastre, réal*, etc.

141. Certains autres pays, tout en conservant leur système monétaire, ont adopté le système des poids et mesures usité en France. Ce sont : l'Allemagne, l'Autriche-Hongrie, l'Égypte, la Hollande, le Mexique, le Portugal, la Suède-Norvège. D'autres puissances sont sur le point de suivre cet exemple.

Enfin le système métrique français des poids et mesures est *facultatif* dans presque tous les autres pays, notamment en Angleterre, en Turquie, aux États-Unis, etc.

142. Nous allons indiquer, pour chacune des principales puissances étrangères, les mesures qui diffèrent des mesures métriques.

Dans chacun de ces pays, on appelle *monnaie de compte* la monnaie employée comme unité dans les comptes et les calculs. En France et dans les pays de l'union monétaire, la monnaie de compte est le franc.

143. Allemagne. — Le système métrique des poids et mesures étant obligatoire en Allemagne, nous ne parlerons que des monnaies.

L'Allemagne a un seul étalon, l'étalon d'or. La monnaie de compte est le *mark*, considéré comme la dixième partie de la *couronne d'or de 10 marks*. La valeur au pair de cette monnaie est 1^{fr},235. On dit quelquefois *reichsmark* au lieu de *mark*.

La monnaie d'argent est reçue à titre d'appoint jusqu'à concurrence de 20 marks, et la monnaie de billon jusqu'à concurrence de 1 mark.

Voici le tableau des pièces d'or et d'argent ainsi que la valeur au pair de chacune d'elles :

Or	Double couronne (20 marks). . . .	24^{fr},69
	Couronne (10 marks)	12^{fr},35
	5 marks	6^{fr},17
Argent	5 marks	5^{fr},56
	2 marks	2^{fr},22
	Mark.	1^{fr},11
	½ mark	0^{fr},56

Le mark se divise en 100 *pfennig*, et il existe des pièces de nickel et de bronze de 20, 10, 5, 2 et 1 *pfennig*.

Les anciennes pièces d'argent de 1 *thaler* (3^{fr},75) ont encore cours en Allemagne.

144. Angleterre. — 1° **Longueurs.** — L'unité fondamentale est le *yard* qui vaut 0^{m},91438. Le yard se divise en 3 *pieds*, le pied en 12 *pouces*.

L'unité des mesures itinéraires est le *mille*, qui vaut 1 760 yards, c'est-à-dire 1 609^{m},315. La *lieue* vaut 3 milles.

Le *mille marin* vaut 1 852^{m} comme en France.

2° **Surfaces.** — Les mesures de surface sont : le yard carré, le pied carré, le pouce carré. Pour les mesures agraires, l'*acre* qui vaut 4 840 yards carrés.

3° **Volumes.** — Les mesures de volume sont : le yard cube, le pied cube, le pouce cube. Pour les mesures de capacité l'unité fondamentale est le *gallon* qui vaut 4^{l},543458. Les sous-multiples du gallon sont :

Quart	($^{1}/_{4}$ de gallon) ;
Pint	($^{1}/_{8}$ de gallon) ;
Gill	($^{1}/_{32}$ de gallon).

Les multiples du gallon sont :

<table>
<tr><td rowspan="5">POUR
LES GRAINS</td><td>Peck</td><td>(2 gallons) ;</td><td rowspan="3">POUR
LES LIQUIDES</td><td>Tonne</td><td>(252 gallons) ;</td></tr>
<tr><td>Bushel</td><td>(8 gallons) ;</td><td>Quarter</td><td>(64 gallons) ;</td></tr>
<tr><td>Sack</td><td>(3 bushels) ;</td><td>Baril</td><td>(36 gallons).</td></tr>
<tr><td>Quarter</td><td>(8 bushels) ;</td><td></td><td></td></tr>
<tr><td>Chaldron</td><td>(12 sacks) ;</td><td></td><td></td></tr>
</table>

4° **Poids.** — Deux unités fondamentales sont employées et connues sous le nom de *livre* (*pound* en anglais) :

la *livre troy* pour les matières précieuses,

la *livre avoirdupois* pour les usages ordinaires.

D'où les deux systèmes suivants : le système troy et le système avoirdupois. Les poids du premier système sont :

Livre troy	qui vaut	373^{gr},242 ;
Ounce (12° de livre)	—	31^{gr},1035 ;
Pennyweight (20° d'ounce)	—	1^{gr},555 ;
Grain (24° de pennyweight)	—	0^{gr},0648.

Les poids du second système sont :

Livre avoirdupois	qui vaut	453^{gr},593 ;
Ounce (16° de livre)	—	28^{gr},350 ;
Dram (16° d'ounce)	—	1^{gr},772 ;
Stone (14 livres)	—	6^{k},350 ;
Quintal (8 stones)	—	50^{k},802 ;
Short ton (2 000 livres)	—	907^{k},185 ;
Ton (20 quintaux)	—	1 016^{gr},048.

5° **Monnaies.** — L'Angleterre a un seul étalon, l'étalon d'or. La monnaie de compte est la *livre sterling*, pièce d'or dont la valeur au pair est 25^{fr},22.

La livre sterling, qu'on représente par la lettre £, se divise en 20 *shillings* (S), et chaque shilling se divise en 12 *pence* (d) (*penny* au singulier).

La monnaie d'argent est reçue à titre d'appoint jusqu'à concurrence de 40 shillings, et celle de bronze jusqu'à concurrence de 1 shilling.

Voici le tableau des pièces d'or et d'argent ainsi que la valeur au pair de chacune d'elles :

<table>
<tr><td rowspan="2">Or.</td><td>Souverain ou livre sterling (20 shillings). . . . . . 25^{fr},22 ;</td></tr>
<tr><td>½ souverain (10 shillings). . . . . 12^{fr},61 ;</td></tr>
</table>

Argent.
- Couronne (5 shillings) . . . . 5ʳ,81 ;
- ½ couronne . . . . 2ʳ,91 ;
- 2 florins (4 shillings) . . . . 4ʳ,64 ;
- Florin (2 shillings) . . . . 2ʳ,32 ;
- Shilling (12 pence) . . . . 1ʳ,16 ;
- ½ shilling (6 pence) . . . . 0ʳ,58.

En sus des pièces d'or et d'argent, il y a des pièces de bronze de 3 pence, 2 pence, 1 penny, 1/2 penny.

Pour certains paiements on compte encore en *guinées*, ancienne monnaie d'or qui valait 21 shillings.

Titres des matières d'or et d'argent. — On évalue encore le titre des matières d'or en *carats*, mais à 4 *grains* seulement. L'or pur est dit à 24 *carats*. Pour l'argent on emploie 12 *onces*, chaque once étant divisée en 20 *pennyweights*.

Le *titre légal*, appelé *titre Standard*, est 22 carats pour les matières d'or. Ce titre est donc représenté par la fraction $\frac{22}{24}$, c'est-à-dire $\frac{11}{12}$; c'est cette fraction qui figure dans les calculs, sa valeur, à un millième près, est 0,916.

Pour les matières d'argent, le titre légal est 222 *pennyweights*. Ce titre est donc représenté par la fraction $\frac{222}{240}$, ou $\frac{111}{120}$, ou $\frac{37}{40}$; cette fraction est égale à 0,925.

Lorsque le titre réel diffère du titre *Standard*, on indique la différence *en plus* ou *en moins* qui existe entre les deux titres.

145. Opérations sur les mesures anglaises. — Les nombres qui expriment les mesures anglaises, ne s'écrivant pas suivant les règles de la numération décimale, les opérations relatives à ces nombres se font d'après les règles connues sur le calcul des nombres complexes. Voici quelques exemples :

Problème 1. — *On achète 7 yards 2 pieds d'étoffe à raison de 3 shillings 9 pence le yard. Quel est le prix d'achat ?*

1ʳᵉ *solution.* — 7 yards 2 pieds = $7 \times 3 + 2 = 23$ pieds ;

3 shillings 9 pence = $3 \times 12 + 9 = 45$ pence.

Le yard coûtant 45 pence, 1 pied coûte $\dfrac{45}{3} = 15$ pence ; donc, le prix d'achat est $23 \times 15 = 345$ pence.

En divisant 345 par 12, on obtient pour quotient 28 et pour reste 9. Donc, le prix d'achat est 28 shillings 9 pence, ou bien

1 livre 8 shillings 9 pence.

Pour abréger, on désigne le mot yard par la lettre y, le mot pied par la lettre f (du mot anglais *foot* qui signifie *pied*), le mot shilling par la lettre S ou par *sh*, le mot pence par la lettre d, et alors on écrit :

$7^y\,2^f$ valent   1 £ 8 *sh* 9 *d*,   ou bien   £ 1.8.9.

2ᵉ *solution*. — Il faut multiplier 3 *sh* 9 *d* par $7^y\,2^f$. Pour cela on multiplie successivement chacune des deux parties du multiplicande par chacune des deux parties du multiplicateur. On obtient ainsi différents produits partiels, qui représentent, les uns des shillings, les autres des pence ; on extrait le nombre de shillings que contiennent ces derniers. On écrit les shillings sous les shillings, les pence sous les pence, et on fait enfin l'addition finale.

On a ainsi le calcul suivant :

$$
\begin{array}{cc}
3^{sh} & 9^d \\
7^y & 2^f \\
\hline
21 & \\
5 & 3 \\
2 & 6 \\
\end{array}
$$

Réponse : 28 sh 9 d, ou £ 1.8.9

Voici l'explication de ce calcul :

1° En multipliant 7 yards par 3 shillings, on obtient 21 shillings ;

2° En multipliant 7 yards par 9 pence, c'est-à-dire par $\dfrac{9}{12}$, ou $\dfrac{3}{4}$ de shilling, on obtient $\dfrac{21}{4}$ de shilling, c'est-à-dire 5 shillings et $\dfrac{1}{4}$ de shilling, ou bien 5 shillings et 3 pence ;

3° En multipliant 2 pieds par 3 shillings, c'est-à-dire $\dfrac{2}{3}$ de yard par 3 shillings, on obtient $\dfrac{6}{3}$ de shilling, c'est-à-dire 2 shillings ;

4° En multipliant 2 pieds par 9 pence, c'est-à-dire $\dfrac{2}{3}$ de yard par $\dfrac{3}{4}$ de shilling, on obtient $\dfrac{6}{12}$ de shilling, c'est-à-dire 6 pence.

PROBLÈME II. — *La livre avoirdupois d'une marchandise coûtant* 2^{sh} 4^{d}, *trouver le prix de 5 livres 12 ounces 4 drams.* (Pour abréger, on écrit 5^{lb} 12^{oz} 4^{dr}).

1re *solution.*

$$5^{lb}\ 12^{oz}\ 4^{dr} = (5 \times 16 + 12) \times 16 + 4 = 1476 \text{ drams,}$$
$$2^{sh}\ 4_{d} = 2 \times 12 + 4 = 28 \text{ pence.}$$

D'autre part, on a $1^{lb} = 16 \times 16 = 256$ drams. On dit alors :

256 drams valent	28 pence,
1 dram vaut	$\dfrac{28}{256}$ — ,
1476 drams valent	$\dfrac{28 \times 1476}{256}$ — .

En effectuant le calcul, on obtient 161 pence 7/16, c'est-à-dire

$$13^{sh}\ 5^{d}\ 7/16.$$

2° *solution.* — On peut ne pas réduire le poids en drams et le prix en pence. On opère alors comme dans l'exemple précédent, en multipliant chaque partie du multiplicande par chaque partie du multiplicateur et réunissant ensuite les produits partiels. On a ainsi le calcul suivant :

$$
\begin{array}{lll}
2^{sh} & 4^{d} & \\
5^{lb} & 12^{oz} & 4^{dr} \\
\hline
10 & & \\
1 & 8 & \\
1 & 6 & \\
 & 3 & \\
 & 3/8 & \\
 & 1/16 & \\
\hline
\end{array}
$$

Réponse : $12^{sh}\ 17^{d}\ 7/16$, ou bien $13^{sh}\ 5^{d}\ 7/16$.

PROBLÈME III. — *Écrire dans le système décimal les nombres qui expriment des livres, shillings et pence.*

Soit à transformer en un nombre décimal le nombre complexe suivant :

$$l \text{ livres } S \text{ shillings } d \text{ pence.}$$

Le shilling vaut $\dfrac{1}{20}$ de livre, et le penny $\dfrac{1}{240}$ de livre ; donc ce nombre est égal à

$$\pounds\, l + \frac{S}{20} + \frac{d}{240},$$

ou bien

$$\pounds\, l + \frac{5S}{100} + \frac{1/3\,d}{80},$$

ou encore

$$\pounds\, l + \frac{5S}{100} + \frac{1/3\,d \times 125}{10000}.$$

On obtient donc les parties décimales de la livre :

1° *En multipliant par 5 le nombre des shillings, ce qui donne des centièmes ;*

2° *En prenant le tiers du produit de 125 par le nombre des pence, ce qui donne des dix-millièmes.*

On voit de plus que le nombre considéré est ou n'est pas réductible en un nombre décimal, suivant que le nombre des pence est ou n'est pas divisible par 3.

D'après cela, on écrira de suite

$$\pounds\, 15.7.6 = 15\pounds,375,$$

car $\quad 7 \times 5 = 35$ centièmes et $\quad 3 \times 125 = 250$ millièmes ;

$$\pounds\, 10.8.9 = 10\pounds,4375,$$

car $\quad 8 \times 5 = 40$ centièmes et $\quad 3 \times 125 = 375$ dix-millièmes ;

$$\pounds\, 6.14.3 = 6\pounds,7125,$$

car $\quad 14 \times 5 = 70$ centièmes et $\quad 1 \times 125 = 125$ dix-millièmes ;

$$\pounds\, 4.12.5 = 4\pounds,620833\ldots,$$

car $\qquad\qquad 12 \times 5 = 60$ centièmes

et $\quad \dfrac{1}{3} 5 \times 125 = \dfrac{1}{3} 625 = 208$ dix-millièmes, $333\ldots$;

et ainsi de suite.

Inversement, pour exprimer dans le système anglais une somme écrite dans le système décimal, on peut opérer comme il suit :

1° On prend le 1/5 du plus grand multiple de 5 contenu dans les centièmes du nombre donné, on obtient ainsi le nombre des shillings ;

2° On multiplie par 3, puis on divise par 125 les dix-millièmes de la partie décimale complémentaire, ce qui donne les pence. Cela revient à multiplier ces dix-millièmes par 3, puis par 8, et à diviser le résultat par 1 000.

Ainsi, soit le nombre 12£,8246. Les 80 centièmes donnent 80 : 5 = 16 shillings. On a ensuite

$$246 \times 3 = 738 \qquad \text{et} \qquad 738 \times 8 = 5904.$$

Donc on a $\qquad$ 12£,8246 = £ 12 . 16 . 5 9/10.

Trois cas particuliers importants peuvent se présenter : ce sont les cas où les dix-millièmes qui complètent le plus grand multiple de 5 contenu dans les centièmes forment l'un des nombres 125, 250, 375. Dans le premier cas, le nombre des pence est 3, dans le second 6, dans le troisième 9.

REMARQUE. — A la *Bourse* de Londres, on a renoncé à la subdivision de la livre sterling en shillings et pence (sauf cependant pour les titres de faible valeur). On a adopté un système fractionnaire par multiples de $\dfrac{1}{32}$ de livre. Il existe des *barèmes* qui permettent de transformer immédiatement ces multiples en parties décimales de la livre.

146. Autriche-Hongrie. — Le système des poids et mesures étant obligatoire en Autriche-Hongrie, nous ne parlerons que des monnaies.

L'Autriche-Hongrie a le double étalon. La monnaie de compte est la *couronne*, considérée comme dixième partie de la pièce d'or de 10 couronnes. La valeur au pair de cette monnaie est 1ᶠ,05. Cette monnaie de compte a récemment remplacé le *florin* (2ᶠ,47) qui a été longtemps employé.

Voici le tableau des pièces d'or et d'argent et la valeur au pair de chacune d'elles :

Or
- Quadruple ducat . . . . $47^{fr},41$
- Ducat . . . . $11^{fr},85$
- 20 couronnes . . . . 21^{fr}
- 10 couronnes . . . . $10^{fr},50$
- 8 florins . . . . 20^{fr}
- 4 florins . . . . 10^{fr}

Argent
- Florin . . . . $2^{fr},47$
- Couronne (100 hellers) . . . . . . $0^{fr},93$

Il existe une autre pièce d'argent, *Maria-Thérésien-Thaler*, dont la valeur au pair est $5^{fr},20$; c'est une monnaie de commerce, sans valeur officielle.

La couronne se divise en 100 *hellers*, et il existe des pièces de nickel et de bronze de 20, 10, 2 et 1 hellers.

Il circule en Autriche une grande quantité de papier-monnaie.

Les pièces d'or de 8 florins et de 4 florins ont le même poids et le même titre que les pièces d'or françaises de 20 francs et de 10 francs. Ces pièces ont cours en France.

147. États-Unis. — Les mesures employées aux États-Unis ont de grandes analogies avec celles de l'Angleterre. Cela tient à ce que ces mesures sont identiques à celles qui étaient usitées en Angleterre avant 1825, époque à laquelle fut revisé dans ce dernier pays le système des poids et mesures.

Les principales différences sont les suivantes :

le *quintal* des États-Unis est de 100^{lb}, au lieu de 112 ;

l'unité de capacité pour les matières sèches est le *gallon* de $4^l,404$, dont le principal multiple est le *bushel* (8 gallons) ;

pour les liquides l'unité est le *wine-gallon* de $3^l,785$.

Monnaies. — D'après la loi du 12 février 1873, les États-Unis possèdent le double étalon. La monnaie de compte est le *dollar*, qu'on représente par la lettre $\$$; c'est une pièce d'or, dont la valeur au pair est $5^{fr},1825$.

Voici le tableau des pièces d'or et d'argent avec la valeur au pair de chacune d'elles :

Or	Double aigle (20 dollars).	103^{fr},65
	Aigle (10 dollars)	51^{fr},83
	1/2 aigle (5 dollars).	25^{fr},91
	3 dollars	15^{fr},55
	1/4 aigle	12^{fr},95
	Dollar	5^{fr},18
Argent	Dollar (100 cents)	5^{fr},34
	1/2 dollar	2^{fr},50
	1/4 dollar	1^{fr},25
	Pièce de 20 cents.	1^{fr}
	Dime (10 cents)	0^{fr},50

Le dollar se divise en 100 *cents*, et il existe des pièces de nickel et de bronze de 5, 2 et 1 cents.

La monnaie divisionnaire d'argent (1/2 dollar, 1/4 dollar, etc.) est reçue à titre d'appoint jusqu'à concurrence de 10 dollars.

148. Hollande. — Le système métrique des poids et mesures étant obligatoire en Hollande, nous ne parlerons que des monnaies.

La Hollande possède le double étalon depuis 1875. La frappe de l'argent est suspendue. La monnaie de compte est le *florin des Pays-Bas* ou *florin courant* (fl — PB) ; c'est une pièce d'argent dont la valeur au pair est 2^{fr},10.

Voici le tableau des pièces d'or et d'argent ainsi que la valeur au pair de chacune d'elles :

Or	Double ducat.	23^{fr},66
	Ducat	11^{fr},83
	10 florins	20^{fr},83
Argent	Rixdaler (2 1/2 florins).	5^{fr},25
	Florin (100 cents).	2^{fr},10
	1/2 florin.	1^{fr},05
	25 cents	0^{fr},51
	10 cents	0^{fr},20
	5 cents.	0^{fr},10

Le florin se divise en 100 *cents*, et il existe des pièces de bronze de 2 1/2 cents, 1 cent, 1/2 cent.

149. Portugal. — Le système légal des poids et mesures est le système métrique français. Toutefois, les anciens poids et mesures sont encore en usage.

En ce qui concerne les monnaies, le Portugal a l'étalon d'or depuis l'année 1854. La monnaie de compte est le *milreis*, pièce d'or dont la valeur au pair est 5^{fr},60.

Voici le tableau des pièces d'or et d'argent avec la valeur au pair de chacune d'elles :

Or	Couronne (10 milreis)	56^{fr}
	¹/₂ couronne (5 milreis).	28^{fr}
	¹/₅ couronne (2 milreis).	11^{fr},20
	Milreis.	5^{fr},60
Argent	5 testons (500 reis)	2^{fr},55
	2 testons (200 reis)	1^{fr},02
	Teston (100 reis)	0^{fr},51
	¹/₂ teston (50 reis)	0^{fr},25

Le milreis se divise en 1000 *reis*, et il existe des pièces de bronze de 1 ou plusieurs reis.

Il y a peu de monnaie d'or en Portugal, mais beaucoup de monnaie fiduciaire, soit en billets de banque, soit en papier-monnaie.

150. Russie. — 1° **Longueurs.** — L'unité principale des mesures de longueur est la *sagène* qui vaut 2^m,134. La sagène se divise en 3 *archines*, 7 *pieds*, 48 *verschoks*, 84 *pouces* et 840 *lignes*.

L'unité des mesures itinéraires est la *verste* qui vaut 500 sagènes, c'est-à-dire 1067 mètres.

2° **Surfaces.** — Sagène carrée, archine carrée, etc.

3° **Volumes.** — Sagène cube, archine cube, etc. Les mesures de capacité sont les suivantes :

POUR LES LIQUIDES	*kruschka*, qui vaut 1',23	POUR LES GRAINS	*tschetwert*, qui vaut 210'	
	vedro (10 kruschkas)		*tschetwerich* —	26',25
	ancre (3 vedros)		*tschetwertka* —	6',5
	feuillette (18 vedros)			
	pipe (36 vedros)			

4° **Poids.** — L'unité de poids est la *livre*, de 409^{gr},517. Cette livre se divise en 12 *lanas*, 16 *onces*, 32 *loths*, 96 *solotniks* et 9216 *dolis*. Les multiples de la livre sont :

le *poud* (40 livres),
le *berkovetz* (10 pouds),
le *tonneau* (6 berkovetzs).

Pour les perles et les diamants, on emploie le *carat* (0ᵍʳ,2051).

5° **Monnaies.** — Depuis l'année 1899 la Russie a renoncé à l'étalon d'argent, qui était autrefois la base du système monétaire dans ce pays, pour adopter l'étalon d'or. La grande quantité de monnaie d'argent qui circule encore dans l'Empire rentre peu à peu dans les caisses de l'État, qui n'en laissera circuler que la quantité indispensable.

La monnaie de compte est le *rouble* considéré comme la quinzième partie de la nouvelle pièce d'or l'*impériale*. Cette monnaie de compte a pour valeur au pair 2ᶠʳ,666 et se subdivise en 100 *kopecks*.

Voici le tableau des pièces d'or et d'argent avec la valeur au pair de chacune d'elles :

Or	Ancienne ½ impériale	20ᶠʳ,66
	Impériale (15 roubles)	40ᶠʳ
	1/2 impériale (7½ roubles)	20ᶠʳ
	5 roubles	13ᶠʳ,33
Argent	Rouble (100 kopecks)	2ᶠʳ,67
	50 kopecks.	2ᶠʳ
	25 kopecks.	1ᶠʳ
	20 kopecks.	0ᶠʳ,40
	15 kopecks.	0ᶠʳ,30
	10 kopecks	0ᶠʳ,20
	5 kopecks.	0ᶠʳ,10

Il y a en outre des pièces de bronze de 5, 3, 1 et 1/2 kopecks.

La monnaie d'argent n'est reçue qu'à titre d'appoint jusqu'à concurrence de 25 roubles s'il s'agit de pièces d'argent de 1 rouble, de 50 et de 25 kopecks, et jusqu'à concurrence de 3 roubles pour les autres pièces d'argent. Cependant, les caisses de l'État (sauf celles de la douane) acceptent toutes les pièces d'argent pour une somme quelconque.

Les nouvelles pièces d'or l'*impériale* et la 1/2 *impériale* ont cours en France pour 40 francs et 20 francs.

151. Turquie. — 1° **Longueurs.** — L'unité principale est l'*archine* qui vaut 0ᵐ,75. Elle se divise en 24 *pouces*, chaque pouce en 12 *lignes* et chaque ligne en 12 *points*,

Pour les étoffes on emploie l'*archine endazé* qui vaut $0^m,68$ et qui se divise en 8 *roups* de chacun 2 *ghuirahs*.

2° **Surfaces**. — Archine carrée, pouce carré, etc. Pour les terrains on emploie le *deunum*, carré de 40 archines de côté.

3° **Volumes**. — Archine cube, etc.

Les liquides se vendent au poids. Les grains se mesurent au *kiloz*, qui vaut $35^l,27$.

4° **Poids**. — Dans le commerce ordinaire, on se sert du kilogramme et de ses sous-multiples. Pour les grands marchés, on emploie l'*ocque*, qui vaut $1^{kg},283$.

5° **Monnaies**. — La Turquie possède l'étalon d'or. La monnaie de compte est la *piastre*, pièce d'argent dont la valeur au pair est $0^{fr},2278$. Toutefois, dans le commerce international on compte par *livres* de 100 piastres.

Voici le tableau des pièces d'or et d'argent avec la valeur au pair de chacune d'elles :

Or	Bourse (500 piastres)	$113^{fr},92$
	1/2 bourse (250 piastres)	$56^{fr},96$
	Livre turque (100 piastres)	$22^{fr},78$
	1/2 livre turque (50 piastres)	$11^{fr},39$
	1/4 livre turque (25 piastres)	$5^{fr},70$
Argent	20 piastres (medjidieh)	$4^{fr},44$
	10 piastres	$2^{fr},22$
	5 piastres	$1^{fr},11$
	2 piastres	$0^{fr},44$
	Piastre (40 paras)	$0^{fr},22$
	1/2 piastre (20 paras)	$0^{fr},11$

Il y a en outre des pièces de bronze de 20, 10 et 5 paras.

Les monnaies étrangères ont cours à Constantinople ; le cours de ces monnaies est variable. Une pièce française de 20 francs est échangée contre environ 90 piastres.

152. Indes anglaises. — Les poids indiens sont : le *Factory Maund* ($32^{kg},50$), le *seer* et le *chitack*. Le Factory Maund vaut 40 seers, le seer vaut 16 chitacks.

Pour les monnaies, la monnaie de compte est la *roupie*, pièce d'argent dont la valeur au pair est $2^{fr},3757$. Il y a des pièces d'or de 15, 10 et 5 roupies, et des pièces d'argent de $\frac{1}{2}$, $\frac{1}{4}$, $\frac{1}{8}$ de roupie. La roupie se subdivise en 16 *annas*, et l'anna en 12 *pices*.

Dans l'**Indo-Chine française**, on compte par *piastres* et par centièmes de piastre. La piastre est une pièce d'argent du poids de 27^{gr} au titre de 0,900 et dont la valeur au pair est 5^{fr},40.

PROBLÈMES A RÉSOUDRE

30. Une personne ayant acheté 135^m de drap, à raison de 8^{fr},25 le mètre, veut en les revendant gagner 15 °/₀. Les 5/9 ont déjà été vendus à raison de 9^{fr},50 le mètre ; quel doit être le prix du mètre de ce qui reste encore à vendre ?

31. La circonférence des grandes roues d'une voiture est de 5^m,25. Quand la voiture marche, ses petites roues font 7 tours contre 3 des grandes. Quels sont les rayons des deux espèces de roues ?

32. Une locomotive quitte Paris à midi précis pour ne s'arrêter qu'après avoir fait 119^{km},070. La circonférence de sa roue motrice est de 4^m,20, et pendant tout le parcours cette roue ne met que les 2/7 d'une seconde pour effectuer un tour. On demande à quelle heure précise elle arrivera à sa destination.

33. La distance parcourue par un bicycliste est telle que la petite roue de la machine a fait 5 000 tours de plus que l'autre. Calculer cette distance, sachant que les circonférences des deux roues sont dans le rapport de 5 à 6, et que la circonférence de la petite roue a une longueur de 2^m,50.

34. Deux paquebots partent d'un même port pour effectuer une traversée de 800 kilomètres. Le premier part à midi et file 13 nœuds 1/2 à l'heure. Le deuxième part 4 heures après le premier ; quelle doit être sa vitesse pour qu'il arrive au but en même temps que le premier, et quelle sera l'heure de cette arrivée ?

35. Un vaisseau de guerre poursuit un paquebot. A 9 heures du matin il en est séparé par une distance de 14 kilomètres. Le vaisseau file 15 nœuds à l'heure, et le paquebot dans le même temps ne parcourt que 20 780 mètres. Après une heure de chasse, le paquebot augmente sa vitesse de 4 kilomètres par heure. Trouver à quelle heure le vaisseau pourra lancer son premier obus sur le paquebot, en supposant qu'il ouvre le feu à la distance de 1 800 mètres.

36. Deux bicyclistes partent d'un même point, dans la même direction, dans les conditions suivantes : la première bicyclette, partie avant la seconde, a fait 975 tours de la roue de devant au moment du départ de la seconde ; elle fait 47 tours de roue pendant que la seconde en fait 36 ; mais 48 tours de roue de la seconde en valent 67 de la première. Combien de tours de roue la seconde bicyclette aura-t-elle fait avant d'atteindre la première (il s'agit toujours de la roue de devant), et quelle sera alors la distance parcourue, sachant que la roue de devant de la première bicyclette a pour rayon 0^m,38 ?

37. Un jardin rectangulaire a 60^m de long et 35^m de large. Au centre se trouve un bassin rectangulaire dont la longueur, parallèle à celle du jardin, est de 4^m,50 et la largeur de 3^m (dimensions extérieures). Dans ce jardin on a tracé des allées de 1^m,50 de large, faisant le tour du jardin et celui du bassin ; ces allées sont réunies par des allées centrales de même largeur parallèles aux côtés du jardin ; ces allées centrales sont coupées par une allée de forme rectangulaire, ayant 1^m,20 de large, dont les bords, parallèles à ceux du jardin, sont équidistants des bords des deux premières allées.

1° Quelle est la superficie de la partie cultivable ?

2° Quel est le volume de sable qu'il faut employer pour recouvrir les allées d'une couche de 3^{cm} d'épaisseur ?

38. Convertir en mètres carrés 27 toises carrées 5 pieds carrés.

39. Trouver la surface du polygone ABCDE (*fig.* 40) sachant que l'on a :

AF = 12^m,   BF = 11^m,
AG = 25^m,   CH = 13^m,
AH = 30^m,   EG = 9^m.
AD = 42^m,

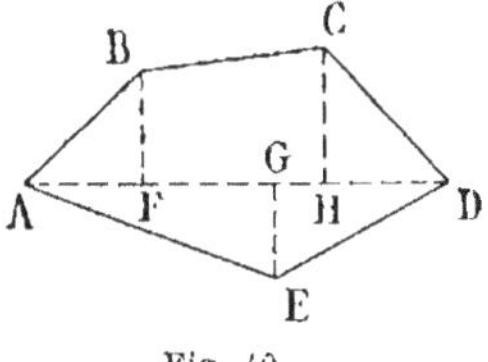

Fig. 40.

40. Trouver la surface du polygone non convexe ABCDE (*fig.* 41) sachant que l'on a :

AF = 3^m,   CF = 7^m,
FG = 4^m,   BG = 4^m,
GH = 7^m 1/2,   EH = 5^m.
HD = 7^m,

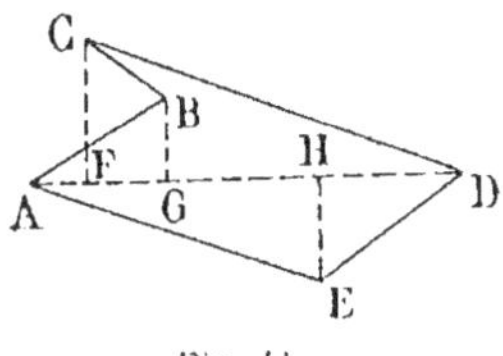

Fig. 41.

41. On a un terrain rectangulaire dont on peut faire un nombre exact de lots de 150, 120 et 180^{mq}. La surface totale est inférieure à 20 ares. Quelles sont les dimensions de ce terrain, sachant que sa longueur est double de sa largeur ?

42. Avec des rouleaux de papier ayant 6^m de long sur 0^m,65 de large, on veut tapisser une salle de 8^m,20 de longueur, 4^m,60 de largeur et 3^m,15 de hauteur. Quelle sera la dépense occasionnée par ce travail, sachant que les ouvertures ont ensemble 8^{mq},09 et que l'achat et la pose du papier coûtent ensemble 0^{fr},40 par mètre carré ?

43. Une personne achète un champ de forme rectangulaire de 225^m,5 de long sur 150^m de large. Elle en revend le $\frac{1}{3}$ à raison de 30 francs l'are, la moitié à 0^{fr},20 le mètre carré, et le reste à 0^{fr},18 le mètre carré. Elle fait ainsi un bénéfice de 879^{fr},45. On demande combien lui coûtait l'hectare de ce terrain.

44. La superficie d'un terrain a été trouvée égale à 3^{Ha} 8^a 25^{ca}. Le décamètre dont on s'est servi était trop long de 8 centimètres. Calculer la superficie exacte de ce terrain. Calculer également la longueur exacte d'une ligne du terrain que l'on a trouvée égale à 142^m,50.

45. Un propriétaire possède un terrain ayant la forme d'un carré dont le côté est de 72 mètres. La ville veut ouvrir une voie, large de 16 mètres, qui traversera ce terrain, et dont l'axe coïncidera avec une diagonale. La ville donne au propriétaire le choix entre deux propositions :

1° Elle lui payera, à raison de 50^{fr} le mètre carré, le terrain qui lui sera enlevé par la route, et lui laissera le reste ;

2° Elle lui prendra tout son terrain à raison de 45^{fr} le mètre carré.

Le propriétaire, s'il accepte la première offre, est assuré de vendre 42^{fr} le mètre carré les deux lots qui lui resteront. On demande d'indiquer de ces deux propositions, la plus avantageuse pour le propriétaire.

46. Un cercle a 6^m,25 de circonférence. Quel rayon devrait-on donner à un autre cercle pour qu'il fût double du premier en surface ?

47. Un secteur circulaire dont l'angle vaut 48° a pour surface 72^{mq} ; quel est le rayon de l'arc de ce secteur ?

48. Un tissu perd au lavage $\frac{1}{20}$ de sa longueur et $\frac{1}{16}$ de sa largeur. Quelle longueur de cette étoffe faut-il acheter pour obtenir, après lavage, $136^{mq},80$? La largeur primitive de l'étoffe est de $\frac{6}{5}$ de mètre.

49. Un réservoir mesure $4^m,7$ en longueur sur $1^m,4$ en largeur et $1^m,5$ en profondeur. Il est à moitié plein. On veut le remplir complètement, au moyen de deux pompes qui jouent simultanément et y déversent : l'une $37^l,5$ par minute, l'autre $56^l,5$ toutes les deux minutes. Mais, pendant ce même temps, on retire par heure du bassin 2^{mc} d'eau pour l'arrosage. Dans ces conditions, on demande le temps nécessaire pour que le bassin soit tout à fait rempli.

50. Une feuille de cuivre a $8^m,40$ de long, $0^m,30$ de large et $1^{mm},2$ d'épaisseur. Quelle est sa valeur, le cuivre valant 160^{fr} les 100^{kg}, et la densité du cuivre étant $8,9$? On convertit cette feuille en un tube cylindrique dont on désire connaître la capacité en litres. La soudure a occasionné une perte de 4 millimètres sur chacun des grands côtés de la feuille de cuivre.

51. Un jardin de forme rectangulaire, de 52^m de longueur et 43^m de largeur, est entièrement clôturé par un mur de $3^m,20$ de hauteur et $0^m,50$ d'épaisseur. Ce mur est revêtu sur ses deux faces d'un crépissage au mortier. Sachant que le mètre cube de maçonnerie coûte $7^{fr},50$ et que le mètre carré de crépissage coûte $2^{fr},50$, on veut savoir à quelle somme s'est élevée la construction de ce mur. (Les dimensions du jardin sont prises intérieurement au mur de clôture.)

52. Un vase contient une certaine quantité d'eau qui occupe le $\frac{1}{3}$ de sa capacité. On y plonge un morceau de fer, dont la moitié seulement est immergée, et qui fait monter le niveau de l'eau de façon que le volume du vase compris au-dessous de ce niveau représente les 5/8 de sa capacité. Le poids du fer employé est de $1^{kg},722$ et sa densité $7,8$. On demande la capacité du vase.

53 On veut former un stère de bois avec des bûches de $0^m,85$ de longueur. Quelle sera la hauteur du tas si l'on empile ces bûches entre deux montants distants de $1^m,15$?

54. Un bassin de forme cylindrique ayant 1ᵐ,20 de profondeur est alimenté par deux robinets qui donnent respectivement 2 litres et 3 litres d'eau par seconde. Pour remplir ce réservoir on laisse couler le premier robinet seul pendant 20 minutes, puis le second robinet seul pendant 12 minutes, et enfin les deux robinets ensemble. Le temps total ainsi employé à remplir le bassin est de 1 heure 2 minutes ; on demande d'en déduire la longueur du diamètre de ce bassin.

55. Une feuille de plomb, ayant 1ᵐᵐ d'épaisseur et pesant 2ᵏᵍ,25, a la forme d'un rectangle dont les deux dimensions sont dans le rapport de 9 à 8. On demande de calculer ces deux dimensions, sachant que le plomb a pour densité 11,25.

56. Calculer à 1ᶜᵐᶜ près le volume d'un lingot d'or pur d'une valeur intrinsèque de 40 000 francs, en supposant que 2ᶜᵐᶜ,5 d'or pèsent autant que 48ᶜᵐᶜ,25 d'eau pure.

57. On a une cuve rectangulaire dont la longueur est de 63ᶜᵐ et la largeur de 51ᶜᵐ. On y a mis de l'eau de mer, que l'on a fait évaporer et dont on a retiré 1ᵏᵍ,539 de sel marin. On sait que 1ᵏᵍ d'eau de mer contient 40ᵍʳ de sel et que la densité de l'eau de mer est de 1,026. Cela étant, on demande :

1° Le volume de l'eau de mer ;
2° La hauteur de cette eau dans la cuve.

58. Un bassin contient de l'eau jusqu'au $\frac{1}{4}$ de sa hauteur ; ses parois sont verticales, et il a 2ᵐ de long sur 1ᵐ,50 de large. On y fait couler pendant 31 minutes $\frac{1}{4}$ l'eau amenée par un robinet, à raison de 6 litres par minute, et alors l'eau s'élève au $\frac{1}{3}$ de la hauteur du bassin. Cela posé, on demande : 1° combien de temps encore on devra laisser couler l'eau amenée par le robinet, pour que le bassin soit complètement rempli ; 2° quelle est en hectolitres la capacité du bassin ; 3° quelle en est la hauteur.

59. Une auge de maçon a une profondeur de 0ᵐ,32. La petite base, qui est rectangulaire, a 0ᵐ,40 sur 0ᵐ,25. Les faces latérales sont inclinées à 45°. Calculer la capacité de l'auge.

60. Étant donné un cône dont la hauteur est de 12ᵈᵐ et dont le cercle de base a une longueur de circonférence égale à 40ᵈᵐ, on coupe ce cône suivant une génératrice et on en développe la surface latérale. Exprimer en degrés, minutes et secondes l'angle au centre du secteur ainsi obtenu. Calculer le volume du cône donné.

61. Le volume d'un tronc de cône est de 588^{mc}. Le rayon de la petite base est égal à 6^m, et celui de la grande base est de 8^m. On demande de calculer la hauteur du tronc et l'apothème.

62. On verse un poids p de mercure dans un vase ayant la forme d'un cône, de hauteur connue h. Ce mercure s'élève à une hauteur l. Trouver le rayon du cercle d'ouverture du vase.

Comme application, on fera
$$h = 10^{cm}, \qquad l = 6^{cm}, \qquad p = 2\,448^{gr}.$$

63. Un vase conique d'un litre de capacité a $0^m,15$ de diamètre à son ouverture ; il est entièrement rempli et contient des hauteurs égales de mercure et d'eau. Calculer la hauteur du cône, le poids de l'eau contenue dans le vase et le poids du mercure.

64. Un vase a la forme d'un tronc de cône. On le pèse d'abord plein de mercure, puis plein d'eau ; la différence des poids est de $6^{kg},65$. Trouver les rayons des deux bases, sachant : 1° que l'un est les 2/3 de l'autre ; 2° que la hauteur du vase est égale à 10^{cm}.

65. Un droguiste remplit avec un produit chimique liquide, valant $1^{fr},20$ le kilogramme et ayant une densité de $1,156$, un bidon cylindrique surmonté d'un tronc de cône. Le diamètre du cylindre est de $0^m,564$ et sa hauteur de $0^m,486$. Le rayon du cercle formant la petite base du cône est de $0^m,141$ et sa hauteur de $0^m,234$. Quelle est la valeur du contenu de ce bidon et combien faudrait-il, pour le payer, de grammes d'un lingot d'or, au titre de $0,730$, lorsque l'or fin vaut $3^{fr},437$ le gramme ?

66. La section d'un canal a la forme d'un trapèze isocèle dont les bases ont $3^m,15$ et $1^m,40$ et dont la hauteur est de $1^m,50$. Le canal n'est rempli que jusqu'aux $\dfrac{4}{5}$ de la hauteur ; la vitesse du courant est de 34^{cm} par seconde. Quel temps faudrait-il pour que l'eau débitée remplisse un bassin inférieur ayant la forme d'un tronc de cône de $6^m,90$ de profondeur et dont les bases ont pour rayons 25^m et 16^m ?

67. Un secteur circulaire en carton, dont l'angle est de 120°, a 3^{dm} de rayon. On demande de calculer à 1^{cmc} près le volume du cône qui peut être formé avec ce secteur.

68. Généraliser le problème précédent en représentant par a et r l'angle et le rayon du secteur donné et par v le volume cherché.

69. Un corps est formé d'un cube qui a 5^{cm} d'arête et d'une pyramide régulière ayant pour base l'une des faces du cube ; l'arête latérale de la pyramide est égale à l'arête du cube. Calculer la surface et le volume de ce corps.

70. Un vase est à moitié plein d'eau ; on y place un objet dont la densité est 3. Le vase se remplit aux $\frac{4}{5}$ et alors le poids du contenu est de $10^{kg},5$. On demande la contenance totale du vase, le volume et le poids du corps plongé dans l'eau. (On suppose que le corps plongé est complètement recouvert d'eau.)

71. Un vase cylindrique en laiton est placé rempli d'eau sur le plateau d'une balance. On peut lui faire équilibre en mettant dans l'autre plateau 40 pièces d'argent de 5^{fr} et de 2^{fr}, le nombre de ces pièces étant tel qu'elles contiennent ensemble $730^{gr},20$ d'argent pur. Sachant que le vase vide pèse 40^{gr} et que sa profondeur est de $0^m,12$, on demande : 1° le diamètre de ce vase ; 2° l'épaisseur de la paroi. La densité du laiton est $7,7$.

72. Un plat en argent du poids de 746^{gr} a été vendu au prétendu titre de $0,800$. On trouve que dans l'eau pure il ne pèse que 671^{gr}. Quel est le véritable titre ?

Densité de l'argent, $10,47$; densité du cuivre, $8,9$.

73. On soupçonne qu'une statuette de cuivre est creuse intérieurement. Son poids dans l'air est 523^{gr} ; dans l'eau il n'est plus que $447^{gr},5$. La densité du cuivre étant égale à $8,9$, on demande si le soupçon est fondé et, dans ce cas, quel est en centimètres cubes le volume de la cavité intérieure.

74. Dans une boîte rectangulaire à base carrée, on a placé 4 piles de pièces d'argent de 5^{fr}, de 60 pièces chacune, de façon que les pièces soient en contact entre elles et avec les parois de la boîte. Dans l'espace laissé vide entre les 4 piles, on a placé une pile de pièces d'argent de 0^{fr},20, égale en hauteur aux piles des pièces de 5^{fr}. On demande : 1° le volume intérieur de la boite ; 2° le poids total des pièces d'argent ; 3° le poids du cuivre compris dans ce poids total ; 4° la valeur de la somme enfermée dans la boite. (Les 5 espèces de pièces d'argent ont pour diamètres 37, 27, 23, 18, 16 millimètres, et pour épaisseurs 2^{mm},5, 1^{mm},5, 1^{mm}, 0^{mm},75, 0^{mm},5.)

75. Des poids égaux formés par des pièces de 20^{fr} en or, par des pièces de 5^{fr} en argent et par des pièces de bronze de 0^{fr},05, constituent une somme totale de 5296^{fr}. Quel est le nombre des pièces de chaque espèce ?

76. Combien pourrait-on faire de pièces de 5^{fr} avec un lingot d'argent pur dont le volume serait 0^{mc},004 ? Densité de l'argent, 10,47.

77. Trouver le poids d'argent pur et le poids de cuivre contenus dans 25348^{fr} en monnaie d'argent, sachant que 25300^{fr} sont en pièces de 5^{fr} et le reste en pièces divisionnaires.

78. Un lingot d'or au titre de 0,84 pèse 75^{gr} ; quel poids d'or pur faut-il lui ajouter pour l'amener au titre légal des monnaies ?

79. Un lingot d'or au titre de 0,920 pèse 6^{kg},250. Calculer sa valeur au pair et sa valeur au tarif.

80. Trouver le poids d'argent pur contenu dans 5000^{fr} en pièces divisionnaires d'argent. Trouver ensuite le poids d'argent pur qu'il faudrait ajouter à cette somme si l'on voulait en faire des pièces de 5^{fr}, et combien on pourrait faire de ces pièces.

81. Quel poids de cuivre faut-il ajouter à 1670^{fr} en pièces de 5^{fr} pour pouvoir en faire des pièces divisionnaires, et pour quelle somme pourra-t-on faire de ces pièces ?

82. Sachant que la densité du cuivre est 8,9, celle de l'étain 7,29 et celle du zinc 7,15, calculer la densité de l'alliage qui sert à la fabrication de la monnaie de bronze.

83. Une étoffe, pour entrer en Angleterre, paye un droit de 1sh 2d par yard. Quel est en francs le montant des droits à acquitter pour

l'entrée d'une pièce d'étoffe ayant 60^m de longueur ? On prendra
£ = 25^{fr},20.

84. 35 yards 2 pieds 8 pouces de dentelle ont coûté £ 46. 16. 4.
Combien coûte le yard de cette dentelle ?

85. Un négociant achète 54^{lb} 11^{oz} d'une marchandise à raison de
15sh 9d la livre. Combien doit-il revendre la livre de cette marchandise s'il veut gagner £ 8. 10 sur la vente totale ?

86. Un négociant anglais, ayant acheté une *ton* d'une certaine marchandise, au prix de £ 3. 8. 6 le *quintal*, bénéficie d'une remise de
1 1/2 % parce qu'il paye comptant. Les frais de transport s'élèvent à
2sh 3d par quintal. Combien doit-il revendre la *livre* de cette marchandise, s'il veut réaliser un bénéfice de 10 % ? Quel serait en
monnaie française le prix de vente d'un kilogramme de cette
marchandise ?

CHAPITRE III

GRANDEURS PROPORTIONNELLES. PARTAGES ET MÉLANGES

---

153. Nous allons rappeler d'abord quelques définitions et quelques propriétés connues relatives aux rapports, proportions, grandeurs proportionnelles et règles de trois, et nous les appliquerons ensuite à l'étude de la *règle conjointe*, des *partages proportionnels* et des *mélanges*.

154. Rapport de deux nombres. — On appelle *rapport* de deux nombres quelconques a et b, entiers ou fractionnaires, le quotient de la division du premier par le second. Ce rapport s'indique par le symbole $\dfrac{a}{b}$ qui se prononce *a sur b*.

Les deux nombres a et b s'appellent les deux *termes* du rapport, a est le *numérateur* et b le *dénominateur*.

On appelle *valeur* du rapport $\dfrac{a}{b}$ le nombre entier ou fractionnaire obtenu en effectuant la division de a par b. D'après la définition de la division, si l'on multiplie la valeur d'un rapport par le dénominateur de ce rapport, on reproduit le numérateur du rapport.

D'après cela *une fraction ordinaire représente la valeur du rapport de ses deux termes*, car en multipliant cette fraction par son dénominateur on obtient le numérateur. Une fraction ordinaire est donc un rapport : c'est un rapport dont les deux termes sont des nombres entiers.

On dit que deux rapports sont *égaux* lorsqu'ils ont la même valeur.

On dit que deux rapports sont *inverses* l'un de l'autre quand le numérateur du premier est égal au dénominateur du second, et réciproquement.

On démontre que les rapports possèdent les mêmes propriétés que les fractions. La principale est la suivante :

Si l'on multiplie ou si l'on divise les deux termes d'un rapport par un même nombre, entier ou fractionnaire, le rapport ne change pas de valeur.

Cette propriété permet de réduire plusieurs rapports au même dénominateur, et par suite de faire leur addition et leur soustraction d'après les mêmes règles que pour les fractions.

La multiplication et la division des rapports se font aussi d'après les mêmes règles que la multiplication et la division des fractions.

155. Proportions. — On appelle *proportion* l'égalité de deux rapports. Ainsi, si les deux rapports $\dfrac{a}{b}$ et $\dfrac{c}{d}$ ont la même valeur, on obtient une proportion en écrivant l'égalité suivante :

$$\frac{a}{b} = \frac{c}{d},$$

qu'on prononce *a sur b égale c sur d.*

Les quatre nombres a, b, c, d, qu'on appelle les quatre *termes* de la proportion, peuvent être entiers ou fractionnaires. Les deux nombres a et d s'appellent les *termes extrêmes* ou, plus simplement, les *extrêmes ;* les deux nombres b et c s'appellent les *moyens.*

La propriété fondamentale des proportions est la suivante :

Dans toute proportion, le produit des extrêmes est égal au produit des moyens. Et, réciproquement, si quatre nombres entiers ou fractionnaires sont tels que le produit de deux d'entre eux soit égal au produit des deux autres, ces quatre nombres peuvent former une proportion.

Cette propriété permet de trouver aisément l'un des termes d'une proportion quand on se donne les trois autres. Elle permet aussi de faire subir à une proportion toutes les transformations qui n'altèrent pas le produit des extrêmes et celui des moyens. Ainsi, on peut *changer les moyens de place*, ou *changer les extrêmes de place*, ou bien *mettre les moyens à la place des extrêmes, et inversement.*

Une autre propriété importante des proportions est la suivante :

Si l'on ajoute ou si l'on retranche à chaque numérateur le dénominateur correspondant, on forme une nouvelle proportion. Il en est de même si l'on ajoute ou si l'on retranche à chaque dénominateur le numérateur correspondant.

C'est ainsi, par exemple, que si l'on a $\dfrac{a}{b} = \dfrac{c}{d}$, on peut écrire $\dfrac{a+b}{b} = \dfrac{c+d}{d}$.

156. Suite de rapports égaux. — *Lorsqu'on a une suite de rapports égaux, si l'on forme un nouveau rapport ayant pour numérateur la somme des numérateurs des rapports donnés, et pour dénominateur la somme des dénominateurs de ces mêmes rapports, le nouveau rapport est égal à chacun des premiers.*

Ainsi, supposons trois rapports égaux :

$$\frac{a}{b} = \frac{c}{d} = \frac{e}{f} ;$$

on peut en déduire

$$\frac{a}{b} = \frac{c}{d} = \frac{e}{f} = \frac{a+c+e}{b+d+f}.$$

On peut aussi écrire

$$\frac{a}{b} = \frac{c}{d} = \frac{e}{f} = \frac{ma+nc+pe}{mb+nd+pf},$$

m, n et p étant des multiplicateurs quelconques.

Au lieu d'ajouter on peut retrancher les termes de certains des rapports donnés, et écrire par exemple

$$\frac{a}{b} = \frac{c}{d} = \frac{e}{f} = \frac{a-c+e}{b-d+f}.$$

157. Nombres proportionnels. — On dit que des nombres a, b, c, ... sont proportionnels à d'autres nombres a', b', c', ... lorsque le rapport de deux nombres quelconques de la première série est égal au rapport des deux nombres correspondants de la deuxième série, c'est-à-dire lorsqu'on a

$$\frac{a}{b} = \frac{a'}{b'}, \qquad \frac{a}{c} = \frac{a'}{c'}, \qquad \frac{b}{c} = \frac{b'}{c'}, \quad \text{etc.}$$

Ces proportions peuvent s'écrire, en changeant les moyens de place,

$$\frac{a}{a'} = \frac{b}{b'}, \qquad \frac{a}{a'} = \frac{c}{c'}, \qquad \frac{b}{b'} = \frac{c}{c'}, \quad \text{etc.};$$

et par suite on a

$$\frac{a}{a'} = \frac{b}{b'} = \frac{c}{c'} = \quad \text{etc.} \qquad\qquad (1)$$

C'est sous cette dernière forme que l'on écrit habituellement que les nombres de la première série sont proportionnels à ceux de la seconde. Cette façon d'écrire se traduit comme il suit :

Lorsque plusieurs nombres sont proportionnels à d'autres nombres, il y a un rapport constant entre chacun des nombres de la première série et le nombre correspondant de la seconde.

Si l'on multiplie ou si l'on divise par un même nombre tous les nombres de la seconde série, les résultats obtenus sont encore proportionnels aux nombres de la première série, car les égalités (1) subsistent si l'on multiplie ou si l'on divise chaque dénominateur par un même nombre.

158. Nombres inversement proportionnels. — On dit que des nombres a, b, c, ... sont inversement proportionnels à d'autres nombres a', b', c', ... lorsque le rapport de deux nombres quelconques de la première série est égal au rapport inverse des deux nombres correspondants de la deuxième série, c'est-à-dire lorsqu'on a

$$\frac{a}{b} = \frac{b'}{a'}, \qquad \frac{a}{c} = \frac{c'}{a'}, \qquad \frac{b}{c} = \frac{c'}{b'}, \quad \text{etc.}$$

Dans chacune de ces proportions, écrivons que le produit des extrêmes est égal au produit des moyens :

$$aa' = bb', \qquad aa' = cc', \qquad bb' = cc', \quad \text{etc.}$$

On en déduit

$$aa' = bb' = cc' = \quad \text{etc.} \tag{1}$$

C'est sous cette dernière forme que l'on écrit habituellement que les nombres de la première série sont inversement proportionnels à ceux de la seconde. Cette façon d'écrire se traduit comme il suit :

Lorsque plusieurs nombres sont inversement proportionnels à d'autres nombres, le produit de chacun des nombres de la première série par le nombre correspondant de la seconde est constant.

On peut multiplier ou diviser par un même nombre tous les nombres de l'une des deux séries, les résultats obtenus sont encore inversement proportionnels aux nombres de l'autre série.

Remarque. - Les égalités (1) peuvent s'écrire

$$\frac{a}{\frac{1}{a'}} = \frac{b}{\frac{1}{b'}} = \frac{c}{\frac{1}{c'}} = \quad \text{etc.}$$

Ce qui montre que *lorsque plusieurs nombres sont inversement proportionnels à d'autres nombres, les nombres de la première série sont proportionnels aux inverses des nombres de la seconde série.*

159. Rapport de deux grandeurs. — On appelle *rapport de deux grandeurs de la même espèce* le rapport des deux nombres entiers ou fractionnaires qui mesurent ces deux grandeurs, c'est-à-dire qui expriment le nombre de fois que chacune de ces deux grandeurs contient la grandeur prise pour unité.

On démontre que ce rapport a la même valeur *quelle que soit l'unité choisie pour mesurer les deux grandeurs.*

160. Grandeurs correspondantes. — On dit que deux grandeurs de la même espèce ou d'espèces différentes sont *correspondantes* lorsque la variation de l'une entraîne la variation de l'autre.

Ainsi, le *travail* que fait un ouvrier et le *salaire* qu'il reçoit sont deux grandeurs correspondantes : si le travail augmente ou diminue, le salaire varie de la même façon.

Si le travail atteint une valeur déterminée, le salaire prend aussi une valeur déterminée, et ces deux valeurs sont aussi appelées *correspondantes.*

161. Grandeurs directement proportionnelles. — *On dit que deux grandeurs correspondantes sont directement proportionnelles, ou simplement sont proportionnelles, lorsque le rapport de deux valeurs quelconques de la première grandeur est égal au rapport des deux valeurs correspondantes de la deuxième grandeur, c'est-à-dire lorsque les nombres qui mesurent les différentes valeurs que peut prendre la première grandeur sont proportionnels aux nombres qui mesurent les valeurs correspondantes de la deuxième grandeur.*

En particulier, si l'une de ces deux grandeurs devient 2, 3, 4,... fois plus grande, l'autre devient aussi 2, 3, 4, ... fois plus grande.

Voici quelques exemples de grandeurs proportionnelles :

1° le *travail* que fait un ouvrier et le *salaire* qu'il reçoit ;

2° le *temps* nécessaire à une fontaine pour remplir un bassin et la *capacité* de ce bassin ;

3° le *nombre des ouvriers* d'un chantier et le *travail* effectué par ces ouvriers ; etc.

Remarque. — Il ne suffit pas que deux grandeurs correspondantes augmentent ou diminuent en même temps pour qu'elles soient proportionnelles. Ainsi la *valeur* d'une pièce d'argent et le *diamètre* de cette pièce sont deux grandeurs correspondantes qui augmentent ou diminuent en même temps. Cependant ces deux grandeurs ne sont pas proportionnelles, car une pièce de 5 francs, par exemple, a une valeur 5 fois plus grande que celle d'une pièce de 1 franc, mais le diamètre de la première pièce n'est pas 5 fois plus grand que celui de la seconde.

De même, l'*espace* parcouru par un corps qui tombe sous l'action de la pesanteur n'est pas proportionnel au *temps* employé à le parcourir : *l'espace est proportionnel au carré du temps.*

162. Grandeurs inversement proportionnelles. — *On dit que deux grandeurs correspondantes sont inversement proportionnelles lorsque le rapport de deux valeurs quelconques de la première grandeur est égal au rapport inverse des deux valeurs correspondantes de la deuxième grandeur, c'est-à-dire lorsque les nombres qui mesurent les différentes valeurs que peut prendre la première grandeur sont inversement proportionnels aux nombres qui mesurent les valeurs correspondantes de la deuxième grandeur.*

En particulier, si l'une de ces deux grandeurs devient 2, 3, 4,.. fois plus grande, l'autre devient 2, 3, 4,... fois plus petite.

Voici quelques exemples de grandeurs inversement proportionnelles :

1° le *nombre des ouvriers* occupés à faire un travail et le *temps* employé pour faire ce travail ;

2° la *vitesse* d'un courrier et le *temps* employé par ce courrier pour faire un certain trajet ;

3° le *volume* d'une même masse de gaz et la *pression* supportée par ce gaz ; etc.

163. Règles de trois. — Les règles de trois sont des problèmes relatifs aux grandeurs directement ou inversement proportionnelles.

Règle de trois simple. — La règle de trois est dite *simple* lorsqu'il n'est question dans le problème que de deux espèces de grandeurs. On connaît deux valeurs de la première grandeur, une des deux valeurs correspondantes de la deuxième grandeur et on cherche l'autre valeur.

Le problème se résout alors par une proportion dans laquelle trois termes sont connus, d'où le nom de règle de *trois*.

Ce même problème se résout aussi par la méthode de *réduction à l'unité*, qui est généralement employée dans la pratique.

Règle de trois composée. — La règle de trois est dite *composée* lorsque le problème contient plus de deux espèces de grandeurs. Un pareil problème se résout aisément par la méthode de *réduction à l'unité*, en comparant successivement chacune des grandeurs dont on connaît deux valeurs à la grandeur dont on ne connaît qu'une valeur et dont on cherche l'autre.

Ainsi, soit à résoudre le problème suivant :

10 ouvriers travaillant 9 heures par jour ont mis 6 jours pour creuser un fossé de 90 mètres de long. Combien 17 ouvriers travaillant 8 heures par jour mettront-ils de jours pour creuser, dans les mêmes conditions, un fossé de 102 mètres de long ?

On dispose les données du problème de la façon suivante :

$$10^{ouv} \qquad 9^h \qquad 6^j \qquad 90^m$$
$$17^{ouv} \qquad 8^h \qquad x \qquad 102^m$$

L'inconnue x a pour valeur une fraction dont les deux termes sont des produits de facteurs. Le premier facteur du numérateur est toujours le nombre qui correspond à l'inconnue ; ici c'est 6. Les autres facteurs s'obtiennent en comparant successivement aux *jours*, les *ouvriers*, les *heures* et les *longueurs*, c'est-à-dire en faisant trois fois le raisonnement de la réduction à l'unité. On dit :

10 ouvriers ont mis 6 jours, 1 ouvrier aurait mis 10 fois plus et 17 ouvriers mettront 17 fois moins ;

En travaillant 9 heures par jour il faut 6 jours, en ne travaillant qu'une heure il faudrait 9 fois plus, et en travaillant 8 heures il faudra 8 fois moins ;

Pour un fossé de 90 mètres il faut 6 jours, pour un fossé d'un mètre il faudrait 90 fois moins, et pour un fossé de 102 mètres il faudra 102 fois plus.

Cela donne le résultat suivant :

$$x = \frac{6 \times 10 \times 9 \times 102}{17 \times 8 \times 90}.$$

Avant de faire les calculs, il est bon de chercher à simplifier une pareille fraction en supprimant les facteurs communs aux deux termes. On obtient ainsi

$$x = \frac{9}{2} = 4 \ 1/2.$$

La réponse demandée est donc : 4 jours 4 heures.

RÈGLE CONJOINTE

164. On appelle *règle conjointe* une règle qui a pour but d'abréger la solution de problèmes que l'on résout ordinairement par une succession de règles de trois simples.

Ce sont les problèmes relatifs à deux grandeurs qui dépendent l'une de l'autre, non d'une façon immédiate, mais par l'intermédiaire de plusieurs autres grandeurs, toutes ces grandeurs étant proportionnelles entre elles.

Cette règle est quelquefois appelée *règle de change*, car, ainsi que nous le verrons plus tard, elle est très utile pour résoudre les problèmes relatifs au *change*.

165. Si la lettre a représente le nombre qui mesure une valeur particulière de la grandeur A, nous conviendrons de dire, pour simplifier le langage, que a est une valeur particulière de la grandeur A.

Inversement, quand nous dirons qu'une grandeur A reçoit une valeur a, il faudra considérer a comme le nombre qui mesure la valeur particulière que prend la grandeur A.

D'après cela, si deux grandeurs A et B sont proportionnelles, nous dirons qu'il y a un rapport constant entre les valeurs de la première grandeur et les valeurs correspondantes de la seconde.

166. Théorème. — *Lorsqu'on a une suite de grandeurs proportionnelles deux à deux, le rapport des valeurs correspondantes de la première et de la dernière grandeur est égal au produit des* *rapports des valeurs correspondantes de chaque grandeur et de la suivante.*

Pour démontrer ce théorème nous distinguerons deux cas :

1° Cas de trois grandeurs. — Soient A, B, C trois grandeurs proportionnelles deux à deux. Soient $\dfrac{a}{b}$ et $\dfrac{b'}{c}$ les rapports des valeurs correspondantes des grandeurs A et B d'une part, B et C d'autre part. Ces deux rapports sont respectivement égaux à

$$\frac{ab'}{bb'} \qquad \text{et} \qquad \frac{bb'}{bc}.$$

Lorsque la grandeur B reçoit la valeur bb', le premier rapport montre que la grandeur A reçoit la valeur ab', et le second rapport montre que la grandeur C reçoit la valeur bc ; donc ab' et bc sont deux valeurs correspondantes des grandeurs A et C ; donc le rapport des valeurs correspondantes de ces deux grandeurs est égal à

$$\frac{ab'}{bc}, \qquad \text{c'est-à-dire} \qquad \frac{a}{b} \times \frac{b'}{c}. \qquad \text{(C. q. f. d.)}$$

2° Cas d'un nombre quelconque de grandeurs. — Soient par exemple cinq grandeurs A, B, C, D, E proportionnelles deux à deux. Soient

$$\frac{a}{b}, \quad \frac{b'}{c}, \quad \frac{c'}{d}, \quad \frac{d'}{e}$$

les rapports des valeurs correspondantes de chaque grandeur et de la suivante. D'après le 1er cas, le rapport des valeurs correspondantes de A et de C est égal à $\dfrac{ab'}{bc}$.

Considérons alors les trois grandeurs A, C, D ; on voit de même que le rapport des valeurs correspondantes de A et de D est égal à

$$\frac{ab'}{bc} \times \frac{c'}{d}, \qquad \text{c'est-à-dire} \qquad \frac{ab'c'}{bcd}.$$

Considérons enfin les trois grandeurs A, D, E ; le rapport des valeurs correspondantes de A et de E est égal à

$$\frac{ab'c'}{bcd} \times \frac{d'}{e}.$$

Donc le rapport des valeurs correspondantes de la première et de la dernière grandeur est égal au produit

$$\frac{a}{b} \times \frac{b'}{c} \times \frac{c'}{d} \times \frac{d'}{e} \cdot \qquad \text{(C. q. f. d.)}$$

167. Problème général. — Les problèmes qui peuvent se résoudre par la règle conjointe se ramènent au problème général suivant :

Soient A, B, C, D une suite de grandeurs proportionnelles deux à deux. On donne pour chacune de ces grandeurs et pour la suivante un système de deux valeurs correspondantes, et l'on demande de trouver la valeur que prend l'une des deux grandeurs extrêmes A et D quand on donne à l'autre une valeur déterminée.

Formons un tableau des valeurs correspondantes fournies par l'énoncé du problème :

$$
\begin{array}{lcl}
a \text{ et } b \text{ pour les grandeurs} & & A \text{ et } B, \\
b' \text{ et } c & - & B \text{ et } C, \\
c' \text{ et } d & - & C \text{ et } D.
\end{array}
$$

Le théorème qui précède montre que le rapport des valeurs correspondantes des grandeurs A et D est égal à

$$\frac{a}{b} \times \frac{b'}{c} \times \frac{c'}{d}, \quad \text{c'est-à-dire} \quad \frac{ab'c'}{bcd} \cdot$$

Ce rapport est donc égal au produit des nombres de la première colonne du tableau ci-dessus, divisé par le produit des nombres de la seconde colonne.

Si nous désignons par a' et d' deux valeurs correspondantes quelconques des grandeurs A et D, nous pourrons écrire

$$\frac{a'}{d'} = \frac{ab'c'}{bcd} \cdot$$

Cette proportion résout le problème, car elle permet de calculer a' quand on connaît d', ou inversement, de calculer d' quand on connaît a'. Celle de ces deux valeurs qu'il faut calculer s'appelle *l'inconnue de la conjointe*.

Si a' est l'inconnue, on a

$$a' = \frac{ab'c'd'}{bcd} \cdot$$

Si d' est l'inconnue, on a

$$d' = \frac{bcda'}{ab'c'}.$$

De là résulte la règle suivante :

168. Règle. — *On dispose les nombres du problème par lignes horizontales contenant chacune deux de ces nombres, ceux qui sont les valeurs correspondantes de deux grandeurs consécutives, de telle façon que le deuxième nombre d'une ligne et le premier de la ligne suivante soient relatifs à la même grandeur, et que le premier nombre écrit ainsi que le dernier soient relatifs à la même grandeur, la première par exemple. Ces différents nombres étant disposés suivant deux colonnes verticales, on obtient le tableau suivant :*

$$
\begin{array}{cc}
a & b \\
b' & c \\
c' & d \\
d' & a'
\end{array}
$$

Dans ces conditions, on obtient l'inconnue de la conjointe en divisant le produit des nombres placés dans la colonne qui ne contient pas cette inconnue par le produit des nombres placés dans la même colonne que l'inconnue.

169. On donne le nom de *conjointe* à la règle que nous venons d'énoncer ainsi qu'au tableau qui permet d'appliquer cette règle.

La même règle permet de déterminer l'un quelconque des termes du tableau lorsque les autres termes sont connus. Il en résulte que l'inconnue de la conjointe peut être placée à un rang quelconque pourvu que les nombres des différentes lignes soient bien ordonnés suivant la règle. Dans la pratique, cependant, on place l'inconnue au commencement ou à la fin de l'une des deux colonnes.

170. Exemple I. — *5^l de vin coûtent autant que 2^{kg} de sucre, 3^{kg} de sucre coûtent autant que 2^m de toile, 7^m de toile coûtent autant que 3^m de drap, et 15^m de drap coûtent 42^{fr}. Combien coûte 1^l de vin?*

D'après la règle, nous écrirons la conjointe suivante :

5^l vin	2^{kg} sucre
3^{kg} sucre	2^m toile
7^m toile	3^m drap
15^m drap	42^{fr}
x^{fr}	1^l vin

et nous aurons alors

$$x = \frac{2 \times 2 \times 3 \times 42 \times 1}{5 \times 3 \times 7 \times 15}.$$

En simplifiant et effectuant les calculs, on obtient $x = 0^{fr},32$.

Remarquons que les simplifications qui peuvent être faites sur la fraction qui donne x peuvent se faire avant d'écrire cette fraction. Il suffit de remarquer pour cela qu'on peut supprimer tout nombre qui est commun aux deux colonnes, ou bien, lorsque cela est possible, diviser par un même diviseur deux nombres quelconques non situés dans la même colonne.

171. Exemple II. — 14^{kg} *d'un froment qui pèse* 75^{kg} *l'hectolitre donnent* 13^{kg} *de farine, et* 100^{kg} *de farine donnent* 130^{kg} *de pain. La consommation moyenne d'un homme par an est de* 3^{hl},6 *de froment. Combien cet homme dépense-t-il annuellement pour son pain s'il le paie* 0^{fr},35 *le kilogramme.*

Nous écrirons la conjointe suivante :

x^{fr}	3^{hl},6 froment
1^{hl} froment	75^{kr} froment
14^{kr} froment	13^{kr} farine
100^{kr} farine	130^{kr} pain
1^{kr} pain	0^{fr},35

et nous aurons alors

$$x = \frac{3,6 \times 75 \times 13 \times 130 \times 0,35}{14 \times 100},$$

d'où, en effectuant,

$$x = 114^{fr},075.$$

172. Exemple III. — *Trouver la valeur au pair d'un lingot d'argent au titre de* 0,920, *sachant que ce lingot pèse autant que* 5^{dme} *d'un alliage dont* 3^{dme} *pèsent autant que* 2^l *de mercure. On sait que le mercure a pour densité* 13,6.

Nous écrirons la conjointe suivante :

x^{fr}	5^{dme} d'alliage
3^{dme} d'alliage	2^{l} mercure
1^{l} mercure	13^{kg},6
1^{kg} lingot	0^{kg},920 argent pur
9^{kg} argent pur	2 000^{fr}.

La dernière ligne de cette conjointe fait intervenir des nombres qui ne figurent pas dans l'énoncé du problème, car ils sont supposés connus. On doit savoir en effet que 9^{gr} d'argent fin valent 2^{fr}.

L'application de la règle donne

$$x = \frac{5 \times 2 \times 13{,}6 \times 920 \times 2}{3 \times 9} = 9\,268^{fr}{,}15.$$

PARTAGES PROPORTIONNELS

173. Partager un nombre donné en parties proportionnelles à d'autres nombres, c'est trouver de nouveaux nombres dont la somme soit égale au premier nombre donné et qui soient proportionnels aux autres nombres donnés.

174. *Soit à partager un nombre* N *en trois parties proportionnelles aux trois nombres* a, b, c.

Il faut trouver trois autres nombres dont la somme soit égale à N, et qui soient proportionnels aux nombres a, b, c.

Si nous représentons les nombres cherchés par les lettres x, y, z, nous devons avoir

$$\frac{x}{a} = \frac{y}{b} = \frac{z}{c},$$

ou bien, d'après le théorème sur les rapports égaux,

$$\frac{x}{a} = \frac{y}{b} = \frac{z}{c} = \frac{x + y + z}{a + b + c}.$$

Or la somme $x + y + z$ doit être égale à N ; on a donc

$$\frac{x}{a} = \frac{y}{b} = \frac{z}{c} = \frac{N}{a + b + c}.$$

On peut donc écrire les proportions suivantes :

$$\frac{x}{a} = \frac{N}{a+b+c}. \qquad \text{d'où} \qquad x = \frac{Na}{a+b+c} ;$$

$$\frac{y}{b} = \frac{N}{a+b+c}. \qquad \text{d'où} \qquad y = \frac{Nb}{a+b+c} ;$$

$$\frac{z}{c} = \frac{N}{a+b+c}. \qquad \text{d'où} \qquad z = \frac{Nc}{a+b+c}.$$

REMARQUE. — Pour partager un nombre N en parties proportionnelles aux nombres a, b, c, on peut faire le partage proportionnellement aux nombres am, bm, cm, m étant un nombre quelconque entier ou fractionnaire ; les valeurs trouvées pour x, y et z sont les mêmes. En effet, on obtient alors

$$x = \frac{Nam}{am+bm+cm} = \frac{Nam}{(a+b+c)m},$$

c'est-à-dire, en divisant par m les deux termes de cette dernière fraction

$$x = \frac{Na}{a+b+c}.$$

On trouve donc la même valeur pour x, et de même pour y et z.

Cette remarque permet dans certains cas de simplifier les calculs :

Si les nombres a, b, c sont entiers et s'ils sont divisibles par un même nombre, on peut effectuer les divisions et faire le partage proportionnellement aux quotients obtenus ;

Si les nombres a, b, c sont fractionnaires, on peut les réduire au même dénominateur, puis effectuer le partage proportionnellement aux numérateurs des fractions obtenues, car cela revient à multiplier chacun de ces nombres a, b, c par le dénominateur commun.

On peut alors énoncer la règle suivante :

175. Règle des partages proportionnels. — *Pour partager un nombre N en parties proportionnelles à d'autres nombres a, b, c, on fait la somme de ces nombres a, b, c et on divise successive-*

ment par cette somme chacun des produits obtenus en multipliant
N *par* a, *puis* N *par* b, *puis* N *par* c.

En d'autres termes, les parties cherchées sont respectivement
égales à

$$\frac{Na}{a+b+c}, \qquad \frac{Nb}{a+b+c}, \qquad \frac{Nc}{a+b+c}.$$

Si les nombres a, b, c *sont entiers, et s'ils sont divisibles par
un même diviseur, on simplifie le calcul en remplaçant chacun
d'eux par le quotient obtenu en le divisant par le diviseur considéré.*

Si les nombres a, b, c *sont fractionnaires, on les réduit au
même dénominateur, puis on fait le partage proportionnellement
aux numérateurs des fractions obtenues.*

Remarque. — Au lieu de faire autant de divisions qu'il y a de
nombres tels que a, b, c, on peut d'abord diviser N par la
somme de ces nombres puis multiplier par chacun d'eux le quotient obtenu. Le calcul est ainsi plus rapide, mais, si la division
ne se fait pas exactement, il faut calculer le quotient avec un
nombre suffisant de décimales pour obtenir l'approximation
exigée par l'énoncé du problème.

176. Exemple I. — *Partager le nombre* 4548 *en trois parties
proportionnelles aux nombres* 20, 30, 70.

Nous ferons le partage proportionnellement aux nombres 2, 3,
7. Les trois parts sont

$$\frac{4548 \times 2}{12} = 758, \qquad \frac{4548 \times 3}{12} = 1137, \qquad \frac{4548 \times 7}{12} = 2653.$$

Comme vérification, la somme des trois nombres trouvés doit
être égale à 4548.

Remarque. — Ces problèmes de partages proportionnels se
résolvent aussi par la méthode de réduction à l'unité. Ainsi, dans
l'exemple ci-dessus, on peut raisonner de la façon suivante :

Si la première partie était égale à 2, la seconde serait égale à 3
et la troisième à 7 ; la somme des trois parties serait alors
2 + 3 + 7, c'est-à-dire 12, et par suite on peut dire :

si le nombre à partager est 12, la 1re partie est   2 ;

$$— \qquad\qquad 1, \qquad\qquad \frac{2}{12} ;$$

$$— \qquad\qquad 4\,548, \qquad\qquad \frac{2 \times 4\,548}{12} = 758.$$

Un raisonnement identique donne les deux autres parties.

177. EXEMPLE II. — *Partager le nombre 25 400 en trois parties proportionnelles aux nombres* $\dfrac{6}{5}$, $\dfrac{21}{10}$, $\dfrac{3}{2}$.

Ces trois fractions, réduites au même dénominateur, deviennent

$$\frac{12}{10}, \qquad \frac{21}{10}, \qquad \frac{15}{10} .$$

Il faut donc faire le partage proportionnellement aux trois nombres 12, 21, 15, c'est-à-dire proportionnellement aux trois nombres 4, 7, 5 obtenus en divisant par 3 chacun des trois nombres précédents. On a alors,

$$1^{re}\ \text{partie} = \frac{25\,400 \times 4}{16} = 6\,350,$$

$$2^{e}\ \text{partie} = \frac{25\,400 \times 7}{16} = 11\,112,5,$$

$$3^{e}\ \text{partie} = \frac{25\,400 \times 5}{16} = 7\,937,5.$$

Comme vérification, la somme des trois nombres trouvés doit être égale à 25 400.

178. *Partager un nombre donné en parties inversement proportionnelles à d'autres nombres, c'est trouver de nouveaux nombres dont la somme soit égale au premier nombre donné et qui soient inversement proportionnels aux autres nombres donnés.*

D'après la remarque qui termine le n° 158, les nouveaux nombres doivent être proportionnels aux *inverses* des nombres donnés, et le problème se trouve ainsi ramené à celui du n° 174.

RÈGLE DE SOCIÉTÉ

179. On appelle *règle de société* l'opération qui consiste à partager entre plusieurs associés le *bénéfice* ou la *perte* qui résulte de leur commerce.

Chaque *associé* apporte dans l'entreprise un certain capital appelé *mise*. La valeur de ce capital peut ne pas être la même pour chaque associé, ainsi d'ailleurs que le temps pendant lequel ce capital reste placé dans l'entreprise.

La part de bénéfice qui revient à chaque associé dépend évidemment de la valeur de la mise et du temps pendant lequel cette mise reste dans l'entreprise. D'autres éléments peuvent aussi intervenir dans l'évaluation de cette part ; ces éléments sont prévus par les statuts de la société. Le cas le plus simple est celui qui repose sur les deux principes suivants :

1° *Si les mises sont placées pendant le même temps, le bénéfice doit être partagé proportionnellement aux mises ;*

2° *Si les mises sont placées pendant des temps inégaux, le bénéfice doit être partagé proportionnellement aux produits des mises par les temps correspondants.*

Ce second principe est une conséquence du premier si l'on admet qu'une mise de 2 000^{fr} par exemple, placée pendant 3 ans, donne droit au même bénéfice que trois mises de 2 000^{fr} placées pendant un an, c'est-à-dire donne le même bénéfice qu'une mise de 6 000^{fr} placée pendant un an.

Dans ce cas, la règle de société est un simple problème de partage proportionnel. Nous allons en donner deux exemples :

180. Exemple I. — *Trois commerçants ont mis dans une entreprise, pendant le même temps : le premier* 12 500^{fr}, *le deuxième* 8 400^{fr}, *le troisième* 9 600^{fr}. *L'entreprise a produit un bénéfice de* 8 540^{fr}. *On demande la part de chaque associé.*

Le problème revient à partager 8 540^{fr} en trois parties proportionnelles aux nombres 12 500, 8 400, 9 600, c'est-à-dire en trois parties proportionnelles aux nombres 125, 84, 96, dont la somme est 305. Par suite :

$$\text{le 1}^\text{er}\text{ associé aura}\qquad \frac{8\,540\times 125}{305}=3\,500^\text{fr},$$

$$\text{le 2}^\text{e}\qquad\quad\text{---}\qquad\quad \frac{8\,540\times 84}{305}=2\,352^\text{fr},$$

$$\text{le 3}^\text{e}\qquad\quad\cdot\text{---}\qquad \frac{8\,540\times 96}{305}=2\,688^\text{fr}.$$

Comme vérification, la somme des trois parts obtenues doit reproduire le bénéfice 8 540$^\text{fr}$.

181. EXEMPLE II. — *Trois associés ont mis dans une affaire :*

$$\text{le 1}^\text{er}\quad 6\,300^\text{fr}\ \textit{pendant 4 mois,}$$

$$\text{le 2}^\text{e}\quad 5\,800^\text{fr}\quad\text{---}\quad\textit{6 mois,}$$

$$\text{le 3}^\text{e}\quad 7\,200^\text{fr}\quad\text{---}\quad\textit{1 an.}$$

Comment doivent-ils se partager un bénéfice de 2 684$^\text{fr}$?

Il faut partager le bénéfice proportionnellement aux produits des mises par les temps, c'est-à-dire proportionnellement aux nombres

$$6\,300\times 4,\qquad 5\,800\times 6,\qquad 7\,200\times 12\,;$$

ou bien, proportionnellement aux nombres

$$63\times 4,\qquad 58\times 6,\qquad 72\times 12,$$

$$\text{ou}\qquad 63,\qquad 29\times 3,\qquad 72\times 3,$$

$$\text{ou encore}\qquad 21,\qquad 29,\qquad 72.$$

La somme de ces trois derniers nombres est 122, et par suite

$$\text{le 1}^\text{er}\text{ associé aura}\quad \frac{2\,684\times 21}{122}=462^\text{fr},$$

$$\text{le 2}^\text{e}\qquad\text{---}\qquad \frac{2\,684\times 29}{122}=638^\text{fr},$$

$$\text{le 3}^\text{e}\qquad\text{---}\qquad \frac{2\,684\times 72}{122}=1\,584^\text{fr}.$$

Comme vérification, la somme des trois parts obtenues doit reproduire le bénéfice 2 684^f.

REMARQUE. — Le calcul ci-dessus se fait simplement en divisant le bénéfice 2 684 par le dénominateur 122, et en multipliant successivement par le quotient obtenu les nombres 21, 29, 72. Cette façon de procéder est surtout avantageuse lorsqu'il y a un grand nombre d'associés.

182. Répartition de l'actif d'une faillite. — Lorsqu'un négociant est en faillite, c'est-à-dire a un *actif* insuffisant pour faire face à ses engagements, cet actif est réparti entre tous les créanciers de ce négociant, proportionnellement aux sommes qui leur sont dues.

Pour faciliter les calculs, on cherche d'abord la part de l'actif qui doit être donnée à une créance d'un franc, cette part est appelée le *centime le franc* ; on la multiplie ensuite par la valeur de chaque *créance*.

183. Répartition des impôts. — La répartition des impôts se fait d'abord entre les départements proportionnellement à leurs revenus. Dans chaque département la répartition se fait entre les arrondissements, puis entre les communes, et enfin entre les contribuables de chaque commune.

On appelle *centime le franc* l'impôt qui frappe un franc de matière imposable.

On appelle *centimes additionnels* des impôts supplémentaires qui frappent les contribuables d'un département ou d'une commune pour faire face à des dépenses locales. Lorsqu'une commune vote 2 centimes additionnels par exemple, cela signifie que les contributions de chaque contribuable augmentent de 2 centimes par franc, c'est-à-dire de 2 % de leur valeur.

RÈGLE DE MÉLANGE

184. On appelle *règle de mélange* toute opération ayant pour but de résoudre les problèmes qui se ramènent à l'un des deux suivants :

1° *Étant données plusieurs marchandises de même nature mais de qualités différentes, on mélange des quantités déterminées de ces diverses marchandises et on demande de trouver le prix de l'unité du mélange ainsi formé. Ce prix est appelé prix moyen.*

2° *Étant données plusieurs marchandises de même nature mais de qualités différentes, on demande de trouver quelles quantités il faut prendre de ces diverses marchandises pour former un mélange dont l'unité revienne à un prix déterminé.*

Nous allons donner quelques exemples :

185. Problème I. — *On a mélangé*

$$25^{hl} \text{ de blé à } 18^{fr} \text{ l'hectolitre,}$$
$$36^{hl} \quad — \quad à \ 22^{fr} \quad — \quad ,$$
$$14^{hl} \quad — \quad à \ 21^{fr} \quad — \quad .$$

Quel est le prix de l'hectolitre du mélange obtenu ?

$$25^{hl} \text{ de blé à } 18^{fr} \text{ coûtent } \quad 25 \times 18 = \quad 450^{fr} ;$$
$$36^{hl} \text{ de blé à } 22^{fr} \text{ coûtent } \quad 36 \times 22 = \quad 792^{fr} ;$$
$$14^{hl} \text{ de blé à } 21^{fr} \text{ coûtent } \quad 14 \times 21 = \quad 294^{fr}.$$

$$\text{Total} = 1\,536^{fr}.$$

Le nombre d'hectolitres du mélange est

$$25 + 36 + 14 = 75.$$

Les 75^{hl} du mélange coûtent donc $1\,536^{fr}$, et par suite un hectolitre coûte

$$1\,536 : 75 = 20^{fr},48.$$

Le même raisonnement est applicable à tous les problèmes analogues. On en déduit la règle suivante :

On obtient le prix moyen d'un mélange de marchandises en multipliant les unités de chaque qualité par leur prix, et en divisant la somme des produits obtenus par la somme des unités mélangées.

Si l'on mélange m unités à p francs l'unité,

$$m' \quad - \quad \text{à } p' \quad - \quad ,$$
$$m'' \quad - \quad \text{à } p'' \quad - \quad ,$$

la règle ci-dessus se traduit par la formule suivante :

$$\text{Prix moyen} = \frac{mp + m'p' + m''p''}{p + p' + p''}.$$

186. PROBLÈME II. — *Dans quel rapport faut-il mélanger du vin à 50^{fr} l'hectolitre et du vin à 35^{fr} l'hectolitre pour obtenir un mélange qui revienne à 41^{fr} l'hectolitre, et quelle quantité de vin faut-il prendre de chaque qualité pour obtenir 450^l de mélange ?*

On écrit les deux prix donnés l'un au-dessous de l'autre et on place le prix moyen un peu à droite, au milieu de l'intervalle compris entre les deux premiers prix.

On fait ensuite la différence entre le prix moyen 41^{fr} et chacun des deux prix donnés 50^{fr} et 35^{fr}. En retranchant 41 de 50 on écrit la différence sur la même ligne que 35, à droite de 41. En retranchant 35 de 41 on écrit la différence sur la même ligne que 50. Cela s'appelle *faire les différences en croix.*

On obtient ainsi la disposition suivante :

$$50 \qquad\qquad 6$$
$$41$$
$$35 \qquad\qquad 9$$

Je dis alors qu'*il faut mélanger les deux qualités de vin dans le rapport de 6 à 9*, c'est-à-dire que lorsqu'on prend 6^{hl} par exemple de la première qualité, il faut prendre 9^{hl} de la seconde qualité, et on obtient alors 15^{hl} à 41^{fr}.

En effet, lorsqu'un hectolitre de vin de la première qualité est vendu 41^{fr}, on fait une perte de 9^{fr}. En vendant 6^{hl} la perte sera

$$9 \times 6 = 54^{fr}.$$

D'autre part, lorsqu'un hectolitre de vin de la seconde qualité est vendu 41^{fr}, on fait un bénéfice de 6^{fr}. En vendant 9^{hl} le bénéfice sera

$$6 \times 9 = 54^{fr}.$$

Donc la perte faite sur la première qualité se trouve compensée par le gain fait sur la seconde, et par suite le mélange obtenu revient bien à 41^{fr} l'hectolitre.

En second lieu, les deux qualités de vin devant être mélangées dans le rapport de 6 à 9, nous obtiendrons la réponse de la deuxième partie du problème en partageant 450^l proportionnellement aux deux nombres 6 et 9, c'est-à-dire proportionnellement aux deux nombres 2 et 3, ce qui donne

$$1^{re} \text{ partie} = \frac{450 \times 2}{5} = 180^l,$$

$$2^e \text{ partie} = \frac{450 \times 3}{5} = 270^l.$$

Donc il faut prendre 180^l de la première qualité et 270^l de la seconde.

187. On résout d'une façon analogue toutes les questions relatives au mélange de *deux* qualités différentes d'une même marchandise.

On peut avoir à mélanger plus de deux qualités de la même marchandise. Dans ce cas, les problèmes analogues à celui que nous venons de traiter ne sont pas déterminés : *on peut de plusieurs façons faire des mélanges de manière à obtenir le prix moyen demandé.*

188. Problème III. — **Mouillage des vins.** — *On a* 360^l *de vin à* 38^{fr} *l'hectolitre. Combien faut-il ajouter d'eau pour obtenir un mélange à* 30^{fr} *l'hectolitre ?*

L'eau peut être considérée comme du vin à 0^{fr} l'hectolitre, et, par suite, la règle de mélange donne le calcul suivant :

$$
\begin{array}{cc}
38 & 30 \\
 & 30 \\
0 & 8 \ldots
\end{array}
$$

Donc il faut mélanger le vin et l'eau dans le rapport de 3o à 8, c'est-à-dire que lorsqu'on prend 3o^l de vin pur, il faut ajouter 8^l d'eau. Par suite on peut faire le raisonnement suivant :

$$\text{Pour } 3o^l \text{ de vin, il faut } 8^l \text{ d'eau,}$$

$$- \quad 1^l \quad - \quad \frac{8}{3o} \text{ de litre d'eau,}$$

$$- \quad 36o^l \quad - \quad \frac{8 \times 36o}{3o} \text{ litres d'eau,}$$

c'est-à-dire $\dfrac{8 \times 36}{3}$, ou 8×12, ou 96^l d'eau.

ALLIAGES

189. On appelle *alliage* le corps obtenu en fondant ensemble plusieurs métaux.

Nous connaissons déjà un exemple d'alliage, c'est celui des monnaies d'or et d'argent. Nous connaissons également l'alliage de la monnaie de bronze.

Il existe beaucoup d'autres alliages ; nous ne considérons ici que ceux qui sont formés d'un métal précieux, tel que l'or ou l'argent, uni au cuivre.

On donne le nom de *lingot* soit à un morceau de métal pur, soit au résultat du mélange de deux ou plusieurs métaux.

On appelle *titre* d'un alliage le rapport du poids du métal précieux contenu dans l'alliage au poids total du lingot.

Si par exemple on allie 5^{gr} de cuivre à 23^{gr} d'or pur, on obtient un alliage dont le titre est $\dfrac{23}{28}$. Le titre des alliages s'évalue ordinairement à un millième près ; en divisant 23 par 28, on trouve que l'alliage en question a pour titre 0,821, ou $\dfrac{821}{1\,000}$.

L'or pur et l'argent pur peuvent être considérés comme des alliages à $\dfrac{1\,000}{1\,000}$. Le cuivre est un alliage à $\dfrac{0}{1\,000}$.

190. Calcul du poids du métal précieux contenu dans un lingot dont on connaît le poids et le titre. — Soit par exemple un lingot d'argent et de cuivre au titre de 0,845, ou $\dfrac{845}{1\,000}$. Cela signifie que sur 1^{gr} du lingot il y a $0^{gr},845$ d'argent pur. Par conséquent, si le lingot pèse par exemple 250^{gr}, le poids d'argent pur qu'il contient est

$$0,845 \times 250 = 211^{gr},25.$$

De là résulte la règle suivante, déjà énoncée dans l'exemple qui termine le n° 129 :

Le poids du métal précieux contenu dans un lingot s'obtient en multipliant le poids du lingot par le titre.

191. Les alliages étant des mélanges de métaux, les problèmes sur les alliages se font par la règle de mélange. Nous allons traiter deux exemples :

PROBLÈME I. — *On a fondu ensemble trois lingots d'argent :*

$$le\ 1^{er},\ au\ titre\ de\ 0,840,\ pèse\ 3^{kg},545\ ;$$
$$le\ 2^{e},\ \quad —\quad\ 0,915,\ —\ 2^{kg},420\ ;$$
$$le\ 3^{e},\ \quad —\quad\ 0,920,\ —\ 1^{kg},865.$$

On demande le titre de l'alliage résultant de cette opération.

Le poids de l'alliage résultant est

$$3^{kg},545 + 2^{kg},420 + 1^{kg},865 = 7^{kg},830.$$

Cherchons le poids d'argent pur contenu dans cet alliage résultant. Il suffit pour cela d'ajouter les poids d'argent pur contenus dans les trois lingots ; ces poids d'argent pur sont

$$\text{pour le } 1^{er} \text{ lingot } 0,840 \times 3,545 = 2^{kg},9778$$
$$—\quad 2^{e}\quad —\quad 0,915 \times 2,420 = 2^{kg},2143$$
$$—\quad 3^{e}\quad —\quad 0,920 \times 1,865 = 1^{kg},7158$$
$$\text{Total} \ . \ . \ . \quad 6^{kg},9079$$

Le titre de l'alliage est donc

$$\frac{6,9079}{7,830}, \qquad ou \qquad \frac{69\,079}{78\,300},$$

ou bien, à un millième près, 0,882.

PROBLÈME II. — *On a deux lingots d'or aux titres de 0,875 et 0,915. Combien faut-il prendre de l'un et de l'autre pour obtenir 500ᵍʳ d'un lingot destiné à la fabrication des monnaies d'or ?*

Le lingot demandé doit être au titre de 0,900, et par suite l'application de la règle de mélange donne le calcul suivant :

$$875 \qquad\qquad 15$$
$$900$$
$$915 \qquad\qquad 25$$

Les deux lingots donnés doivent donc être mélangés dans le rapport de 15 à 25, c'est-à-dire dans le rapport de 3 à 5. On aura donc les deux poids cherchés en partageant 500ᵍʳ proportionnellement aux deux nombres 3 et 5, ce qui donne :

$$\text{poids du 1}^{\text{er}}\text{ lingot} = \frac{500 \times 3}{8} = 187^{\text{gr}},5,$$

$$\text{poids du 2}^{\text{e}}\text{ lingot} = \frac{500 \times 5}{8} = 312^{\text{gr}},5.$$

PROBLÈMES A RÉSOUDRE

87. Trouver les quatre termes d'une proportion connaissant le premier moyen, 21, et sachant que la somme des deux premiers termes est 30 et la différence des deux derniers 44.

88. Dans une proportion le premier extrême est égal à $\frac{2}{5}$. Trouver les trois autres termes, sachant que la somme du premier extrême et du deuxième moyen est égale à $\frac{29}{35}$ et que la somme du premier moyen et du deuxième extrême est égale à $\frac{29}{14}$.

89. Démontrer que si les deux rapports $\frac{a}{b}$ est $\frac{c}{d}$ sont égaux, le rapport $\frac{ma + nc}{mb + nd}$ est égal à chacun des deux premiers.

90. Démontrer que lorsqu'on a une suite de rapports inégaux, le rapport qui a pour numérateur la somme des numérateurs et pour dénominateur la somme des dénominateurs est plus grand que le plus petit des rapports donnés, mais est plus petit que le plus grand.

91. On a deux grandeurs A et B. Lorsque la grandeur A prend les valeurs $\frac{2}{3}$, $\frac{5}{7}$, $\frac{4}{9}$, la grandeur B prend les valeurs correspondantes $\frac{3}{4}$, x, y.

1° Quelles doivent être les valeurs de x et de y pour que les grandeurs A et B soient directement proportionnelles ?

2° Quelles doivent être les valeurs de x et de y pour que les grandeurs A et B soient inversement proportionnelles ?

92. 90 ouvriers travaillant 8^h par jour ont mis 16^j pour creuser un fossé de 316^m de long et de 5^m de large. Quelle est la longueur d'un fossé analogue de 4^m de large creusé en 24^j par 60 ouvriers travaillant 10^h par jour ?

93. Pour faire la maçonnerie d'un édifice, 30 ouvriers travaillant 9^h par jour ont mis 320^j. Combien aurait-il fallu de temps, si l'on avait employé 40 ouvriers travaillant 8^h par jour ?

94. Dans un atelier, 3 hommes font le même travail que 5 femmes, 4 femmes font le même travail que 7 enfants et 3 enfants mettent 5 heures pour faire un certain ouvrage. Combien de temps mettraient deux hommes pour faire le même ouvrage ? (Employer la règle conjointe.)

95. Résoudre par la règle conjointe le problème suivant : Pour 100^{kg} de blé, le meunier me rend 80^{kg} d'une farine dont 100^{kg} fournissent 136^{kg} de pain. Combien aurai-je de pain avec 5^{hl} de blé pesant chacun 75^{kg} ?

96. Résoudre par la règle conjointe le problème suivant : 150^{kg} de vendange produisent 100^{kg} d'un vin qui a pour densité 0,99 et qui donne par la distillation 12 % de son volume en alcool absolu. Combien de litres d'alcool peut-on obtenir en distillant le vin produit par 1800^{kg} de vendange ?

97 Résoudre par la règle conjointe le problème suivant : 100^{kg} de houille donnent en moyenne 20me de gaz d'éclairage ; chaque bec en brûle 160^{l} par heure. Quel est le prix de la quantité de houille qu'il faut distiller chaque jour pour l'éclairage d'une ville qui a 1 800 becs de gaz brûlant chacun en moyenne pendant 6 heures par nuit, sachant que la tonne de houille coûte 27^{fr} ?

98. Une certaine somme a été partagée entre trois personnes proportionnellement aux nombres 3, 4, 7. Quelle est cette somme, sachant que la dernière personne a reçu 380^{fr} de plus que la première ?

99. Partager 3 752 en trois parties inversement proportionnelles aux nombres 2, $\dfrac{9}{7}$, $\dfrac{11}{12}$.

100. Une certaine somme a été partagée entre trois personnes proportionnellement aux nombres $\dfrac{1}{2}$, $\dfrac{3}{10}$, $\dfrac{4}{5}$. Quelle est cette somme sachant que la dernière personne a reçu 5400^{fr} de plus que la première ?

101. Partager le nombre 3 157 en trois parties inversement proportionnelles aux nombres 3, $\dfrac{1}{4}$, $\dfrac{2}{5}$.

102. Partager la somme de 3072^{fr} entre quatre personnes de manière que la deuxième part soit le $\dfrac{1}{3}$ de la première, la troisième les $\dfrac{4}{7}$ de la seconde, et la quatrième les $\dfrac{8}{11}$ de la troisième.

103. Les poids de deux diamants sont respectivement égaux à 4 et à 11 carats. Le premier a pour valeur 2500^{fr}. Quelle est la valeur du second, sachant que les prix de ces diamants sont proportionnels aux carrés de leurs poids ?

104. Partager une somme de 3220^{fr} entre trois personnes, de manière que la part de la première soit à celle de la deuxième dans le rapport de 2 à 3, et celle de la deuxième à celle de la troisième dans le rapport de 5 à 7.

105. Trois personnes ont à se partager une succession de 640500^{fr}, proportionnellement aux nombres fractionnaires $7\dfrac{5}{6}$, $8\dfrac{1}{3}$ et $9\dfrac{1}{4}$; les droits d'enregistrement se sont élevés à 38 430ᶠʳ. On demande la part nette de chacun et sa part dans les frais.

106. Quatre neveux se sont partagé l'héritage de leur oncle proportionnellement à l'âge de chacun. La somme des âges est 60 ans ; les parts sont de 8 000, de 12 000, de 15 000 et de 25 000ᶠʳ. On demande l'âge de chacun des co-partageants.

107. Quatre associés ont mis dans une entreprise, pendant le même temps : le premier 1 350ᶠʳ, le deuxième 1 575ᶠʳ, le troisième 1 800ᶠʳ et le quatrième 1 425ᶠʳ. Comment doivent-ils se partager un bénéfice de 2 870ᶠʳ?

108. Quatre associés ont mis dans une entreprise chacun la même somme : le premier pendant 5 ans, le deuxième pendant 2 ans 1/2, le troisième pendant 20 mois, le quatrième pendant un an. L'entreprise a produit un bénéfice de 34 160ᶠʳ. Quelle est la part de chaque associé ?

109. Une personne commence une entreprise avec un capital de 18 000ᶠʳ. 3 mois après, une personne s'associe à cette entreprise avec une mise de 12 000ᶠʳ. Enfin un troisième associé entre dans l'entreprise 8 mois après le second et apporte un capital de 15 000ᶠʳ. L'entreprise dure 3 ans 1/2 et produit un bénéfice de 28 200ᶠʳ. On demande ce qui revient à chaque associé, sachant que le premier doit percevoir une prime de 5 °/₀ sur le bénéfice pour frais d'administration de la société.

110. Trois associés restés pendant le même temps dans une entreprise, ont gagné 63 000ᶠʳ avec un capital de 85 200ᶠʳ. Le premier reçoit les $\frac{2}{9}$ de ce bénéfice, le deuxième les $\frac{3}{10}$, et le troisième le reste. Quelle était la mise de chacun d'eux ?

111. Trois personnes associées ont fait un bénéfice de 5 647ᶠʳ,25. Les mises de ces trois personnes sont entre elles comme les nombres 7, 12, 15 ; les temps pendant lesquels elles sont restées placées sont entre eux comme les fractions $\frac{2}{3}$, $\frac{7}{11}$, $\frac{13}{22}$. Trouver ce qui revient à chaque associé.

112. On représente par les lettres m et m' les mises de deux associés, par t et t' les temps (exprimés en mois) pendant lesquels les mises sont placées et par b le bénéfice. On demande de trouver les formules qui donnent :

1° le tant pour cent annuel du bénéfice produit par la société ;
2° la part du bénéfice b qui revient à chaque associé.

113. Trois associés ont fait 52 000ᶠʳ de bénéfice ; la part du premier est les $\dfrac{5}{4}$ de celle du second ; celle du troisième est la 10ᵉ partie de celle du premier. Quelle est la part de chacun ?

114. Deux associés ont fondé une maison de commerce. Le premier a apporté 56 000ᶠʳ et le deuxième 75 000ᶠʳ. Six mois après ils s'adjoignent un troisième associé qui apporte 125 000ᶠʳ. Au bout de l'année les trois associés ont à se partager un bénéfice net de 15 750ᶠʳ, sur lequel le premier des associés, qui a géré l'entreprise, doit prélever 15 %. Combien revient-il à chacun ?

115. Trois associés ont à se partager 55 000ᶠʳ proportionnellement à leurs mises. La mise du deuxième surpasse de 500ᶠʳ celle du premier, et la mise du troisième surpasse de 1 000ᶠʳ celle du second. Dans la répartition du bénéfice le deuxième associé reçoit 100ᶠʳ de plus que le premier. Quelle est la mise et quel est le bénéfice de chaque associé ?

116. Deux commerçants ont retiré d'une association qu'ils avaient contractée pour 4 ans 1/2 la somme de 30 000ᶠʳ, mises et bénéfices comptés. La mise du premier surpasse de 5 000ᶠʳ celle du second, et les deux mises sont entre elles comme 13 est à 8. Combien pour cent par an a produit le capital versé dans l'association ?

117. Deux associés ont fait un fonds commun de 20 000ᶠʳ. Le premier a laissé sa mise pendant 2 mois et le second a laissé la sienne pendant 8 mois. L'entreprise a donné chaque mois un bénéfice de 1 1/2 %, et le bénéfice total est de 1 050ᶠʳ. Trouver le gain et la mise de chaque associé.

118. On a du vin à 40ᶠʳ l'hectolitre et du vin à 25ᶠʳ l'hectolitre. On veut faire 15ʰˡ d'un mélange qui revienne à 0ᶠʳ,32 le litre. Combien faut-il prendre de chaque qualité ?

119. On a trois qualités de vin ; le premier coûte 33^{fr} l'hectolitre, le deuxième 27^{fr} et le troisième 25^{fr}. On mélange 3^{hl} du premier avec 6^{hl} du second. Quelle quantité de vin de la troisième qualité faut-il ajouter aux 9^{hl} ainsi obtenus pour avoir un mélange qui revienne à 27^{fr},50 l'hectolitre ?

120. Dans un tonneau de 600 litres on a versé d'abord du vin à 40^{fr} l'hectolitre jusqu'aux 3/4 de sa capacité ; on a rempli ensuite les 2/5 du reste avec du vin à 35^{fr} l'hectolitre, et on a achevé de remplir le tonneau avec de l'eau. On demande combien il faudra vendre le double décalitre du mélange pour faire un bénéfice de 18 °/₀ sur le prix d'achat.

121. On a 4^{hl} de vin à 40 centimes le litre qu'on veut mélanger avec du vin à 75 centimes le litre. Combien devra-t-on y ajouter de litres de ce dernier vin : 1° pour que le prix de revient d'un litre de mélange soit de 0^{fr},60 ; 2° pour que l'on puisse vendre le mélange à 0^{fr},60 le litre, en faisant sur cette vente un bénéfice de 30^{fr} ?

122. Un marchand de vin a mélangé 3^{hl} de vin à 55^{fr} l'hectolitre avec 2^{hl} à 30^{fr} l'hectolitre. Combien a-t-il dû ajouter de litres d'eau au mélange de ces deux sortes de vin pour qu'en vendant à 0^{fr},45 le litre le nouveau mélange obtenu, il gagne 25 °/₀ sur le prix d'achat ?

123. Un négociant veut composer un mélange de trois espèces de cafés qu'il vendra 2^{fr},75 le kilogramme en faisant sur le prix de revient un bénéfice de 25 °/₀. Il a en magasin 350^{kg} d'une espèce qu'il a payée, il y a plus d'un an, 175^{fr} les 100^{kg} et dont il estime devoir majorer la valeur de 12 °/₀, par suite d'un déchet de la marchandise et de l'intérêt de ses avances. Il les emploiera avec des poids inconnus de deux autres qualités, valant l'une 2^{fr},80 et l'autre 2^{fr},20 le kilogramme, et entrant dans le mélange, la première pour une part et la seconde pour deux. On propose de déterminer ces poids.

124. Un marchand a rempli une barrique de 228^l avec du vin et de l'eau. Il a mis 5 fois moins d'eau que de vin. En vendant le mélange 0^{fr},70 le litre, il a gagné 0^{fr},10 par litre. A combien lui revenait le litre de vin ?

125. Un enduit composé d'huile siccative, de vernis et de litharge coûte 6^{fr},60 les 1200^{gr}. L'huile est, en poids, les 3/7 du vernis, et le vernis les 5/11 de la litharge. La litharge vaut le 1/9 du prix du vernis, et le vernis les 17/3 de celui de l'huile. Pour quelle somme chaque substance intervient-elle dans le prix total ?

126. On a deux lingots d'or :

le 1er, au titre de 0,920, pèse 4 500gr ;
le 2e, — 0,840, — 3 500gr.

On fond ensemble ces deux lingots. Quelle quantité de cuivre faut-il ajouter au mélange obtenu pour avoir un lingot au titre de 0,860 ?

127. On a trois lingots d'or :

le 1er, au titre de 0,910, pèse 4 500gr ;
le 2e, — 0,926, — 3 600gr ;
le 3e, — 0,950, — 2 700gr.

1° Calculer la valeur au pair et la valeur au tarif de chacun d'eux.
2° Exprimer en carats et en grains le titre de chacun d'eux.
3° Trouver le titre de l'alliage résultant du mélange de ces trois lingots.

128. On fond ensemble deux lingots d'argent :

le 1er, au titre de $\dfrac{29}{40}$, pèse 2 500gr ;

le 2e, — $\dfrac{17}{20}$, — 3 000gr.

Quel poids d'argent pur faut-il ajouter au mélange pour obtenir un alliage pouvant servir à la fabrication des pièces divisionnaires d'argent ?

129. Quel est le titre d'un lingot d'argent du poids de 1 600gr, sachant qu'en le fondant avec 640gr d'argent pur on obtient un mélange au titre de $\dfrac{895}{1000}$?

130. Une somme en monnaie d'argent pèse 10kg et est constituée par un nombre égal de pièces de 5fr, de 2fr et de 1fr. On demande la valeur de cette somme et le poids d'argent pur qu'elle renferme. Quel serait, en outre, le titre du lingot obtenu en fondant toutes ces pièces ?

131. On a deux lingots d'argent et de cuivre :

le 1er, au titre de 0,800, pèse 4kg,5 ;
le 2e, — 0,750, — 3kg,6.

On fond les 4/5 du premier avec les 2/3 du second. Combien faudra-t-il ajouter d'argent pour avoir un lingot au titre de 0,9, et combien de pièces de 5^{fr} pourrait-on fabriquer avec ce nouveau lingot ?

132. On demande de trouver le poids d'un lingot d'argent ayant pour titre 0,6, sachant que si on le fond avec 60 pièces de 5^{fr} en argent et 3 600 pièces de 1^{fr} on obtient un lingot final qui a pour titre 0,8.

133. On fond 258 pièces de 5^{fr} en argent, auxquelles l'usure a fait perdre $\frac{1}{600}$ de leur poids, avec un lingot d'argent au titre de 0,750, pesant 32^{kg}.

1° Combien faudra-t-il ajouter de cuivre à l'alliage obtenu pour fabriquer des pièces divisionnaires ?

2° Combien faudrait-il ajouter d'argent pur à ce même alliage si l'on voulait fabriquer des pièces de 5^{fr} ?

134. Un lingot d'argent au titre de $\frac{203}{250}$ pèse 12^{kg}. Quelle quantité d'un autre lingot d'argent au titre de $\frac{111}{125}$ doit-on lui allier pour obtenir un lingot au titre légal de 0,835 ?

135. On a fondu 30 pièces de 5^{fr} en argent avec un certain nombre de pièces de 2^{fr}, et l'on a obtenu un alliage contenant 1 017^{gr},35 d'argent pur. Combien a-t-on employé de pièces de 2^{fr} ?

136. Un lingot de bronze est formé de 89 parties de cuivre rouge et de 11 parties d'étain. On sait que le cuivre coûte 160^{fr} et l'étain 330^{fr} les 100^{kg}. Calculer, d'après cela, les poids de ces deux métaux qui entrent dans ce lingot de bronze, sachant que la dépense totale pour l'acquisition du cuivre et de l'étain s'est élevée à 982^{fr},85.

137. La taille des *souverains anglais* est de 1869 par 40 lb. Celle des pièces de 20^{fr} est de 155 par kilogramme. Combien peut-on faire de pièces de 20^{fr} avec le lingot obtenu par la fonte de 1 000 souverains ? Combien faudra-t-il ajouter de cuivre ? Quelle sera la quantité d'or pur contenu dans le petit lingot restant après prélèvement des pièces de 20^{fr} ? La livre troy (lb) vaut 373^{gr},242 et les souverains sont au titre de 22 carats.

138. Trois lingots d'argent ont pour titres : 0,95, 0,80 et 0,53. Le poids du premier lingot et celui du deuxième sont proportionnels à 4 et 5 ; le poids du troisième lingot est le triple du poids du deuxième. Les trois lingots fondus ensemble forment un lingot total pesant 2 880^{gr}. On demande :

1° quel poids de cuivre ou quel poids d'argent pur il faut ajouter au lingot total pour obtenir un alliage pouvant servir à fabriquer des pièces de 1^{fr} en argent ;

2° combien on pourra faire de pièces de 1^{fr}.

139. On a un lingot d'argent au titre de $\dfrac{9}{10}$. On y ajoute 6^{kg},5 de cuivre, et le titre devient 0,835. On demande le poids du lingot primitif.

140. On fond ensemble quatre lingots d'argent : le premier, pesant 4^{kg},250, est au titre de 0,934 ; les trois autres, dont les poids sont proportionnels aux nombres 3, 4 et 5, ont respectivement pour titres 0,795, 0,732, 0,654. Le lingot ainsi obtenu est au titre de 0,827. Quels sont les poids des trois derniers lingots ?

CHAPITRE IV

INTÉRÊT ET ESCOMPTE

INTÉRÊT SIMPLE

192. Définitions. — On appelle *intérêt* ou *revenu* le bénéfice que procure une somme *prêtée* ou *placée*.

Cette somme s'appelle *capital*.

L'intérêt dépend du capital, de la durée du placement et d'une troisième quantité qu'on appelle *taux de l'intérêt*.

Le *taux* est ce que rapporte une somme de 100 francs placée pendant un an. Si 100 francs en un an procurent un intérêt de 5 francs, on dit que le taux est 5 *pour cent*, ce que l'on écrit 5 %.

On dit que l'intérêt est *simple* lorsqu'à la fin d'une certaine durée, arbitrairement choisie, cet intérêt est remis au prêteur, qui peut alors retirer le capital ou bien le laisser produire le même intérêt pendant une nouvelle durée égale à la première, et ainsi de suite.

On dit que l'intérêt est *composé* lorsqu'à la fin de chaque période de temps, généralement égale à une année, l'intérêt est joint au capital et produit intérêt pendant les périodes suivantes. Le revenu augmente ainsi constamment d'une période à l'autre.

Nous ne nous occupons ici que de l'intérêt simple. L'intérêt composé sera étudié dans la deuxième partie de ce Traité.

Pour simplifier les calculs d'intérêts, on compte l'année de

36o jours. La durée du placement, qu'on appelle encore le *temps*, est exprimée en *jours*, ou en *mois*, ou en *années*; s'il n'y a pas de convention contraire, cette durée a pour mesure le nombre exact de jours qui s'écoulent depuis le jour du placement exclusivement jusqu'au jour du remboursement inclusivement.

Les calculs d'intérêts sont fondés sur les trois principes suivants :

1° *Pour un même taux et pour un même temps, l'intérêt est directement proportionnel au capital ;*

2° *Pour un même taux et pour un même capital, l'intérêt est directement proportionnel au temps ;*

3° *Pour un même capital et pour un même temps, l'intérêt est directement proportionnel au taux.*

Il résulte de là que les questions d'intérêt simple se résolvent au moyen de règles de trois.

193. Formule générale. — Dans tout ce qui va suivre, nous représenterons

$$
\begin{aligned}
&\text{le } \textit{capital} \text{ par} && a, \\
&\text{le } \textit{taux} \text{ par} && r, \\
&\text{le } \textit{temps} \text{ (en jours) par} && t, \\
&\text{l'}\textit{intérêt} \text{ par} && i.
\end{aligned}
$$

Si nous voulons calculer l'intérêt par la méthode de réduction à l'unité, nous disposerons les données du problème comme il suit :

$$
\left\{
\begin{aligned}
&100 \text{ francs en } 36o \text{ jours rapportent } r, \\
&a \text{ francs en } t \text{ jours rapportent } i,
\end{aligned}
\right.
$$

et nous ferons le raisonnement suivant :

$$
\begin{aligned}
&100^{fr} \text{ en } 36o^{j} \text{ rapportent} && r, \\
&1^{fr} \text{ en } 36o^{j} \text{ rapporte} && \frac{r}{100}, \\
&a^{fr} \text{ en } 36o^{j} \text{ rapportent} && \frac{ar}{100}, \\
&a^{fr} \text{ en } 1^{j} \text{ rapportent} && \frac{ar}{100 \times 36o}, \\
&a^{fr} \text{ en } t^{j} \text{ rapportent} && \frac{art}{100 \times 36o}, \quad \text{ou} \quad \frac{art}{36\,000}
\end{aligned}
$$

On a donc la formule suivante qui résout le problème :

$$i = \frac{art}{36\,000}. \tag{1}$$

Cette formule (1), qu'il faut savoir par cœur, montre que pour avoir l'intérêt simple d'un capital *on divise par 36 000 le produit obtenu en multipliant le capital par le taux et par le nombre de jours qui exprime la durée du placement.*

EXEMPLE. — *Calculer l'intérêt produit par* 4 500^fr *placés à* 6 °/₀ *pendant* 128 *jours.*

La formule (1) donne

$$i = \frac{4\,500 \times 6 \times 128}{36\,000}.$$

En simplifiant et en effectuant les calculs, on obtient $i = 96^{fr}$.

194. On peut se proposer quatre problèmes différents sur l'intérêt simple, suivant que l'on veut rechercher l'une des quatre quantités a, r, t, i, quand on connaît les trois autres.

Dans ce qui précède, nous avons recherché l'intérêt i connaissant le capital, le taux et le temps. Des raisonnements analogues permettent de résoudre les trois autres problèmes, c'est-à-dire : 1° *la recherche du capital;* 2° *la recherche du taux;* 3° *la recherche du temps.*

Mais ces trois autres problèmes peuvent se résoudre aisément à l'aide de la formule (1). En effet, multiplions par 36 000 les deux membres de cette formule, nous obtenons

$$36\,000\,i = art.$$

Divisons successivement les deux membres de cette dernière égalité par les produits rt, at, ar ; nous obtiendrons les formules suivantes :

$$a = \frac{36\,000\,i}{rt}, \tag{2}$$

$$r = \frac{36\,000\,i}{at}, \tag{3}$$

$$t = \frac{36\,000\,i}{ar}. \tag{4}$$

La formule (2) permet de résoudre le problème suivant: *Quel capital faut-il placer au taux r pendant le temps t pour avoir l'intérêt i ?*

La formule (3) résout le problème suivant : *A quel taux faut-il placer le capital a pendant le temps t pour avoir l'intérêt i ?*

La formule (4) résout le problème suivant : *Pendant combien de temps faut-il placer le capital a au taux r pour avoir l'intérêt i ?*

La durée d'un placement s'exprime toujours par un nombre entier de jours; par suite, si la formule (4) donne pour t une valeur fractionnaire, on prendra pour t le nombre entier qui se rapproche le plus de la valeur fractionnaire trouvée. Ainsi, le second membre de la formule (4) étant par exemple égal à 56,82, on prendra $t = 57$ jours.

Les formules (2), (3), (4) n'étant que des formes différentes de la formule (1), cette dernière est la seule qu'il importe de retenir.

195. Si la durée du placement, au lieu d'être exprimée en jours, est exprimée en années, n années par exemple, le nombre des jours est alors $t = n \times 360$, et par suite, la formule (1) devient

$$i = \frac{arn \times 360}{36\,000},$$

c'est-à-dire, en simplifiant,

$$i = \frac{arn}{100}. \tag{5}$$

Si la durée du placement est exprimée en mois, m mois par exemple, le nombre de jours est alors $t = m \times 30$, et par suite, on a

$$i = \frac{arm \times 30}{36\,000},$$

c'est-à-dire, en simplifiant,

$$i = \frac{arm}{1\,200}. \tag{6}$$

Ces formules (5) et (6) supposent qu'au point de vue de la durée du placement l'année est partagée en 12 mois de 30 jours chacun. Aussi ces formules ne sont-elles appliquées que lorsqu'on donne la durée du placement, en années ou en mois, sans indiquer les dates du placement et du remboursement.

196. La formule (1) a été établie en supposant que l'année est de 360 jours. Si l'on faisait le même raisonnement conformément à la réalité, c'est-à-dire en comptant 365 jours dans l'année, on obtiendrait la formule

$$i' = \frac{art}{36\,500}. \qquad (1')$$

Cette dernière formule, qui est plus rationnelle, est adoptée en Angleterre et dans quelques autres pays.

La valeur i', ainsi obtenue pour l'intérêt, est inférieure à la valeur i donnée par la formule (1).

Calculons l'erreur commise en substituant à cette valeur i' la valeur conventionnelle i. L'erreur absolue est $i - i'$ et l'erreur relative est $\dfrac{i - i'}{i'}$. Or on a

$$i - i' = \frac{art}{36\,000} - \frac{art}{36\,500} = art\left(\frac{1}{36\,000} - \frac{1}{36\,500}\right),$$

ou bien

$$i - i' = art\,\frac{36\,500 - 36\,000}{36\,000 \times 36\,500} = art\,\frac{500}{36\,000 \times 36\,500},$$

ou

$$i - i' = art\,\frac{1}{72 \times 36\,500} = \frac{art}{36\,500} \times \frac{1}{72},$$

ou encore

$$i - i' = i' \times \frac{1}{72}.$$

Par suite, on a

$$\frac{i - i'}{i'} = \frac{1}{72}.$$

Donc l'erreur relative commise en employant la formule (1) au lieu de la formule (1') est égale à $\dfrac{1}{72}$.

Il résulte de là qu'un débiteur qui, d'après la formule (1'), devrait 72^{fr} d'intérêt, devra 73^{fr} si l'on applique la formule (1). La différence est sensible et elle est à l'avantage du créancier.

197. Intérêt légal de l'argent. — Le *Journal Officiel* du 10 avril 1900 a publié une loi sur le taux de l'intérêt légal de l'argent.

Le premier article de cette loi est ainsi conçu :

L'intérêt légal sera, en matière civile, de quatre pour cent, et, en matière de commerce, de cinq pour cent.

Les prêts faits à des taux supérieurs sont *usuraires* et peuvent donner lieu à des poursuites judiciaires.

198. Taux et denier. — Autrefois, au lieu de déterminer l'intérêt au moyen du taux, on se servait d'une autre quantité appelée *denier*.

L'intérêt était déterminé par le nombre de deniers qu'il fallait placer pendant une année pour obtenir un denier d'intérêt.

Dire qu'un capital était placé *au denier* 20, revenait à dire que dans ce placement, 20 deniers rapportaient par an un denier d'intérêt.

Cherchons le taux r d'un placement au denier d :

$$d \text{ deniers en un an rapportent } 1,$$

$$1 \text{ denier en un an rapporte } \frac{1}{d},$$

$$100 \text{ deniers en un an rapportent } \frac{100}{d}.$$

On a donc

$$r = \frac{100}{d}.$$

De là résulte que le taux qui correspond au denier 20 est 5 %; au denier 25, 4 %; etc.

MÉTHODES COMMERCIALES

199. Dans les maisons de banque et de commerce, les calculs d'intérêts ne se font pas à l'aide de la formule (1); on emploie des procédés plus rapides; nous allons exposer ces procédés.

Les durées de placement sont généralement inférieures à une année, et les taux les plus ordinairement usités varient de 6 °/₀ à 2 °/₀. La plupart de ces taux divisent exactement les nombres 36 000 et 360.

On appelle *diviseur* relatif à un taux donné r le quotient de la division de 36 000 par r. Ce quotient se désigne par la lettre D.

On appelle *base* le quotient de la division de 360 par r. Ce quotient se désigne par la lettre B. La *base* est la centième partie du *diviseur* correspondant au même taux.

Le tableau suivant donne les diviseurs et les bases qui correspondent aux taux les plus fréquemment employés :

TAUX :	6 °/₀	5 °/₀	4 ½ °/₀	4 °/₀	3 °/₀	2 ½ °/₀	2 °/₀
Diviseurs :	6 000	7 200	8 000	9 000	12 000	14 400	18 000
Bases :	60	72	80	90	120	144	180

Il faut savoir par cœur les nombres contenus dans ce tableau.

On appelle *partie aliquote* d'un nombre tout diviseur de ce nombre. Ainsi 2, 3, 4 sont des parties aliquotes du nombre 12 ; de même 600, 1500, 2000, 3000 sont des parties aliquotes du nombre 6 000.

200. Méthode des diviseurs. — Cette première méthode est basée sur une simplification de la formule (1)

$$i = \frac{art}{36\,000}.$$

Si l'on divise par r les deux termes de la fraction qui forme le second membre, le numérateur se réduit à at, et le dénominateur devient 36 000 : r, c'est-à-dire D. On peut donc écrire

$$i = \frac{at}{D}.$$

Le produit at du capital par le nombre de jours s'appelle le *nombre*. Cette dernière formule permet d'énoncer la règle suivante :

Règle. — *L'intérêt s'obtient en divisant le nombre par le diviseur.*

Cette règle est fréquemment employée dans l'escompte et dans les comptes courants.

EXEMPLE. — *Trouver l'intérêt à 5 °/₀ de 7 800^{fr} pendant 53 jours.*

Le diviseur est 7 200 et par suite on a

$$i = \frac{7\,800 \times 53}{7\,200}.$$

En simplifiant et en effectuant les calculs, on obtient $i = 57^{fr},41$.

201. Méthode des parties aliquotes du diviseur. — Cette deuxième méthode est basée sur le principe suivant :

Un capital égal au diviseur produit un franc d'intérêt par jour.

Considérons en effet la formule de la méthode précédente :

$$i = \frac{at}{D}.$$

Si l'on fait $a = D$ francs et $t = 1$ jour, on obtient

$$i = \frac{D \times 1}{D}, \quad \text{c'est-à-dire} \quad i = 1^{fr},$$

ce qui démontre le principe énoncé.

D'après cela, un capital égal au diviseur rapporte t^{fr} en t jours ; un capital égal à la moitié du diviseur rapporte en t jours la moitié de t francs ; et, plus généralement, un capital égal à une fraction quelconque du diviseur rapporte en t jours la même fraction de t francs.

De là résulte la règle suivante :

Règle. — *On partage le capital en parties aliquotes du diviseur, on calcule l'intérêt de chacune de ces parties et l'on additionne ces intérêts partiels.*

EXEMPLE. — *Trouver l'intérêt à 6 °/₀ de 9 500^{fr} pendant 174 jours.*

Le diviseur est ici 6 000 et l'on peut écrire

$$9\,500 = 6\,000 + 3\,000 + 500.$$

Le capital se trouve ainsi partagé en trois parties, dont chacune est une partie aliquote du diviseur 6000. On dit alors :

$$
\begin{array}{llll}
6\,000^{\text{fr}} & \text{en } 174 \text{ jours rapportent} & & 174^{\text{fr}} \\
3\,000^{\text{fr}} & — & — & 87^{\text{fr}} \\
500^{\text{fr}} & — & — & 14^{\text{fr}},50 \\
\hline
\text{Donc } 9\,500^{\text{fr}} & \text{en } 174 \text{ jours rapportent} & & 275^{\text{fr}},50.
\end{array}
$$

REMARQUE. — Au lieu d'opérer par addition, il est parfois plus simple d'opérer par soustraction. Ainsi, dans l'exemple ci-dessus on peut écrire

$$9\,500 = 6\,000 + 2\,000 + 2\,000 - 500.$$

On cherche alors l'intérêt de $6\,000 + 2\,000 + 2\,000$, et l'on en retranche l'intérêt de 500^{fr}, ce qui donne le calcul suivant :

$$
\begin{array}{llll}
6\,000^{\text{fr}} & \text{en } 174 \text{ jours rapportent} & & 174^{\text{fr}} \\
2\,000^{\text{fr}} & — & — & 58^{\text{fr}} \\
2\,000^{\text{fr}} & — & — & 58^{\text{fr}} \\
\hline
 & & & 290^{\text{fr}} \\
500^{\text{fr}} & — & — & 14^{\text{fr}},50 \\
\hline
\text{Donc } 9\,500^{\text{fr}} & \text{en } 174 \text{ jours rapportent} & & 275^{\text{fr}},50.
\end{array}
$$

Avec un peu d'habitude on voit rapidement, suivant les cas, quel est le procédé le plus simple. Dans l'exemple considéré, c'est le procédé par addition qui est le plus simple.

Il faut aussi remarquer qu'on peut de plusieurs façons partager le capital en parties aliquotes du diviseur. Ainsi, on pourrait écrire

$$9\,500 = 6\,000 + 2\,000 + 1\,500.$$

L'habileté du calculateur consiste à savoir choisir le partage qui donne les calculs les plus rapides.

202. Méthode des parties aliquotes de la base. — Cette troisième méthode est basée sur le principe suivant :

Si la durée du placement, exprimée en jours, est égale à la base, l'intérêt est égal à la centième partie du capital.

Considérons en effet la formule de la méthode des diviseurs :

$$i = \frac{at}{D}.$$

La base B étant la centième partie du diviseur, on a D = 100B. Si l'on a $t = $ B jours, la formule peut s'écrire

$$i = \frac{aB}{100B}, \quad \text{c'est-à-dire} \quad i = \frac{a}{100},$$

ce qui démontre le principe énoncé.

D'après cela, si la durée du placement est égale à la moitié de la base, l'intérêt sera la moitié de la centième partie du capital ; et, plus généralement, si la durée du placement est une fraction quelconque de la base l'intérêt sera la même fraction de la centième partie du capital.

De là résulte la règle suivante :

Règle. — *On partage le nombre de jours qui exprime la durée du placement en parties aliquotes de la base. on calcule l'intérêt produit par le capital pendant chacune de ces parties et l'on additionne ces intérêts partiels.*

Exemple. — *Trouver l'intérêt à 4 $^1/_2$ % de 5 600^{fr} pendant 275 jours.*

La base est ici 80, et l'on peut écrire

$$275 = 3 \times 80 + 20 + 10 + 5.$$

On dit alors :

Pendant	80 jours l'intérêt est		56^{fr}
—	160 —	—	112^{fr}
—	20 —	—	14^{fr}
—	10 —	—	7^{fr}
—	5 —	—	3^{fr},50

Donc, pendant 275 jours l'intérêt est 192^{fr},50.

Remarque. — On aurait pu opérer par soustraction. On peut écrire en effet

$$275 = 3 \times 80 + 40 - 5,$$

d'où le calcul suivant :

Pendant	80 jours l'intérêt est		56^{fr}
—	160 —	—	112^{fr}
—	40 —	—	28^{fr}
			196^{fr}
—	5 —	—	3^{fr},50

Donc, pendant 275 jours l'intérêt est 192^{fr},50.

Comme dans la méthode précédente, il faut s'exercer à voir rapidement quel est le procédé le plus simple.

203. Méthode des parties aliquotes d'un taux fixe. — Cette quatrième méthode est basée sur le principe conventionnel suivant, que nous avons énoncé au n° 192 :

Pour un même capital et pour une même durée de placement, l'intérêt est directement proportionnel au taux.

D'après cela, supposons que l'on ait calculé l'intérêt i avec un taux quelconque r ; si le taux réel est la moitié de r, l'intérêt réel sera la moitié de i ; et, plus généralement, si le taux réel est une fraction quelconque de r, l'intérêt réel sera la même fraction de i.

Ce taux r s'appelle *taux fixe*, on le choisit de telle sorte que le calcul de l'intérêt i se fasse le plus rapidement possible. En général c'est le taux 6 °/₀ qui donne les calculs les plus simples.

De là résulte la règle suivante :

Règle. — *On calcule d'abord l'intérêt en se servant d'un taux fixe donnant des calculs rapides ; on partage ensuite le taux donné en parties aliquotes du taux fixe, on calcule l'intérêt qui correspond à chacune de ces parties et l'on additionne ces intérêts partiels.*

Exemple. — *Trouver l'intérêt à* $4\,{}^1/_4$ °/₀ *de* $7\,440^{fr}$ *pendant 165 jours.*

Calculons d'abord l'intérêt à 6 °/₀, et employons pour cela la troisième méthode par exemple. On peut écrire

$$165 = 60 + 60 + 30 + 15,$$

d'où le calcul suivant :

Pendant 60 jours l'intérêt à 6 °/₀ est	$74^{fr},40$
— 60 —	—	$74^{fr},40$
— 30 —	—	$37^{fr},20$
— 15 —	—	$18^{fr},60$
Pendant 165 jours l'intérêt à 6 °/₀ est	$204^{fr},60$

Remarquons maintenant qu'on peut écrire

$$4 \ 1/4 = 3 + 1 + 1/4.$$

On dit alors :

Pour   3 °/₀   l'intérêt est   102ᶠʳ,30
  —   1 °/₀   —   34ᶠʳ,10
  —   ¹/₄ °/₀   —   8ᶠʳ,525
Pour 4 ¹/₄ °/₀   l'intérêt est 144ᶠʳ,925.

REMARQUE I. — Au lieu d'opérer par addition, il est parfois plus simple d'opérer par soustraction. Ainsi on peut écrire

$$4 \ 1/4 = 6 - 1 - 1/2 - 1/4.$$

On retranche alors de l'intérêt à 6 °/₀ la somme des intérêts à 1 °/₀, 1/2 °/₀, 1/4 °/₀, ce qui donne le calcul suivant :

Pour   6 °/₀   l'intérêt est   204ᶠʳ,60
  —   1 °/₀   —   34ᶠʳ,10
  —   ¹/₂ °/₀   —   17ᶠʳ,05
  —   ¹/₄ °/₀   —   8ᶠʳ,525
Pour 4 ¹/₄ °/₀ l'intérêt est   144ᶠʳ,925.

On voit que, dans cet exemple, le procédé par addition est plus simple.

S'il s'agissait de passer du taux 6 °/₀ au taux 4 1/2 °/₀, il serait plus simple d'opérer par soustraction de la façon suivante :

$$4 \ 1/2 = 6 - 3/2,$$

et comme $\dfrac{3}{2}$ est le quart de 6, on voit qu'on obtient l'intérêt à 4 1/2 °/₀ en retranchant de l'intérêt à 6 °/₀ le quart de cet intérêt.

REMARQUE II. — Il peut y avoir avantage à prendre un autre taux fixe que 6 °/₀. Le choix du taux fixe doit être déterminé par un examen rapide des valeurs du capital et de la durée du placement.

S'il s'agit par exemple d'un capital de 4590ᶠʳ placé pendant 138 jours, on voit qu'il y aura avantage à prendre pour taux fixe 4 °/₀, et à calculer l'intérêt correspondant à ce taux par la deuxième méthode, car le capital 4590 est la somme de deux nombres 4 500 et 90 qui sont des parties aliquotes simples du diviseur 9000.

S'il s'agit d'un capital de 2 894ᶠʳ placé pendant 108 jours, il y aura avantage à prendre pour taux fixe 5 %, et à calculer l'intérêt correspondant à ce taux par la troisième méthode, car la base est alors 72 et on a $108 = 72 + 36$.

204. Méthode de Thoyer. — On a parfois à calculer la somme des intérêts produits par un grand nombre de capitaux placés au même taux mais pendant des durées différentes.

Dans ce cas la méthode des *diviseurs* présente un grand avantage sur les autres. Soient en effet a, a', a'',... des capitaux placés respectivement pendant l jours, l' jours, l'' jours,... ; la somme des intérêts de ces capitaux est, d'après la méthode des *diviseurs*,

$$\frac{al}{D} + \frac{a'l'}{D} + \frac{a''l''}{D} + \cdots$$

c'est-à-dire
$$\frac{al + a'l' + a''l'' + \cdots}{D}.$$

On obtient donc l'intérêt total en divisant la somme des *nombres* par le *diviseur*.

Cette méthode exige cependant de nombreuses multiplications, simples il est vrai car les nombres l, l', l'', ... sont généralement inférieurs à 100.

La méthode de *Thoyer*, inventée en 1841, permet d'obtenir rapidement le résultat par des calculs très simples.

Dans cette méthode, on inscrit les capitaux dans des cases analogues à celles d'un damier de 10 cases de côté. Les colonnes et les lignes de ce tableau sont numérotées de 0 à 9 par des chiffres placés au-dessus de la première ligne et à gauche de la première colonne. A droite de la dernière colonne et au-dessous de la dernière ligne se trouvent d'autres cases pour recevoir les résultats des calculs préparatoires.

Soit un capital a placé à intérêts pendant 75 jours par exemple : on inscrira ce capital dans la case qui se trouve à la 7e ligne et à la 5e colonne. On procède d'une façon analogue pour les autres capitaux.

Les nombres a_0, a_1, a_2, a_3, a_4,... sont chacun la somme des capitaux inscrits dans la ligne correspondante. Les nombres b_a,

b_1, b_2,... sont chacun la somme des capitaux inscrits dans la colonne correspondante.

	0	1	2	3	4	5	6	7	8	9	Total
0											a_0
1											a_1
2											a_2
3											a_3
4											a_4
5											a_5
6											a_6
7						a					a_7
8											a_8
9											a_9
Total	b_0	b_1	b_2	b_3	b_4	b_5	b_6	b_7	b_8	b_9	
	$10a_0$	$10a_1$	$10a_2$	$10a_3$	$10a_4$	$10a_5$	$10a_6$	$10a_7$	$10a_8$	$10a_9$	
	n_0	n_1	n_2	n_3	n_4	n_5	n_6	n_7	n_8	n_9	
	0	n_1	$2n_2$	$3n_3$	$4n_4$	$5n_5$	$6n_6$	$7n_7$	$8n_8$	$9n_9$	N

Au-dessous des nombres b on inscrit les nombres a multipliés par 10, et on fait les additions $b_0 + 10a_0$, $b_1 + 10 a_1$, $b_2 + 10a_2$, etc., ce qui donne les nombres n_0, n_1, n_2,...

On multiplie chacun de ces nouveaux nombres par l'indice de la colonne dans laquelle il se trouve, ce qui donne les nombres

$$0, \quad n_1, \quad 2n_2, \quad 3n_3, \quad \ldots, \quad 9n_9.$$

On fait enfin la somme N de ces derniers nombres, et si l'on représente par D le *diviseur* relatif au taux donné, l'intérêt total est donné par la formule

$$i = \frac{N}{D}.$$

Pour démontrer cette formule, supposons que le capital a figure seul sur le tableau ci-dessus. On a alors

$$a_7 = a, \qquad b_5 = a,$$

et tous les autres nombres a et b sont nuls. Par suite, on a

$$n_5 = a, \qquad n_7 = 10a;$$

et alors

$$5n_5 = 5a, \qquad 7n_7 = 70a,$$

d'où

$$N = 5n_5 + 7n_7 = 5a + 70a = 75a.$$

On peut donc écrire

$$\frac{N}{D} = \frac{75a}{D}.$$

Mais $75a$ étant le *nombre* relatif au capital a placé pendant 75 jours, $\dfrac{75a}{D}$ est l'intérêt de ce capital ; donc cet intérêt est égal à $\dfrac{N}{D}$. Le même raisonnement pouvant s'appliquer à tous les capitaux, la formule ci-dessus se trouve démontrée.

Remarque. — La méthode n'est pas applicable aux capitaux placés pendant plus de 99 jours, mais ce cas se présente rarement dans la pratique. Thoyer a indiqué une modification permettant d'atteindre des durées de 999 jours, mais les calculs sont plus compliqués.

D'ailleurs, on peut remplacer les durées supérieures à 99 jours par des durées inférieures, en remarquant qu'un capital a placé pendant t jours produit le même intérêt qu'un capital na placé pendant n fois moins de temps. Ainsi, un capital de 800^{fr} placé pendant 150 jours produira le même intérêt que le capital triple 2 400^{fr} placé pendant trois fois moins de temps, c'est-à-dire placé pendant 50 jours.

205. Calcul du nombre de jours compris entre deux dates. — Le plus ordinairement le nombre de jours que l'on a à calculer ne dépasse pas 365, et généralement on fait ce calcul en faisant entrer dans le total des jours l'une seulement des deux dates extrêmes.

Ainsi, du 14 mars au 20 mars on compte les jours suivants :

14, 15, 16, 17, 18, 19, c'est-à-dire 6 jours,
ou bien   15, 16, 17, 18, 19, 20,   —   6 — .
Ce nombre de jours, 6, est la différence entre 20 et 14.

Pour faire rapidement de pareils calculs, on emploie dans les maisons de banque des tableaux analogues au tableau ci-après :

MOIS	Janv.	Fév.	Mars	Avril	Mai	Juin	Juil.	Août	Sept.	Oct.	Nov.	Déc.
Janv.	0	31	59	90	120	151	181	212	243	273	304	334
Fév.		0	28	59	89	120	150	181	212	242	273	303
Mars			0	31	61	92	122	153	184	214	245	275
Avril				0	30	61	91	122	153	183	214	244
Mai					0	31	61	92	123	153	184	214
Juin						0	30	61	92	122	153	183
Juil.							0	31	62	92	123	153
Août								0	31	61	92	122
Sept.									0	30	61	91
Oct.										0	31	61
Nov.											0	30
Déc.												0

Les nombres qui sont dans la première ligne de ce tableau sont les nombres de jours qui séparent du 1er janvier le 1er de chaque mois de l'année. Les nombres qui sont dans la seconde ligne sont les nombres de jours qui séparent du 1er février le 1er de chacun des dix derniers mois de l'année. Et ainsi de suite.

Ce tableau donne également sous chaque mois le nombre de jours compris entre un jour quelconque de ce mois et les jours de même quantième des mois précédents.

Nous allons montrer par quelques exemples comment on doit se servir de ce tableau :

EXEMPLE I. — *Combien y a-t-il de jours du 17 avril au 17 novembre ?*

On prend dans la colonne *novembre* le nombre qui se trouve sur la ligne *avril*, ce qui donne 214 jours.

EXEMPLE II. — *Combien y a-t-il de jours du 14 mai au 23 septembre ?*

Du 14 mai au 14 septembre, il y a 123 jours,
— 23 — 132 — .

EXEMPLE III. — *Combien y a-t-il de jours du 18 octobre au 15 juin de l'année suivante ?*

Du 15 juin au 18 octobre, il y a $122 + 3$, c'est-à-dire 125 jours. La réponse est donc $365 - 125 = 240$ jours.

REMARQUE I. — Si l'année est *bissextile*, il faut en tenir compte en augmentant d'une unité les nombres de jours compris entre deux dates dans l'intervalle desquelles se trouve la fin du mois de février.

REMARQUE II. — Si l'on n'a pas à sa disposition le tableau qui précède, on fait le calcul de la façon suivante :

Soit à trouver le nombre de jours compris entre le 14 mai et le 23 septembre. On dit

Mois de mai, $31 - 14 =$	17	jours
— juin	30	—
— juillet	31	—
— août	31	—
— septembre	23	—
Total	132	— .

ESCOMPTE COMMERCIAL

206. Effets de commerce. — Dans le commerce, on appelle *billet* ou *effet* un écrit d'après lequel une personne doit payer à une autre personne une somme déterminée, à une date fixée.

La première personne est le *débiteur*, la seconde le *créancier*.

La somme qui doit être ainsi payée et qui est inscrite sur l'effet s'appelle *valeur nominale*; la date du paiement s'appelle *échéance*; et si cette date a lieu dans t jours par exemple, on dit que l'effet a t jours *à courir*.

Les effets de commerce reçoivent, suivant le cas, les noms de *billet à ordre, mandat, traite, lettre de change*.

Le créancier qui a reçu un effet de commerce, et qui doit en toucher le montant à l'échéance, peut avoir besoin d'argent immédiatement. Il se rend alors chez un *banquier* qui lui remet, en échange du billet, une somme égale à la valeur nominale *moins une retenue* qu'on appelle *escompte commercial*, ou simplement *escompte*.

On appelle *valeur au comptant* la somme que remet le banquier au *porteur* du billet; c'est la différence entre la valeur nominale et l'escompte.

On dit que le porteur de l'effet a fait *escompter* cet effet. Il reconnaît cette opération par une déclaration, appelée *endossement*, inscrite au dos du billet, qui devient alors la propriété du banquier; c'est ce dernier qui en touchera la valeur nominale à l'échéance, à moins qu'il ne le fasse escompter à son tour dans une autre maison de banque.

Comme les banquiers, les particuliers peuvent escompter les effets de commerce.

Le calcul de l'escompte commercial se fait d'après la règle suivante:

207. Calcul de l'escompte commercial. — *L'escompte prélevé sur un effet est égal à l'intérêt de la valeur nominale de cet effet pendant le temps qui doit s'écouler depuis le jour de l'escompte jusqu'au jour de l'échéance.*

Dans le calcul du nombre de jours compris entre la date de l'escompte et celle de l'échéance, on ne compte ordinairement que l'une des deux dates extrêmes, comme il a été dit au n° 205.

Les questions d'escompte se ramènent donc à des calculs d'intérêt simple. Ces calculs se font rapidement en employant l'une des méthodes commerciales que nous avons indiquées. On emploie généralement la méthode des *diviseurs* (n° 200).

EXEMPLE. — *Un billet de* 825^{fr} *payable le 8 octobre est présenté à l'escompte le 16 juillet de la même année. Calculer la valeur au comptant, le taux d'escompte étant* 4 %.

On calcule d'abord le nombre de jours compris entre le 16 juillet et le 8 octobre ; on obtient 84 jours. L'escompte est donc égal à l'intérêt de 825^{fr} à 4 % pendant 84 jours. L'emploi de la méthode des diviseurs montre que cet intérêt est égal à

$$\frac{825 \times 84}{9\,000}.$$

En effectuant le calcul, on obtient 7^{fr},70. La valeur au comptant est donc

$$825 - 7,70 = 817^{fr},30.$$

Telle est la somme que recevra le porteur du billet.

208. Escompte de plusieurs effets. — Il arrive fréquemment qu'une même personne fait escompter en même temps plusieurs effets. C'est surtout dans ce cas que la méthode des *diviseurs* est avantageuse, car le taux d'escompte étant ordinairement le même pour tous les effets, les diviseurs sont les mêmes, et par suite l'escompte total peut s'obtenir par une seule division.

Ainsi, supposons qu'une personne présente à l'escompte trois effets de 540^{fr}, 850^{fr} et 420^{fr}, ayant respectivement 40 jours, 72 jours et 36 jours à courir. Si le taux d'escompte est 6 %, les escomptes faits sur chacun de ces billets seront respectivement égaux à

$$\frac{540 \times 40}{6\,000}, \qquad \frac{850 \times 72}{6\,000}, \qquad \frac{420 \times 36}{6\,000},$$

c'est-à-dire

$$\frac{21\,600}{6\,000}, \qquad \frac{61\,200}{6\,000}, \qquad \frac{15\,120}{6\,000};$$

et par suite l'escompte total est égal à

$$\frac{21\,600 + 61\,200 + 15\,120}{6\,000}, \quad \text{ou} \quad \frac{97\,920}{6\,000} = \frac{1}{6}\,97,92 = 16^{fr},32.$$

De là résulte la règle suivante :

Règle. — *Pour trouver l'escompte total fait sur plusieurs effets, on calcule le* NOMBRE *relatif à chaque effet et on divise la somme de ces nombres par le* DIVISEUR *qui correspond au taux d'escompte.*

Dans certaines maisons de banque, cependant, on calcule directement l'escompte fait sur chaque effet et on additionne ces escomptes partiels.

Dans l'exemple ci-dessus, on obtiendra la valeur au comptant en retranchant l'escompte 16^{fr},32 de la somme des trois valeurs nominales.

209. Frais accessoires. — Dans la plupart des cas, le banquier qui escompte un effet retient, outre l'escompte commercial dont nous venons de parler, des frais accessoires appelés *commission, change de place, provision,* etc.

Ces frais ont en général leur origine dans ce fait que le billet escompté n'est pas toujours payable dans la ville où se fait l'escompte; et alors, l'envoi de ce papier dans une autre banque, ou la nécessité de recourir à des tiers pour effectuer l'encaissement, occasionnent certains frais que le banquier tient à ne pas supporter.

Les frais accessoires ne dépendent pas du nombre de jours que doit courir l'effet; ils dépendent seulement de la valeur nominale de cet effet, et *s'évaluent en tant pour cent de cette valeur nominale.* Ils dépassent rarement 1/2 °/°. Quelquefois l'escompte de l'effet se fait *au pair,* c'est-à-dire sans frais accessoires.

EXEMPLE. — *Trouver la valeur au comptant d'un effet de 1820^{fr} payable le 12 octobre et qu'on fait escompter à 4 ${}^1/_2$ °/° le 28 juillet avec ${}^1/_8$ °/° de commission et ${}^3/_{16}$ °/° de change de place.*

On trouve que du 28 juillet au 12 octobre il y a 76 jours. On fait alors le calcul suivant :

$$\text{Escompte} = \frac{1\,820 \times 76}{8\,000} = 17^{fr},29$$

$$\text{Commission} = 18,20 \times \frac{1}{8} = 2^{fr},275$$

$$\text{Change} = 18,20 \times \frac{3}{16} = 3^{fr},4125$$

$$\overline{\text{Retenue totale} = 22^{fr},9775 = 23^{fr}}$$

BANQUE X.

Paris, le 8 mars 1901.

BORDEREAU des Effets présentés à l'escompte par Monsieur Y.

SOMMES		VILLES	ÉCHÉANCES		JOURS à COURIR	NOMBRES	CHANGES		COMMISSIONS	
							TAUX	PRODUITS	TAUX	PRODUITS
312		Lyon	7	avril	30	9 360				
1 230		"	1	mai	54	66 420	1/4 %	7 48		
950		"	10	mai	63	59 850				
500		"	28	mai	81	40 500				
2 992						176 130				
19	57	escompte à 4 %								
7	48	change								
2 964	95	valeur au comptant								

La valeur au comptant est donc

$$1\,820 - 23 = 1\,797^{fr}.$$

On donne le nom d'*agio* au total formé par l'escompte et les frais accessoires. Dans l'exemple ci-dessus, l'agio est égal à 23^{fr}.

210. Bordereaux d'escompte. — Lorsqu'une personne présente à l'escompte un ou plusieurs effets, le banquier inscrit le détail et le résultat des calculs dans un tableau que l'on nomme *bordereau d'escompte*.

Ce tableau est divisé en plusieurs colonnes destinées à recevoir les valeurs nominales, les dates des échéances, les villes où les effets sont payables, les jours à courir, les nombres, les frais accessoires.

Si les billets à escompter sont payables dans des villes pour lesquelles les frais accessoires sont les mêmes, on calcule ces frais sur l'ensemble des valeurs nominales ; dans le cas contraire, on les calcule séparément sur chaque effet et on ajoute les résultats partiels.

Chaque maison de banque adopte une forme particulière pour ses bordereaux d'escompte ; ces formes diffèrent seulement par l'ordre dans lequel sont placées les colonnes dont nous venons de parler, et par certaines colonnes accessoires dont l'emploi n'est pas indispensable.

Les deux exemples suivants complètent ces explications :

EXEMPLE 1. — *Le 8 mars 1901 on fait escompter à Paris à 4 % les effets suivants payables à Lyon :*

1° un effet de 312^{fr} payable le 7 avril 1901 ;
2°   — $1\,230^{fr}$ — 1er mai — ;
3°   — 950^{fr} —   10 mai — ;
4°   — 500^{fr} —   28 mai — .

Comme frais accessoires le banquier retient $\frac{1}{4}$ % de change de place. Dresser le bordereau d'escompte.

Ce bordereau peut être établi comme l'indique le tableau ci-contre. Dans ce tableau on a calculé l'escompte $19^{fr},57$ en divisant la somme des *nombres*, $176\,130$, par le *diviseur* 9000, c'est-à-dire en prenant le neuvième de $176,13$. Les frais accessoires

BANQUE X.

Paris, le 15 mai 1901.

BORDEREAU des Effets présentés à l'escompte par **M**onsieur Y

SOMMES		VILLES	ÉCHÉANCES		JOURS à COURIR	NOMBRES	CHANGES		COMMISSIONS	
							TAUX	PRODUITS	TAUX	PRODUITS
540		Lyon	8	juin	24	12 960	1/4 %	1 35	1/9 %	0 60
480		Bordeaux	1er	juillet	47	22 560	3/16 %	0 90	1/8 %	0 60
1 624		Marseille	5	août	82	133 168	1/5 %	3 25		
2 644						168 688		5 50		1 20
21	10	Escompté à 4 1/2 %								
5	50	Changes								
1	20	Commissions								
2 616	20	Valeur au comptant								

ont été obtenus en prenant le quart de 29^{fr},92, centième partie de la somme des valeurs nominales.

EXEMPLE II. — *Le 15 mai 1901 on fait escompter à Paris à 4 $^1/_2$ °/. les effets suivants :*

   1° *un effet de* 540^{fr} *payable à*   *Lyon*   *le 8 juin 1901 ;*
   2°   —   480^{fr} —   *Bordeaux le 1er juillet 1901 ;*
   3°   —   1 624^{fr} —   *Marseille le 5 août 1901.*

Les frais accessoires sont :
pour Lyon, $^1/_4$ °/. de change, et $^1/_9$ °/. de commission ;
pour Bordeaux, $^3/_{16}$ °/. de change, et $^1/_8$ °/. de commission ;
pour Marseille, $^1/_5$ °/. de change, et commission au pair.
Dresser le bordereau d'escompte.

Ce bordereau peut être établi comme l'indique le tableau ci-contre.

REMARQUES. — Dans les produits des valeurs nominales par les jours à courir, on néglige ordinairement les deux derniers chiffres à droite, le chiffre des unités et le chiffre des dizaines, ainsi que les chiffres décimaux s'il y a lieu, quitte à augmenter d'une unité le nouveau nombre si les chiffres supprimés forment un nombre supérieur à une demi-centaine. La somme des *nombres* ainsi modifiés est divisée par le nombre des centaines du *diviseur*. Les calculs sont alors plus simples et l'erreur commise est négligeable.

Quelques banquiers comprennent dans l'évaluation des *jours à courir* le jour de l'escompte et le jour de l'échéance, ce qui augmente d'une unité chacun des nombres de jours.

211. Escompte en Angleterre. — Comme l'intérêt simple, l'escompte se calcule d'après l'année de 365 jours.

D'autre part, la loi anglaise accorde trois jours de grâce au souscripteur d'un effet, c'est-à-dire lui permet de payer sa dette un ou deux ou trois jours au plus après l'échéance. Comme compensation, les banquiers escompteurs augmentent de trois unités le nombre des jours à courir.

Cette loi des trois jours de grâce existe aussi aux États-Unis et a conduit les banquiers de ce pays à la même augmentation du nombre des jours à courir.

L'intérêt et l'escompte y sont calculés d'après l'année de 360 jours.

212. Formules générales. — Nous représenterons :

$$\text{la valeur nominale d'un effet par } a,$$
$$\text{le diviseur du taux d'escompte } - \text{ D},$$
$$\text{le nombre des jours à courir } - t,$$
$$\text{l'escompte } \qquad e,$$
$$\text{la valeur au comptant } - v.$$

D'après la règle de la méthode des diviseurs, l'escompte est donné par la formule

$$e = \frac{at}{D} \cdot \qquad (1)$$

Par suite, la valeur au comptant est, en ne tenant pas compte des frais accessoires,

$$v = a - \frac{at}{D} = \frac{aD - at}{D},$$

c'est-à-dire

$$v = \frac{a(D - t)}{D} \cdot \qquad (2)$$

Considérons maintenant plusieurs effets escomptés au même taux ; soient $a, a', a'', \ldots$ leurs valeurs nominales, et soient $t, t', t'', \ldots$ les nombres de jours qu'ils ont respectivement à courir. La somme des escomptes est

$$e = \frac{at}{D} + \frac{a't'}{D} + \frac{a''t''}{D} + \cdots,$$

c'est-à-dire

$$e = \frac{at + a't' + a''t'' + \cdots}{D} \cdot \qquad (3)$$

Les formules (1), (2), (3) sont les formules générales de l'escompte commercial et servent à résoudre toutes les questions relatives à cet escompte.

Remarque. — La formule (2) peut s'écrire

$$vD = a(D - t),$$

d'où l'on déduit $$a = \frac{v\mathrm{D}}{\mathrm{D} - t}.$$

Cette dernière égalité permet de calculer la valeur nominale quand on connaît la valeur au comptant, le taux et le temps. Ce calcul se fait en divisant le produit $v\mathrm{D}$ par la différence $\mathrm{D} - t$.

Cette division peut être remplacée par une opération ordinairement plus simple. Pour cela divisons par D les deux termes de la fraction ci-dessus, nous obtenons

$$a = \frac{v}{1 - \dfrac{t}{\mathrm{D}}},$$

et alors, si nous nous reportons au numéro 33, nous voyons qu'on peut écrire

$$a = v\left(1 + \frac{t}{\mathrm{D}} + \frac{t^2}{\mathrm{D}^2} + \cdots\right),$$

ou bien $$a = v + \frac{vt}{\mathrm{D}} + \frac{vt^2}{\mathrm{D}^2} + \cdots \qquad (4)$$

Chacun des termes du second membre de cette égalité est égal à l'intérêt pendant t jours du terme précédent, car le troisième terme par exemple peut s'écrire $\dfrac{vt^2}{\mathrm{D}^2} = \dfrac{vt}{\mathrm{D}} \times \dfrac{t}{\mathrm{D}}$, et de même pour les termes suivants.

Il résulte de là que *la valeur nominale d'un effet est égale à la valeur au comptant, plus l'intérêt de cette valeur au comptant, plus l'intérêt de cet intérêt, plus l'intérêt de ce nouvel intérêt, etc., tous ces intérêts étant calculés pour t jours avec le taux d'escompte considéré.*

Dans la pratique, la fraction $\dfrac{t}{\mathrm{D}}$ étant généralement très petite, on aura pour a une approximation suffisante en prenant seulement les trois premiers termes du second membre de l'égalité (4).

Comme exemple cherchons la valeur nominale d'un effet qui, escompté à 4 %, pour 84 jours, a donné $817^{\mathrm{fr}},30$ pour valeur au comptant. Nous ferons le calcul suivant :

$$v = 817^{fr},30$$

$$\frac{vt}{D} = 8^{fr},173 - 0^{fr},545 = 7^{fr},628$$

$$\frac{vt^2}{D^2} = 0^{fr},076 - 0^{fr},005 = 0^{fr},071$$

$$\text{Total} = 824^{fr},999. \quad \text{Réponse : } 825^{fr}.$$

Les valeurs du second et du troisième termes ont été obtenues simplement par la méthode des parties aliquotes de la base (n° 202), en remarquant que la base à 4 °/₀ est de 90 jours et que l'on a $84 = 90 - 6$, c'est-à-dire $84 = 90 - \dfrac{90}{15}$. On a alors retranché de la centième partie du capital le quinzième de cette centième partie.

ESCOMPTE RATIONNEL

243. Valeur actuelle d'un effet. — *On appelle valeur actuelle d'un effet qui a un certain nombre de jours à courir, la somme qui, augmentée de l'intérêt qu'elle peut rapporter pendant ce nombre de jours, reproduit la valeur nominale de l'effet.*

EXEMPLE. — Reprenons l'exemple du n° 207 et cherchons la valeur actuelle, au 16 juillet, du billet de 825ᶠʳ qui a encore 84 jours à courir, le taux de l'intérêt étant 4 °/₀.

Un billet qui aurait pour valeur actuelle 1ᶠʳ, et qui aurait 84 jours à courir, devrait avoir pour valeur nominale 1ᶠʳ plus l'intérêt de 1ᶠʳ pendant 84 jours, c'est-à-dire

$$1 + \frac{84}{9000}, \quad \text{ou} \quad \frac{9084}{9000}.$$

Inversement, on peut dire alors qu'un billet de valeur nominale égale à $\dfrac{9084}{9000}$, ayant 84 jours à courir, a pour valeur actuelle 1^{fr}. Donc, autant de fois la fraction $\dfrac{9\,084}{9\,000}$ sera contenue dans la valeur nominale donnée, 825^{fr}, autant de francs il y aura dans la valeur actuelle cherchée. On a donc

$$\text{Valeur actuelle} = 825 : \dfrac{9\,084}{9\,000},$$

c'est-à-dire

$$\text{Valeur actuelle} = \dfrac{825 \times 9\,000}{9\,084}.$$

En effectuant les calculs, on obtient $817^{fr},37$.

Le raisonnement qui vient d'être fait peut se répéter dans tous les cas et conduit à la règle suivante :

Règle. — *On obtient la valeur actuelle d'un effet en multipliant la valeur nominale par le diviseur et en divisant ce produit par le diviseur augmenté du nombre de jours que doit encore courir l'effet.*

214. Escompte rationnel. — *On appelle escompte rationnel la retenue que ferait un banquier sur un effet qui lui est présenté avant l'échéance s'il remettait au porteur de l'effet la valeur actuelle de cet effet, au lieu de lui remettre la valeur au comptant.*

En d'autres termes :

L'escompte rationnel est l'intérêt de la valeur actuelle de l'effet pendant le nombre de jours que doit encore courir cet effet.

Dans l'exemple ci-dessus, la valeur actuelle est $\dfrac{825 \times 9\,000}{9\,084}$.

On obtiendra l'intérêt de cette valeur actuelle pendant 84 jours en la multipliant par 84 et en divisant le produit par le diviseur 9\,000. On a donc

$$\text{Escompte rationnel} = \dfrac{825 \times 9\,000 \times 84}{9\,084 \times 9\,000},$$

c'est-à-dire, en simplifiant,

$$\text{Escompte rationnel} = \dfrac{825 \times 84}{9\,084}.$$

Cette dernière égalité permet d'énoncer la règle suivante :

Règle. — *Pour obtenir l'escompte rationnel, on multiplie la valeur nominale par le nombre des jours à courir et on divise le produit par le diviseur augmenté de ce nombre de jours.*

215. Comparaison des deux escomptes. — L'escompte commercial est quelquefois appelé *escompte en dehors*, et l'escompte rationnel *escompte en dedans*.

Le premier est *l'intérêt de la valeur nominale de l'effet* pendant le nombre de jours que doit encore courir cet effet, le second est *l'intérêt de la valeur actuelle de l'effet* pendant ce même temps.

Le premier s'obtient en divisant le *nombre* par le *diviseur*, le second s'obtient en divisant le *nombre* par le *diviseur* augmenté du nombre des jours à courir.

L'escompte rationnel est inférieur à l'escompte commercial. Il est aussi plus *équitable*, car, s'il l'appliquait, le banquier ne retiendrait que l'intérêt de la somme qu'il prêterait en réalité au porteur du billet, tandis que dans l'escompte commercial le banquier retient l'intérêt d'une somme supérieure à celle qu'il prête.

L'escompte commercial est adopté en France, et dans presque tous les autres pays, pour les deux raisons suivantes :

1° *Le calcul de l'escompte commercial est plus rapide.* En effet, le calcul de cet escompte par la méthode des diviseurs se fait par une division généralement simple, car le diviseur est ordinairement l'un des nombres simples 6 000, 8 000, 9 000, etc.; ce calcul se fait aussi très facilement par la méthode des parties aliquotes. Au contraire, pour avoir l'escompte rationnel, il faut faire une division assez longue. Ainsi, dans l'exemple précédent, il faut diviser par 9084, calcul qui ne peut pas se faire mentalement.

2° *La valeur au comptant et la valeur actuelle ont entre elles une différence relativement faible.* En effet, dans l'exemple qui précède, pour un capital nominal de 825^{fr}, nous avons trouvé une différence de 7 centimes entre les deux valeurs fournies par les deux escomptes.

Cette faible différence tient à ce que le nombre des jours à courir ne dépasse généralement pas 90 jours.

Soit a une valeur nominale quelconque escomptée à 4 %, par exemple pour 90 jours; nous aurons

$$\text{Valeur au comptant} = a - \frac{90a}{9\,000} = a - \frac{a}{100} = \frac{99a}{100},$$

$$\text{Valeur actuelle} = \frac{a \times 9\,000}{9\,090} = \frac{a \times 900}{909} = \frac{100a}{101}.$$

La différence entre ces deux valeurs est

$$\frac{100a}{101} - \frac{99a}{100},$$

c'est-à-dire, en réduisant au même dénominateur,

$$\frac{10\,000a - 9\,999a}{10\,100}, \qquad \text{ou bien} \qquad \frac{a}{10\,100}.$$

La différence des deux valeurs obtenues est donc inférieure à la *dix-millième partie* de la valeur nominale de l'effet. Pour un effet de 10 000^{fr} escompté à 4 % pour 90 jours, la différence des deux escomptes serait donc inférieure à 1^{fr}. C'est là une différence négligeable.

L'escompte commercial permet donc aux banquiers de *gagner du temps* tout en faisant une opération qui est *un peu à leur avantage*.

Remarquons à ce sujet que l'usage de compter 360 jours dans l'année est ici à l'avantage des banquiers, car ces derniers, prêtant de l'argent, deviennent créanciers, et par suite, d'après le n° 196, gagnent 1^{fr} sur 73^{fr} d'escompte. Dans les limites ordinaires de la pratique, cette dernière erreur est supérieure à celle qui résulte de la substitution de l'escompte commercial à l'escompte rationnel. Les deux erreurs s'ajoutent.

Pour de longues échéances, atteignant ou dépassant une année, la différence des deux escomptes serait plus considérable. Il faut alors adopter l'escompte rationnel ou mieux encore l'escompte basé sur le calcul des intérêts composés, ainsi que nous le verrons dans la deuxième partie de ce Traité.

216. Formules générales. — Nous représenterons par les lettres v' et e' la valeur actuelle et l'escompte rationnel d'un effet de valeur nominale a qui a encore t jours à courir.

D'après la définition de la valeur actuelle, on doit avoir

$$v' + \frac{v't}{\mathrm{D}} = a,$$

ou, en multipliant par D les deux membres de cette égalité,

$$v'\mathrm{D} + v't = a\mathrm{D},$$

ou encore

$$v'(\mathrm{D} + t) = a\mathrm{D},$$

d'où l'on déduit

$$v' = \frac{a\mathrm{D}}{\mathrm{D} + t}. \tag{1}$$

Telle est la formule qui donne la valeur actuelle d'un effet. Cette formule, traduite en langage ordinaire, donne la règle qui termine le n° 213.

On a d'autre part

$$c' = \frac{v't}{\mathrm{D}},$$

c'est-à-dire, d'après la formule (1),

$$c' = \frac{a\mathrm{D}t}{(\mathrm{D} + t)\mathrm{D}},$$

ou bien, en simplifiant,

$$c' = \frac{at}{\mathrm{D} + t}. \tag{2}$$

Telle est la formule qui donne l'escompte rationnel. Cette formule, traduite en langage ordinaire, conduit à la règle qui termine le n° 214.

Les formules (1) et (2) servent à résoudre toutes les questions relatives à l'escompte rationnel.

REMARQUE. — La formule (1) indique qu'on obtient v' en divisant le produit $a\mathrm{D}$ par la somme $\mathrm{D} + t$. Cette division peut être remplacée par une opération ordinairement plus simple. Pour cela remarquons que la formule (1) peut s'écrire

$$v' = \frac{a}{1 + \dfrac{t}{\mathrm{D}}},$$

ou bien, d'après le n° 34,

$$v' = a\left(1 - \frac{t}{D} + \frac{t^2}{D^2} - \frac{t^3}{D^3} + \cdots\right),$$

c'est-à-dire $\qquad v' = a - \dfrac{at}{D} + \dfrac{at^2}{D^2} - \dfrac{at^3}{D^3} + \cdots \qquad\qquad$ (3)

Chacun des termes du second membre de cette égalité est égal à l'intérêt pendant t jours du terme précédent, car le troisième terme par exemple peut s'écrire $\dfrac{at}{D} \times \dfrac{t}{D}$, produit qui est égal à l'intérêt de $\dfrac{at}{D}$; et de même pour les termes suivants.

Il résulte de là que *la valeur actuelle d'un effet est égale à la valeur nominale, moins l'intérêt de cette valeur nominale, plus l'intérêt de cet intérêt, moins l'intérêt de ce nouvel intérêt, et ainsi de suite en ajoutant et en retranchant alternativement; tous ces intérêts étant calculés pour t jours avec le taux d'escompte considéré.*

Dans la pratique, on obtient pour v' une approximation ordinairement suffisante en prenant seulement les trois premiers termes du second membre de l'égalité (3).

Cherchons d'après cela la valeur actuelle à 4 °/₀ d'un effet de 825^{fr}, qui a 84 jours à courir. Nous aurons le calcul suivant, dans lequel le terme $\dfrac{at}{D}$, qui doit être retranché de la somme des deux autres, a été calculé en premier lieu et un peu plus bas de façon à laisser une place suffisante pour le calcul du troisième terme et son addition avec le premier :

$$a = \qquad\qquad\qquad 825^{fr}$$

$$\frac{at^2}{D^2} = 0^{fr},077 - 0^{fr},005 = \quad \underline{0^{fr},072}$$

$$\overline{825^{fr},072}$$

$$\frac{at}{D} = 8^{fr},25 - 0^{fr},55 \quad = \quad \underline{7^{fr},70}$$

$$v' = 817^{fr},372.$$

Les valeurs de $\dfrac{at}{D}$ et de $\dfrac{at^2}{D^2}$ ont été obtenues simplement par la méthode des parties aliquotes de la base, ainsi qu'on l'a déjà fait dans le calcul qui termine le n° 212.

Différence des deux escomptes. — On a

$$e - e' = \frac{at}{D} - \frac{at}{D + t},$$

ce qu'on peut écrire

$$e - e' = at\left(\frac{1}{D} - \frac{1}{D + t}\right).$$

Lorsque t augmente, la fraction $\dfrac{1}{D + t}$ diminue et par suite la différence qui est dans la parenthèse augmente ; le nombre at augmente également. Donc, *la différence des deux escomptes est d'autant plus grande que l'échéance de l'effet est plus éloignée.*

On a

$$\frac{1}{D} - \frac{1}{D + t} = \frac{D + t - D}{D(D + t)} = \frac{t}{D(D + t)}.$$

On peut donc écrire

$$e - e' = \frac{at^2}{D(D + t)}.$$

La fraction qui est dans le second membre peut se mettre sous l'une des deux formes suivantes :

$$\frac{\dfrac{at}{D} \times t}{D + t} \qquad \text{ou} \qquad \frac{\dfrac{at}{D + t} \times t}{D},$$

c'est-à-dire

$$\frac{et}{D + t} \qquad \text{ou} \qquad \frac{e't}{D}.$$

On a donc

$$e - e' = \frac{et}{D + t} = \frac{e't}{D},$$

ce qui montre que *la différence des deux escomptes est égale à l'escompte rationnel de l'escompte commercial, ou à l'escompte commercial de l'escompte rationnel.*

EFFETS ÉQUIVALENTS.

217. On dit que deux effets sont *équivalents à une époque déter-minée*, lorsque, escomptés au même taux, à cette même époque, ils donnent la même valeur au comptant ou la même valeur actuelle, suivant que l'on adopte l'escompte commercial ou l'escompte rationnel.

L'époque en question s'appelle *la date de l'équivalence des deux effets*.

Dans les mêmes conditions, on dit qu'un effet est équivalent à plusieurs autres lorsque cet effet a pour valeur au comptant ou pour valeur actuelle, suivant l'escompte employé, la somme des valeurs au comptant ou la somme des valeurs actuelles des autres effets.

218. Problème I. — *On a deux effets dont les valeurs nomi-nales sont* 1062^{fr} *et* 1056^{fr}. *Le premier a son échéance dans 88 jours. Déterminer l'échéance du second de façon qu'il soit équi-valent aujourd'hui au premier, le taux d'escompte étant* 4 1/2 %.

1° **Solution par l'escompte commercial.** — L'escompte com-mercial du premier effet est égal à

$$\frac{1062 \times 88}{8000} = 1,062 \times 11 = 11^{fr},682.$$

La valeur nominale du second effet étant inférieure de 6^{fr} à celle du premier, ce second effet aura la même valeur au comptant que le premier si son escompte est égal à

$$11^{fr},682 - 6^{fr} = 5^{fr},682.$$

Cet escompte étant l'intérêt de la valeur nominale 1056^{fr} pen-dant le nombre de jours que doit encore courir ce second effet, on aura ce nombre de jours en appliquant la formule $t = \dfrac{36000\,i}{ar}$ (n° 194) :

$$l = \frac{36\,000 \times 5,682}{1\,056 \times 4,5} = \frac{8\,000 \times 5,682}{1\,056}.$$

En effectuant le calcul, on trouve $l = 43\,1/22$. La réponse demandée est donc 43 *jours*.

2° **Solution par l'escompte rationnel.** — La valeur actuelle du premier effet est égale à

$$\frac{1\,062 \times 8\,000}{8\,088} = \frac{1\,062\,000}{1\,011} = 1\,050^{fr},445.$$

Cette valeur doit être aussi la valeur actuelle du second effet, et par suite l'escompte rationnel de ce second effet est

$$1\,056 - 1\,050,445 = 5^{fr},555.$$

Cet escompte étant l'intérêt de la valeur actuelle pendant le nombre de jours que doit encore courir ce second effet, on aura ce nombre de jours en appliquant la même formule que dans la première solution :

$$t = \frac{8\,000 \times 5,555}{1\,050,445}.$$

En prenant le nombre entier qui se rapproche le plus du quotient trouvé, on obtient 42 *jours*.

REMARQUE. — Ce problème se résout aussi par l'application des formules générales de l'escompte. Pour cela, on désigne par la lettre x le nombre de jours cherché, et l'on écrit qu'il y a égalité entre les deux valeurs au comptant ou bien entre les deux valeurs actuelles des deux effets considérés, suivant l'escompte employé.

Dans l'escompte commercial, on a

$$\frac{1\,062(8\,000 - 88)}{8\,000} = \frac{1\,056(8\,000 - x)}{8\,000},$$

ou bien

$$1\,062(8\,000 - 88) = 1\,056(8\,000 - x).$$

ou, en divisant par 6 les deux membres de cette égalité,

$$177(8\,000 - 88) = 176(8\,000 - x),$$

c'est-à-dire
$$177 \times 8000 - 177 \times 88 = 176 \times 8000 - 176x.$$

On en déduit
$$176x = 177 \times 88 + 176 \times 8000 - 177 \times 8000,$$

ou $\qquad 176x = 177 \times 88 - 8000 = 7576,$

d'où $\qquad x = \dfrac{7576}{176} = \dfrac{947}{22} = 43 \ 1/22.$

Dans l'escompte rationnel, on a
$$\frac{1062 \times 8000}{8000 + 88} = \frac{1056 \times 8000}{8000 + x},$$

ou, en divisant par 8000, puis par 6 les deux membres de cette égalité,
$$\frac{177}{8000 + 88} = \frac{176}{8000 + x},$$

d'où, en écrivant que le produit des extrêmes est égal au produit des moyens
$$177 \times 8000 + 177x = 176 \times 8000 + 176 \times 88,$$
ou bien
$$177x = 176 \times 88 + 176 \times 8000 - 177 \times 8000,$$
$$177x = 176 \times 88 - 8000 = 7488.$$

On en tire $\qquad x = \dfrac{7488}{177} = \dfrac{2496}{59} = 42 \ 18/59.$

219. Problème II. — *On a deux effets dont les échéances sont à 75 jours et à 18 jours. La valeur nominale du premier effet est 5400ᶠʳ. Calculer la valeur nominale du second de façon qu'il soit équivalent aujourd'hui au premier, le taux d'escompte étant 6 %.*

1° **Solution par l'escompte commercial.** — L'escompte commercial du premier effet est égal à
$$\frac{5400 \times 75}{6000} = \frac{9 \times 75}{10} = 67^{fr},50.$$

La valeur au comptant de ce premier effet est donc
$$5400 - 67^{fr},50 = 5332^{fr},50.$$

Cette valeur doit être aussi la valeur au comptant du second effet, et par suite le problème revient à trouver quelle est la somme qui, diminuée de son intérêt pendant 18 jours, donne 5332^{fr},5o.

Une valeur nominale de 1^{fr} diminuée de son intérêt pendant 18 jours donne pour valeur au comptant

$$ 1 - \frac{18}{6\,000} = 1 - \frac{3}{1\,000} = \frac{997}{1\,000}. $$

Donc, autant de fois la fraction $\dfrac{997}{1\,000}$ sera contenue dans la valeur au comptant 5332^{fr},5o, autant de francs il y aura dans la valeur nominale cherchée. Cette valeur nominale est donc égale à

$$ 5332^{fr},5o : \frac{997}{1\,000}, \qquad \text{ou} \qquad \frac{5332500}{997}. $$

En effectuant la division, on obtient 5348^{fr},55.

2° **Solution par l'escompte rationnel.** — La valeur actuelle du premier effet est égale à

$$ \frac{5\,400 \times 6\,000}{6\,075} = 5\,333^{fr},333. $$

Cette valeur doit être aussi la valeur actuelle du second effet. Nous obtiendrons donc la valeur nominale de ce second effet en augmentant cette valeur actuelle de son intérêt pendant 18 jours. Cet intérêt est égal à

$$ \frac{5\,400 \times 6\,000}{6\,075} \times \frac{18}{6\,000} = \frac{5\,400 \times 18}{6\,075} = 16^{fr}. $$

La valeur nominale cherchée est donc

$$ 5\,333^{fr},333 + 16^{fr} = 5\,349^{fr}, 35. $$

REMARQUE I. — Comme dans le problème précédent, on peut opérer algébriquement en employant les formules générales de l'escompte et en désignant par la lettre x la valeur nominale cherchée.

Dans le cas de l'escompte commercial, on écrit que les deux valeurs au comptant sont égales, ce qui donne

$$\frac{5\,400(6\,000 - 75)}{6\,000} = \frac{x(6\,000 - 18)}{6\,000},$$

ou

$$5\,400 \times 5\,925 = x \times 5\,982,$$

d'où l'on déduit
$$x = \frac{5\,400 \times 5\,925}{5\,982}.$$

En effectuant les calculs, on obtient $5\,348^{\text{fr}},55$.

Dans le cas de l'escompte rationnel, on écrit que les deux valeurs actuelles sont égales, ce qui donne

$$\frac{5\,400 \times 6\,000}{6\,000 + 75} = \frac{x \times 6\,000}{6\,000 + 18},$$

ou

$$\frac{5\,400}{6\,075} = \frac{x}{6\,018},$$

d'où l'on déduit

$$x = \frac{5\,400 \times 6\,018}{6\,075}.$$

En effectuant les calculs, on obtient $5\,349^{\text{fr}},35$.

REMARQUE II. — On peut également résoudre ce problème en utilisant les remarques des n°s 212 et 216. On évite alors les divisions qui figurent dans les solutions précédentes, et on fait les calculs suivants dans lesquels les intérêts ont été calculés par la méthode des parties aliquotes :

1° *Cas de l'escompte commercial.*

Valeur nominale du premier effet.	$= 5\,400^{\text{fr}}$
Escompte pour 75 jours $= 75^{\text{fr}} - 7^{\text{fr}},50$.	$= 67^{\text{fr}},50$
	$v = 5\,332^{\text{fr}},50$
Intérêt de v pour 18 jours $= 17^{\text{fr}},77 - 1^{\text{fr}},77$ . . $=$	16^{fr}
Intérêt du précédent $= 0^{\text{fr}},053 - 0^{\text{fr}},005$. . $=$	$0^{\text{fr}},048$
Valeur nominale du second effet.	$= 5\,348^{\text{fr}},548$.

2° *Cas de l'escompte rationnel.*

Valeur nominale du premier effet	$= 5\,400^{\text{fr}}$
Intérêt de $67^{\text{fr}},50$ pour 75 jours $= 0^{\text{fr}},675 + 0^{\text{fr}},169 =$	$0^{\text{fr}},844$
	$5\,400^{\text{fr}},844$

Intérêt de 5 400^{fr} pour 75 jours $= 54^{fr} + 13^{fr},50$. $=$ 67^{fr},50

$$v' = 5 333^{fr},344$$

Intérêt de v' pour 15 jours . . . . $=$ 13^{fr},333

— 3 — . . . . $==$ 2^{fr},666

Valeur nominale du second effet. . . . . $= 5 349^{fr},343$.

Il est bon de s'exercer à faire rapidement de pareils calculs.

220. Problème III. — *Deux effets qui ont pour valeurs nominales 3 540^{fr} et 3 520^{fr} ont respectivement 98 jours et 53 jours à courir. Dans combien de jours aura lieu l'équivalence de ces deux effets, le taux d'escompte étant 4 1/2 °/₀ ?*

1° **Solution par l'escompte commercial.** — La valeur nominale du premier effet est supérieure de 20^{fr} à celle du second. Les deux effets seront donc équivalents lorsque l'escompte fait sur le premier effet sera supérieur de 20^{fr} à l'escompte fait sur le second.

L'escompte du premier effet peut être considéré comme composé de deux parties : 1° l'escompte pendant le nombre de jours que les deux effets courent en commun ; 2° l'escompte pendant les 45 jours que doit encore courir ce premier effet après l'échéance du second.

Ce dernier escompte est égal à

$$\frac{3 540 \times 45}{8 000} = 19^{fr},9125.$$

Il faut donc que le premier escompte soit supérieur de la quantité

$$20^{fr} - 19^{fr},9125, \quad \text{c'est-à-dire} \quad 0^{fr},0875,$$

à l'escompte fait sur le second effet.

Or, lorsque les deux effets courent un jour en commun, la différence de leurs escomptes est

$$\frac{3 540}{8 000} - \frac{3 520}{8 000}, \quad \text{c'est-à-dire} \quad \frac{20}{8 000}, \quad \text{ou} \quad \frac{1}{400}.$$

Donc, autant de fois cette différence $\frac{1}{400}$ sera contenue dans

$0^{fr},0875$, autant de jours les deux effets devront courir en commun :

$$0,0875 : \frac{1}{400} = 0,0875 \times 400 = 35 \text{ jours.}$$

L'équivalence des deux effets aura donc lieu 35 jours avant l'échéance du second, c'est-à-dire dans $53 - 35 = 18$ *jours*.

2° Solution par l'escompte rationnel. — A l'époque d'équivalence, les deux effets ont la même valeur actuelle, et les valeurs nominales $3\,540^{fr}$ et $3\,520^{fr}$ sont ce que deviennent deux sommes égales à cette valeur actuelle placées respectivement pendant les temps que doivent encore courir les deux effets.

L'intérêt produit par la première de ces deux sommes égales est supérieur de 20^{fr} à l'intérêt produit par la seconde, et comme cette première somme reste placée pendant 45 jours de plus que la seconde, on peut dire que 20^{fr} sont l'intérêt pendant 45 jours de la valeur actuelle commune.

D'après la formule $a = \dfrac{36\,000\,i}{rt}$ (n° 194), on voit alors que cette valeur actuelle commune est égale à

$$\frac{36\,000 \times 20}{4,5 \times 45}, \qquad \text{ou} \qquad \frac{8\,000 \times 20}{45} = 3\,555^{fr},55.$$

Ce résultat est supérieur à chacune des deux valeurs nominales données. Or la valeur actuelle d'un effet doit être inférieure à sa valeur nominale. Le problème proposé est donc impossible si l'on opère par l'escompte rationnel.

REMARQUE I. — Si l'on convient de considérer la valeur d'un effet dont l'échéance est passée, et si l'on appelle valeur actuelle de cet effet la somme qui, *diminuée* de ses intérêts pendant le nombre de jours qui se sont écoulés depuis l'échéance, reproduit la valeur nominale de l'effet, le problème ci-dessus devient possible dans le cas de l'escompte rationnel.

On raisonne alors de la façon suivante :

Cherchons si l'époque d'équivalence peut avoir lieu après l'échéance du premier effet. Si cela se produit, les valeurs nominales $3\,540^{fr}$ et $3\,520^{fr}$ sont ce que deviennent deux sommes égales à la valeur actuelle commune, diminuées de leurs intérêts pendant les temps qui se sont écoulés depuis les échéances respectives des deux effets.

L'intérêt de la première de ces deux sommes égales est inférieur de 20^{fr} à l'intérêt de la seconde, et comme l'intérêt de cette seconde somme est calculé pendant 45 jours de plus que l'intérêt de la première, on peut dire que ces 20^{fr} sont l'intérêt, pendant 45 jours, de la valeur actuelle commune.

On trouve alors comme précédemment que cette valeur actuelle commune est 3555^{fr} 5/9.

La différence 15^{fr} 5/9 qui existe entre cette valeur actuelle et la valeur nominale du premier effet est donc l'intérêt de 3555^{fr} 5/9 pendant le nombre de jours qui doivent s'écouler depuis l'échéance du premier effet jusqu'à l'époque de l'équivalence. Ce nombre de jours s'obtient alors par la formule $t = \dfrac{36\,000\,i}{ar}$ (n° 194), qui donne ici

$$ t = \frac{8\,000 \times 15\,5/9}{3\,555\,5/9} = \frac{8\,000 \times 140}{32\,000} = 35 \text{ jours.} $$

Donc, dans l'hypothèse faite, l'équivalence des deux effets aura lieu 35 jours après l'échéance du premier; cette équivalence aura donc lieu dans 98 + 35, c'est-à-dire dans 133 jours.

REMARQUE II. — Si le calcul de la seconde solution avait fourni un résultat compris entre les valeurs nominales des deux effets, le problème eût été également impossible avec l'escompte rationnel. Dans un pareil cas, si l'on adopte la convention de la remarque précédente, il est aisé de voir que l'époque d'équivalence est alors comprise entre les échéances des deux effets, et que le résultat du calcul en question est encore égal à la valeur actuelle commune de ces deux effets au jour de l'équivalence. Le problème s'achève alors comme dans la remarque I.

REMARQUE III. — Si le problème est possible par l'escompte commercial, cela tient à ce que l'escompte du premier effet, pendant les 45 jours qu'il doit encore courir après l'échéance du second, est inférieur à la différence, 20^{fr}, des deux valeurs nominales.

Il est aisé de voir que toutes les fois que cela aura lieu, le problème sera impossible par l'escompte rationnel.

En effet, désignons plus généralement par t le nombre de jours que doit courir en plus le premier effet. Le problème est possible par l'escompte commercial si l'on a

$$\frac{3540 \times t}{8000} < 20.$$

Or, on a alors

$$3540 \times t < 20 \times 8000,$$

ou bien

$$\frac{20 \times 8000}{t} > 3540.$$

Mais, d'après la solution rationnelle, la fraction $\dfrac{20 \times 8000}{t}$ représente la valeur actuelle commune des deux effets au moment de l'équivalence ; cette valeur étant supérieure à la valeur nominale 3540, on voit que le problème n'est pas possible.

Inversement, si le problème est possible par la méthode rationnelle, il ne l'est pas par la méthode commerciale. Dans ce cas, on peut encore trouver une réponse au problème en convenant d'appeler valeur au comptant d'un effet qui a dépassé son échéance, la somme obtenue en *augmentant* la valeur nominale de cet effet de son intérêt pendant le nombre de jours écoulés depuis l'échéance.

REMARQUE IV. — Dans les problèmes analogues au précédent, il peut arriver que la date de l'équivalence des deux effets soit passée au lieu d'être future. On s'en apercevra à ce fait que le nombre de jours que doivent courir en commun les deux effets est supérieur au nombre de jours que doit encore courir l'effet dont l'échéance est la plus rapprochée.

REMARQUE V. — On peut enfin résoudre ce problème algébriquement, en employant les formules générales de l'escompte et en désignant par x le nombre de jours qui doivent s'écouler avant l'époque de l'équivalence. A cette époque, les deux effets n'auront plus que $98 - x$ jours et $53 - x$ jours à courir.

Dans le cas de l'escompte commercial, on doit avoir

$$\frac{3540[8000 - (98 - x)]}{8000} = \frac{3520[8000 - (53 - x)]}{8000},$$

ou bien $\quad 354(8000 - 98 + x) = 352(8000 - 53 + x)$,

ou encore $\quad 177(7902 + x) = 176(7947 + x)$,

$$177x - 176x = 176 \times 7947 - 177 \times 7902;$$

on en tire $\quad x = 1398672 - 1398654$,

c'est-à-dire $\quad x = 18$ jours.

Dans le cas de l'escompte rationnel, on doit avoir

$$\frac{3540 \times 8000}{8000 + 98 - x} = \frac{3520 \times 8000}{8000 + 53 - x},$$

ou $\quad \dfrac{177}{8098 - x} = \dfrac{176}{8053 - x}$,

ou bien, d'après le théorème sur les rapports égaux,

$$\frac{177}{8098 - x} = \frac{176}{8053 - x} = \frac{177 - 176}{8098 - 8053} = \frac{1}{45}.$$

On a donc

$$\frac{176}{8053 - x} = \frac{1}{45},$$

d'où, en faisant le produit des extrêmes et celui des moyens,

$$176 \times 45 = 8053 - x,$$

ou bien $\quad x = 8053 - 176 \times 45$,

$$x = 8053 - 7920,$$

ou enfin $\quad x = 133$ jours.

Cette solution n'est acceptable que si l'on généralise la défini-tion de la valeur actuelle comme il a été dit dans la remarque I

221. Formules générales. — Considérons deux effets de va-leurs nominales a et a', ayant respectivement t et t' jours à courir.

Ces deux effets seront équivalents aujourd'hui, dans le cas de l'escompte commercial, s'ils ont la même valeur au comptant, c'est-à-dire si l'on a

$$\frac{a(\mathrm{D} - t)}{\mathrm{D}} = \frac{a'(\mathrm{D} - t')}{\mathrm{D}},$$

ou bien $\qquad a(\mathrm{D} - t) = a'(\mathrm{D} - t'),$

d'où l'on déduit

$$\frac{a}{a'} = \frac{\mathrm{D} - t'}{\mathrm{D} - t}. \qquad (1)$$

Ces deux mêmes effets seront équivalents aujourd'hui, dans le cas de l'escompte rationnel, s'ils ont la même valeur actuelle, c'est-à-dire si l'on a

$$\frac{a\mathrm{D}}{\mathrm{D} + t} = \frac{a'\mathrm{D}}{\mathrm{D} + t'},$$

ou bien $\qquad \dfrac{a}{\mathrm{D} + t} = \dfrac{a'}{\mathrm{D} + t'},$

d'où l'on déduit

$$\frac{a}{a'} = \frac{\mathrm{D} + t}{\mathrm{D} + t'}. \qquad (2)$$

Les formules (1) et (2) permettent de résoudre toutes les questions relatives à l'équivalence de deux effets et, en particulier, les problèmes analogues aux problèmes I et II précédemment traités.

REMARQUE I. — *Les deux effets considérés ne peuvent pas être équivalents, le même jour, dans l'escompte commercial et dans l'escompte rationnel.*

En effet, si cela était, les égalités (1) et (2) auraient lieu en même temps, et par suite on devrait avoir

$$\frac{\mathrm{D} + t}{\mathrm{D} + t'} = \frac{\mathrm{D} - t'}{\mathrm{D} - t},$$

c'est-à-dire, en faisant le produit des extrêmes et celui des moyens,

$$(\mathrm{D} + t)(\mathrm{D} - t) = (\mathrm{D} + t')(\mathrm{D} - t'),$$

ou bien, d'après le 9° des principes rappelés au n° 14,

$$\mathrm{D}^2 - t^2 = \mathrm{D}^2 - t'^2.$$

Or une pareille égalité ne peut avoir lieu que si l'on a $\quad t^2 = t'^2,$

c'est-à-dire $t = t'$ ou $t = -t'$. Si l'on a $t = t'$ les deux effets ne peuvent être équivalents que s'ils ont même valeur nominale, et ils sont alors toujours équivalents, dans les deux escomptes. L'égalité $t = -t'$ n'a de sens que si l'on convient de considérer la valeur d'un effet dont l'échéance est passée ; on voit alors que les deux effets peuvent être équivalents dans les deux escomptes lorsque le nombre de jours que l'un doit encore courir est égal au nombre de jours écoulés depuis l'échéance de l'autre.

Donc deux effets *distincts* et *non échus* ne peuvent être équivalents, le même jour, dans les deux escomptes.

Remarque II. — *Si les deux effets considérés sont équivalents à l'époque actuelle, ils ne l'étaient pas avant cette époque et ils ne le seront plus après.*

En effet, si ces deux effets sont équivalents aujourd'hui, dans l'escompte rationnel par exemple, l'égalité (2) est vérifiée. S'ils étaient encore équivalents dans n jours, on devrait avoir aussi

$$\frac{a}{a'} = \frac{D + t - n}{D + t' - n}.$$

En comparant cette égalité à l'égalité (2), on voit qu'il faudrait avoir l'égalité suivante :

$$\frac{D + t}{D + t'} = \frac{D + t - n}{D + t' - n}.$$

Or une pareille égalité est impossible, car une fraction change de valeur quand on retranche un même nombre de ses deux termes.

Remarque III. — Cherchons à déterminer, comme dans le problème III, l'époque de l'équivalence de deux effets a et a' qui ont respectivement t jours et t' jours à courir.

Dans le cas de l'escompte commercial, si nous désignons par x le nombre de jours qui séparent l'époque actuelle de l'époque d'équivalence, on doit avoir

$$\frac{a[D - (t - x)]}{D} = \frac{a'[D - (t' - x)]}{D},$$

ou
$$a(\mathrm{D} - t + x) = a'(\mathrm{D} - t' + x),$$

ou bien
$$ax - a'x = at - a't' - a\mathrm{D} + a'\mathrm{D},$$

ou encore
$$(a - a')x = at - a't' - (a - a')\mathrm{D}.$$

On en déduit
$$x = \frac{at - a't'}{a - a'} - \mathrm{D}.$$

Si la valeur trouvée pour x est supérieure à t ou à t', il faut généraliser la définition de la valeur au comptant comme on l'a fait plus haut.

Si la valeur trouvée pour x est négative, cela signifie que les deux effets ont déjà été équivalents.

Dans le cas de l'escompte rationnel, si nous désignons par y le nombre de jours qui séparent l'époque actuelle de l'époque d'équivalence, on doit avoir
$$\frac{a\mathrm{D}}{\mathrm{D} + t - y} = \frac{a'\mathrm{D}}{\mathrm{D} + t' - y},$$

ou, en divisant par D les deux membres de cette égalité, puis en écrivant que le produit des extrêmes est égal à celui des moyens,
$$a(\mathrm{D} + t' - y) = a'(\mathrm{D} + t - y),$$

ou bien
$$a\mathrm{D} - a'\mathrm{D} + at' - a't = ay - a'y,$$

ou encore
$$(a - a')\mathrm{D} + at' - a't = (a - a')y.$$

On en déduit
$$y = \frac{at' - a't}{a - a'} + \mathrm{D}.$$

Mêmes remarques que précédemment si la valeur trouvée pour y est supérieure à t ou à t' ou bien si cette valeur est négative.

Formons la somme $x + y$; on obtient
$$x + y = \frac{at - a't'}{a - a'} + \frac{at' - a't}{a - a'},$$

ou bien
$$x + y = \frac{at - a't' + at' - a't}{a - a'} = \frac{(a - a')(t + t')}{a - a'},$$

ou, en simplifiant,
$$x + y = t + t'.$$

Cette égalité montre que si l'on a $x = l - n$, on doit avoir $y = l' + n$, et l'on déduit de là les propriétés suivantes :

Si l'époque d'équivalence dans l'un des deux escomptes a lieu avant l'échéance des deux effets, l'époque d'équivalence dans l'autre escompte a lieu après l'échéance des deux effets, et si la première époque a lieu n jours avant l'échéance la plus rapprochée, la deuxième époque a lieu n jours après l'autre échéance.

Si l'époque d'équivalence dans l'un des deux escomptes est comprise entre les deux échéances, il en est de même de l'époque d'équivalence dans l'autre escompte, et le nombre de jours qui séparent la première époque de l'une des deux échéances est égal au nombre de jours qui séparent la deuxième époque de l'autre échéance.

Dans ce cas les deux époques d'équivalence peuvent coïncider, car si l'on a $x = \dfrac{l + l'}{2}$, on a aussi $y = \dfrac{l + l'}{2}$.

Remarque IV. — Dans les questions sur les effets équivalents on peut avoir à considérer plus de deux effets. Ainsi, proposons-nous de trouver à quelle époque un effet a qui a l jours à courir sera équivalent à l'ensemble de deux effets a' et a'' ayant respectivement l' et l'' jours à courir.

Soit x le nombre de jours qui sépare l'époque actuelle de l'époque cherchée.

Dans le cas de l'escompte commercial, on doit avoir l'égalité

$$a[\mathrm{D} - (l - x)] = a'[\mathrm{D} - (l' - x)] + a''[\mathrm{D} - (l'' - x)],$$

de laquelle on déduit aisément

$$(\mathrm{D} + x)(a - a' - a'') = al - a'l' - a''l''. \qquad (1)$$

Si l'on a les deux relations

$$a - a' - a'' = 0 \qquad \text{et} \qquad al - a'l' - a''l'' = 0,$$

l'égalité (1) se réduit à $0 = 0$, c'est-à-dire est vérifiée quelle que soit la valeur donnée à x, et par suite les effets considérés sont constamment équivalents.

Mais c'est là un cas tout particulier que nous pouvons écarter, et l'égalité (1) peut alors s'écrire

$$D + x = \frac{at - a't' - a''t''}{a - a' - a''}.$$

On en déduit

$$x = \frac{at - a't' - a''t''}{a - a' - a''} - D.$$

Donc, en général, dans le cas de l'escompte commercial, l'équivalence considérée ne peut avoir lieu qu'à une *seule* époque, déterminée par cette dernière formule, et on peut voir aisément qu'il en serait de même si l'on considérait un plus grand nombre d'effets.

Si l'on applique l'escompte rationnel, on doit avoir l'égalité

$$\frac{a}{D + t - x} = \frac{a'}{D + t' - x} + \frac{a''}{D + t'' - x}.$$

Cette égalité se résout plus difficilement que les précédentes ; elle conduit ordinairement à une équation du *second degré*. Nous verrons dans la deuxième partie de ce Traité qu'une pareille équation peut être vérifiée pour *deux* valeurs de x, auxquelles correspondent deux époques d'équivalence.

Si l'on considérait plus de trois effets on serait conduit à une équation d'un degré supérieur au second. On démontre qu'une pareille équation peut être vérifiée pour autant de valeurs de x que l'indique son degré, et qu'à chacune de ces valeurs correspond une époque d'équivalence.

REMARQUE V. — Les définitions que nous avons données de la valeur actuelle et de la valeur au comptant d'un effet dont l'échéance est passée nous ont permis de résoudre par l'application des mêmes formules tous les problèmes analogues au problème III (p. 202).

Il importe de remarquer cependant que la définition de la valeur au comptant est seule légitime. En effet, à l'échéance du billet, le créancier reçoit la valeur nominale de ce billet, et c'est cette valeur nominale qui peut alors produire intérêt ; de telle sorte que, 20 jours après l'échéance par exemple, la valeur réelle du billet est égale à la valeur nominale plus l'intérêt de cette valeur nominale pendant 20 jours.

La méthode commerciale devient donc rationnelle après l'échéance.

TRANSFORMATIONS D'EFFETS

222. Certaines circonstances peuvent engager un débiteur à modifier les conditions de paiement d'une dette pour laquelle il a déjà souscrit un ou plusieurs effets. Ainsi, le signataire d'un ou plusieurs billets à ordre peut avoir intérêt à avancer ou à retarder le paiement de ces billets, ou bien à diviser un paiement en plusieurs autres, ou encore à réunir plusieurs paiements en un seul, etc.

Le porteur des premiers effets ne consentira évidemment à cette transformation que s'il en résulte pour lui un bénéfice, ou tout au moins s'il n'éprouve aucune perte.

Il pourra se dire par exemple : à telle époque, avec les premiers effets, j'aurais eu telle somme ; par conséquent je veux, à la même époque, avoir la même somme avec les nouveaux effets. De là plusieurs solutions suivant le choix de cette époque d'équivalence, car des effets ne peuvent généralement pas être équivalents à toutes les époques (remarques II et IV, n° 221).

Ces transformations se font ordinairement entre particuliers ou entre négociants. Elles sont souvent relatives à des effets dont les échéances sont supérieures à celles des effets escomptables et peuvent atteindre six mois ou même une année.

Les intérêts sont calculés par la méthode commerciale ou par la méthode rationnelle, suivant les conventions établies entre les parties intéressées. Ordinairement, cependant, on emploie la méthode commerciale.

Le choix de l'époque d'équivalence résulte aussi de ces conventions. Lorsque cette époque n'est pas fixée on peut prendre n'importe quelle date, pourvu qu'elle ne soit pas trop éloignée de celles qui figurent dans la question. On choisit ordinairement la date du jour où se fait la transformation considérée, ou bien la date d'échéance de l'un des effets, anciens ou nouveaux. Avec un peu d'habitude on voit aisément quelle est celle de ces dates qui conduit aux calculs les plus simples.

Dans la majeure partie des cas, les différences qui résultent du choix de l'époque d'équivalence sont très faibles, ainsi que celles qui résultent de l'emploi de l'une ou l'autre des deux méthodes de calcul pour les intérêts.

Dans ces diverses transformations, il faut toujours supposer que toute personne qui reçoit une certaine somme d'argent bénéficie chaque jour de l'intérêt de cette somme, et, inversement, que la personne qui fait une avance d'argent perd chaque jour l'intérêt de la somme avancée. Le taux de cet intérêt est égal au taux d'escompte, sauf convention contraire.

Si l'on considère la valeur d'un effet dont l'échéance est passée, cette valeur doit être prise égale à la valeur nominale augmentée de ses intérêts depuis l'échéance.

Si les échéances des effets dépassent une année, il faut avoir recours aux formules de l'intérêt composé ainsi que nous le verrons dans la deuxième partie de ce Traité.

223. EXEMPLE. — *Pour remplacer un effet de 1800^{fr} payable le 15 octobre, le souscripteur de cet effet remet à son créancier, le 17 juin, un effet de 1000^{fr} payable le 20 novembre, plus une certaine somme d'argent. Quelle est cette somme, sachant que le taux de l'intérêt est 4 1/2 %, ?*

1re solution. — Prenons pour époque d'équivalence la date de l'échéance du premier effet, c'est-à-dire cherchons la somme demandée, de telle façon que le créancier puisse réaliser le 15 octobre les 1800^{fr} sur lesquels il avait compté, en faisant escompter d'une part, ce 15 octobre, le billet de 1000^{fr}, et d'autre part en ajoutant à la somme en question ses intérêts du 17 juin au 15 octobre.

Du 15 octobre au 20 novembre, il y a 36 jours.

Du 17 juin au 15 octobre, il y a 120 jours.

Le billet de 1000^{fr} escompté le 15 octobre donnera pour valeur au comptant

$$1\,000 - \frac{1\,000 \times 36}{8\,000} = 1\,000 - 4,5 = 995^{fr},50.$$

La somme cherchée, jointe à ses intérêts, doit donc être égale à la différence

$$1\,800 - 995,50, \quad \text{c'est-à-dire} \quad 804^{fr},50.$$

Or, 1^{fr} augmenté de son intérêt pendant 120 jours devient

$$1 + \frac{120}{8\,000} = 1 + \frac{15}{1\,000} = 1^{fr},015.$$

Donc, autant de fois le nombre 1,015 sera contenu dans 804,5, autant de francs il y aura dans la somme cherchée :

$$804,5 : 1,015 = 792^{fr},61.$$

Le souscripteur du premier effet doit donc remettre, avec le billet de $1\,000^{fr}$, la somme de $792^{fr},61$.

2e *solution.* — Prenons pour époque d'équivalence la date de la transformation, c'est-à-dire le 17 juin, et opérons par l'escompte commercial.

Le 17 juin, la valeur au comptant de l'effet de $1\,800^{fr}$ est

$$1\,800 - \frac{1\,800 \times 120}{8\,000} = 1\,800 - 27 = 1\,773^{fr}.$$

Ce même jour, la valeur au comptant de l'effet de $1\,000^{fr}$ est

$$1\,000 - \frac{1\,000 \times 156}{8\,000} = 1\,000 - 19,50 = 980^{fr},50.$$

La somme qu'il faut donner est égale à la différence de ces deux valeurs au comptant :

$$1\,773 - 980,50, \quad \text{c'est-à-dire} \quad 792^{fr},50.$$

3e *solution.* — Prenons encore pour époque d'équivalence la date de la transformation, mais traitons le problème par l'escompte rationnel.

Le 17 juin, la valeur actuelle de l'effet de $1\,800^{fr}$ est

$$\frac{1\,800 \times 8\,000}{8\,120} = 1\,773^{fr},39.$$

Ce même jour la valeur actuelle de l'effet de 1000^{fr} est

$$\frac{1000 \times 8000}{8156} = 980^{fr},87.$$

La somme qu'il faut donner est égale à la différence de ces deux valeurs actuelles :

$$1773,39 - 980,87, \quad \text{c'est-à-dire} \quad 792^{fr},52.$$

On voit que les différents résultats ainsi obtenus sont très sensiblement les mêmes, et que la deuxième solution conduit aux calculs les plus simples.

REMARQUE. — Les divisions de la troisième solution peuvent être évitées si l'on utilise la remarque du n° 216.

224. Échéance commune. — Le problème de l'échéance commune consiste à remplacer par un seul paiement plusieurs autres paiements qui doivent être effectués à des échéances diverses. C'est la date de ce paiement unique qu'on appelle *échéance commune*.

On peut se donner la date de cette échéance commune et chercher la valeur de la somme unique qui doit être payée à cette époque. On peut aussi se donner la valeur nominale du paiement unique, et chercher quelle doit être la date de son échéance.

Le problème de l'échéance commune comprend donc deux cas. Nous allons donner un exemple de chacun de ces cas.

EXEMPLE I. — *Cinq effets qui ont pour valeurs nominales* 900^{fr}, 870^{fr}, 1200^{fr}, 1000^{fr} *et* 600^{fr}, *ont respectivement 20 jours, 30 jours, 42 jours, 63 jours et 75 jours à courir. On veut remplacer ces cinq effets par un effet unique ayant son échéance dans 50 jours. Quelle doit être la valeur nominale de cet effet unique, le taux de l'intérêt étant 4 %?*

1re solution. — Opérons par la méthode commerciale, en prenant pour époque d'équivalence l'échéance du billet unique. La valeur nominale de ce billet unique est alors égale à la somme des valeurs au comptant des cinq billets donnés au jour de cette échéance.

Or, ce jour-là les trois premiers effets seront échus depuis 30 jours, 20 jours et 8 jours, et par suite leurs valeurs au comptant seront égales à leurs valeurs nominales augmentées des intérêts correspondants ; les deux autres effets auront encore 13 jours et 25 jours à courir, et leurs valeurs nominales devront être diminuées des intérêts correspondants.

On fait alors la somme des *nombres* relatifs aux premiers effets, puis celle des *nombres* relatifs aux autres effets ; le quotient obtenu en divisant par le *diviseur* la différence de ces deux sommes doit être ajouté ou retranché au total des cinq valeurs nominales, suivant que la première somme est supérieure ou inférieure à la seconde. Le résultat de cette dernière opération est le capital unique cherché. On obtient ainsi $4572^{fr},90$.

On dispose les calculs de la façon suivante :

SOMMES	JOURS	NOMBRES	
900	30	27 000	
870	20	17 400	
1 200	8	9 600	
1 000	— 13		— 13 000
600	— 25		— 15 000
4 570		54 000	— 28 000

$$\frac{2,88}{4572^{fr},88} \quad \left(\frac{1}{9} \text{ de } 26\right) \qquad 26\,000 \text{ (différence des nombres)}$$

On a placé le signe — devant les nombres et les jours qui correspondent aux effets dont l'échéance est postérieure à l'échéance commune, afin d'indiquer que les intérêts correspondants doivent être retranchés.

2ᵉ solution. — Opérons encore par l'escompte commercial, en prenant pour époque d'équivalence le jour de la transformation des cinq effets en un effet unique.

Cherchons quelle est ce jour-là la valeur au comptant de l'ensemble des cinq effets. Nous avons le calcul suivant, identique à celui d'un bordereau d'escompte :

SOMMES	JOURS	NOMBRES
900	20	18 000
870	30	26 100
1 200	42	50 400
1 000	63	63 000
600	75	45 000
4 570		202 500
22,50 $\left(\dfrac{1}{9} \text{ de } 202,5 \right)$		
4 547^{fr},50 valeur au comptant.		

L'effet unique doit aussi avoir pour valeur au comptant
4 547^{fr},50.

Or, un effet qui aurait pour valeur nominale 1^{fr}, et qui aurait
50 jours à courir, aurait pour valeur au comptant

$$1 - \frac{50}{9\,000}, \qquad \text{c'est-à-dire} \qquad \frac{895}{900}.$$

Autant de fois cette fraction sera contenue dans la valeur au
comptant 4 547^{fr},50, autant de francs il y aura dans la valeur
nominale cherchée. Donc, on a

$$\text{valeur nominale} = 4\,547,50 : \frac{895}{900}$$
$$= \frac{4\,547,50 \times 900}{895}$$
$$= 4\,572^{fr},90.$$

REMARQUE. — On peut éviter cette dernière division en utilisant la remarque du n° 212. Malgré cela la première solution est
plus simple que la seconde, et, comme les deux résultats ne diffèrent ordinairement que de quelques centimes, c'est la première
solution qui est généralement employée dans la pratique.

EXEMPLE II. — *Trois effets qui ont pour valeurs nominales*
1 500^{fr}, 600^{fr} et 840^{fr}, ont respectivement 126 jours, 95 jours et
70 jours à courir. On veut remplacer ces trois effets par un effet
unique ayant pour valeur nominale 2 920^{fr}. Quelle doit être
l'échéance de cet effet unique, le taux de l'intérêt étant 6°/₀?

Opérons encore par l'escompte commercial, en prenant pour
époque d'équivalence le jour de la transformation. Ce jour-là,
la valeur au comptant de l'ensemble des trois effets est donnée

par le calcul suivant :

SOMMES	JOURS	NOMBRES
1 500	126	189 000
600	95	57 000
840	70	58 800
2 940		304 800

$$50,80 \quad \left(\frac{1}{6} \text{ de } 304,8 \right)$$

2 889,20 valeur au comptant.

L'effet unique doit aussi avoir pour valeur au comptant
$2889^{fr},20$; or, la valeur nominale de cet effet unique est 2920^{fr},
donc la différence $2\,920 - 2\,889,20$, c'est-à-dire $30^{fr},80$, représente l'intérêt de 2920^{fr} pendant le nombre de jours que doit
courir l'effet unique. Ce nombre de jours est donc égal à

$$\frac{36\,000 \times 30,80}{2\,920 \times 6}, \quad \text{ou} \quad \frac{6\,000 \times 30,80}{2\,920}, \quad \text{ou} \quad \frac{300 \times 30,80}{146}.$$

En effectuant les calculs, on obtient $63\,\frac{21}{73}$; donc l'échéance
de l'effet unique doit avoir lieu dans 63 *jours*.

Autre solution. — Prenons toujours pour époque d'équivalence le jour de la transformation, mais opérons par l'escompte
rationnel.

Le jour de la transformation, les trois effets ont pour valeurs
actuelles :

$$\text{le } 1^{er} \text{ effet,} \quad \frac{1\,500 \times 6\,000}{6\,126} = 1469^{fr},15$$

$$\text{le } 2^e \text{ effet,} \quad \frac{600 \times 6\,000}{6\,095} = 590^{fr},65$$

$$\text{le } 3^e \text{ effet,} \quad \frac{840 \times 6\,000}{6\,070} = 830^{fr},30$$

$$\text{Total} = 2\,890^{fr},10.$$

L'effet unique doit avoir pour valeur actuelle cette somme
$2\,890^{fr},10$ qui est la valeur actuelle de l'ensemble des trois
effets. Or la valeur nominale de l'effet unique est $2\,920^{fr}$;
donc la différence $2\,920 - 2\,890,10$, c'est-à-dire $29^{fr},90$, représente l'intérêt de la valeur actuelle $2\,890^{fr},10$ pendant le nom-

bre de jours que doit courir cet effet unique. Ce nombre de jours est donc égal à

$$\frac{6\,000 \times 29,9}{2\,890,1}.$$

En effectuant les calculs, on obtient $62\frac{2\,138}{28\,901}$; donc l'échéance de l'effet unique doit avoir lieu dans 62 *jours*.

REMARQUE. — Un cas particulier important de l'exemple que nous venons de traiter est le cas où la valeur nominale de l'effet unique est égale à la somme des valeurs nominales des effets donnés. Nous allons étudier ce cas.

225. **Échéance moyenne.** — Le problème de l'échéance moyenne consiste à remplacer plusieurs effets à échéances diverses par un seul effet qui leur soit *équivalent* et dont *la valeur nominale soit la somme des valeurs nominales des effets donnés*.

L'inconnue du problème est l'époque de l'échéance de l'effet unique, et c'est cette époque qu'on appelle *échéance moyenne*.

EXEMPLE. — *Une personne s'est engagée à payer à son créancier les trois effets suivants :*

$$1° \quad un\ effet\ de\ 750^{\text{fr}}\ le\quad 2\ mai;$$
$$2° \qquad —\qquad 435^{\text{fr}}\ le\ 15\ juin;$$
$$3° \qquad —\qquad 600^{\text{fr}}\ le\ 29\ juillet.$$

Le 2 mars, cette personne veut remplacer ces trois effets par un effet unique équivalent ayant pour valeur nominale la somme des trois valeurs nominales. Trouver l'échéance de cet effet unique, le taux de l'intérêt étant 5 %.

Nous allons opérer par la méthode commerciale, en plaçant au 2 mars l'époque d'équivalence.

Le billet unique d'une part et les effets donnés d'autre part, ayant des valeurs nominales égales, seront équivalents le 2 mars si l'escompte fait ce jour-là sur le billet unique est égal à la somme des escomptes faits ce même jour sur les trois effets.

On trouve que du 2 mars à chacune des échéances données, il

y a 61 jours, 105 jours, 149 jours. Les *nombres* correspondants sont alors

$$750 \times 61 = 45750$$
$$435 \times 105 = 45675$$
$$600 \times 149 = 89400$$
$$\text{Total} = 180825.$$

Par suite, la somme des escomptes faits le 2 mars sur les trois effets est égale à la fraction

$$\frac{180825}{7200}.$$

L'escompte fait sur le billet unique doit aussi être égal à cette fraction. La valeur nominale de cet effet unique est

$$750 + 435 + 600 = 1785^{fr};$$

l'intérêt de cet effet pendant un jour est égal à

$$\frac{1785}{7200}.$$

Donc, autant de fois cette fraction sera contenue dans la fraction $\frac{180825}{7200}$, autant de jours aura à courir l'effet unique. On a

$$\frac{180825}{7200} : \frac{1785}{7200} = \frac{180825 \times 7200}{7200 \times 1785},$$

ou bien, en simplifiant,

$$\frac{180825}{1785} = 101\,\frac{540}{1785}, \quad \text{c'est-à-dire 101 jours.}$$

L'effet unique a donc 101 jours à courir après le 2 mars. Il est alors facile de voir que l'échéance moyenne doit avoir lieu le 11 *juin*.

Le même raisonnement et les mêmes calculs se font dans tous les problèmes analogues, quel que soit le nombre des effets considérés. On en déduit la règle suivante:

Règle. — *Pour avoir, par la méthode commerciale, le nombre de jours qui séparent l'échéance moyenne de l'époque de la transformation des effets, on multiplie la valeur nominale de chaque* *effet par le nombre de jours qu'il doit encore courir, on fait ensuite la somme de ces nombres et on divise cette somme par la somme des valeurs nominales des effets donnés.*

REMARQUE I. — *L'effet unique d'une part et les premiers effets d'autre part sont constamment équivalents.*

En effet, supposons que l'on fasse escompter l'effet unique le 12 mars, c'est-à-dire 10 jours après l'époque d'équivalence ; l'escompte de cet effet se trouverait diminué de l'intérêt de 1785^{fr} pendant 10 jours, c'est-à-dire de

$$\frac{1785 \times 10}{7200}.$$

D'autre part, le 12 mars, les escomptes des trois effets proposés se trouveraient diminués de

$$\frac{750 \times 10}{7200}, \qquad \frac{435 \times 10}{7200}, \qquad \frac{600 \times 10}{7200}.$$

La somme de ces trois diminutions est égale à

$$\frac{(750 + 435 + 600) \times 10}{7200}, \qquad \text{c'est-à-dire à} \qquad \frac{1785 \times 10}{7200}.$$

Donc, le 12 mars, l'escompte du billet unique serait encore égal à la somme des escomptes des trois effets, et il en serait de même à toute autre date. Il y a donc constamment équivalence.

REMARQUE II. — *La date de l'échéance moyenne est indépendante du jour choisi pour la transformation des billets donnés en un billet unique.*

Supposons en effet qu'on effectue cette transformation le 12 mars, c'est-à-dire 10 jours plus tard ; les *nombres* relatifs aux effets donnés se trouveront respectivement diminués des produits suivants :

$$750 \times 10, \qquad 435 \times 10, \qquad 600 \times 10.$$

La somme des *nombres* sera donc diminuée de

$$(750 + 435 + 600) \times 10, \qquad \text{c'est-à-dire de} \qquad 1785 \times 10.$$

D'après la règle, la somme des nombres doit être divisée par

1785. Le quotient de cette division sera donc diminué de

$$\frac{1785 \times 10}{1785}, \qquad \text{c'est-à-dire de 10 unités.}$$

Or, lorsqu'on fait la transformation le 2 mars, l'échéance moyenne a lieu 101 jours après. Par suite, si l'on fait la transformation le 12 mars, l'échéance moyenne aura lieu 101 — 10, c'est-à-dire 91 jours après le 12 mars.

Mais la date qui a lieu 101 jours après le 2 mars et celle qui a lieu 91 jours après le 12 mars sont les mêmes : c'est la date du 11 juin. Donc cette date est indépendante du jour de la transformation.

On peut donc prendre pour date de cette transformation n'importe quelle date. Si l'on prend celle de la plus courte échéance des effets donnés, le *nombre* relatif à cet effet devient nul, ce qui simplifie un peu le calcul.

On peut même prendre une date comprise entre celles des diverses échéances. Dans ce cas, la somme des nombres relatifs aux effets dont les échéances sont antérieures à la date choisie doit être retranchée de la somme des nombres relatifs aux autres effets.

Remarque III. — *La date de l'échéance moyenne est indépendante du taux d'escompte.*

Cela tient à ce que le *diviseur* 7200 a disparu dans les calculs qui ont été faits pour déterminer cette échéance moyenne.

Remarque IV. — *Dans le calcul de l'échéance moyenne, on peut remplacer les valeurs nominales des effets donnés par des valeurs proportionnelles.*

En effet, si l'on multiplie par 100, par exemple, chacune des valeurs nominales, le dividende et le diviseur de la division indiquée dans la *règle* se trouvent multipliés par 100, et par suite le quotient ne change pas. Il en est de même si l'on divise par 100 ou par un nombre quelconque chacune des valeurs nominales.

Dans l'exemple que nous avons traité, on peut remarquer que les trois valeurs nominales sont divisibles par 15 ; les quotients sont 5o, 29 et 4o. Le nombre de jours qui séparent l'échéance moyenne du 2 mars est alors donné par le calcul suivant, qui est plus simple que celui qui a été fait :

$$\frac{5o \times 6\mathbf{1} + 29 \times \mathbf{1}o5 + 4o \times \mathbf{1}49}{5o + 29 + 4o}.$$

Ce calcul peut encore être simplifié en prenant, d'après la remarque II, le 2 mai pour date de la transformation.

Remarque V. — Dans le cas de l'escompte rationnel, les problèmes analogues au précédent conduisent à des calculs plus longs et les résultats obtenus sont très sensiblement les mêmes. D'autre part, avec cet escompte, il est aisé de voir que les remarques I, II et III ne sont pas applicables.

226. **Formules générales.** — Les formules générales de l'escompte permettent de résoudre aisément les problèmes de transformations d'effets, soit par l'escompte commercial, soit par l'escompte rationnel.

Soient a, a', a'' les valeurs nominales de trois effets qui ont respectivement t, t', t'' jours à courir. Soient A et n la valeur nominale d'un effet équivalent aux premiers et le nombre de jours que doit courir cet effet unique, et supposons que l'époque actuelle soit l'époque d'équivalence.

Dans le cas de l'escompte commercial, si nous écrivons que la valeur au comptant de l'effet unique est égale à la somme des valeurs au comptant des trois autres, nous obtenons

$$\frac{A(D-n)}{D} = \frac{a(D-t)}{D} + \frac{a'(D-t')}{D} + \frac{a''(D-t'')}{D}.$$

ou bien $\quad A(D-n) = a(D-t) + a'(D-t') + a''(D-t'').$

Cette égalité permet de déterminer l'une des deux quantités A et n quand on se donne l'autre, c'est-à-dire permet de résoudre les deux problèmes de l'échéance commune.

Dans le cas de l'escompte rationnel, ces deux problèmes sont résolus par l'égalité suivante :

$$\frac{AD}{D+n} = \frac{aD}{D+t} + \frac{a'D}{D+t'} + \frac{a''D}{D+t''},$$

ou bien

$$\frac{A}{D+n} = \frac{a}{D+t} + \frac{a'}{D+t'} + \frac{a''}{D+t''}.$$

Pour résoudre le problème de l'échéance moyenne, dans le cas de l'escompte commercial, on écrit l'égalité suivante, qui exprime que l'escompte de l'effet unique est égal à la somme des escomptes des premiers effets :

$$\frac{(a+a'+a'')n}{D} = \frac{at}{D} + \frac{a't'}{D} + \frac{a''t''}{D},$$

ou bien

$$(a+a'+a'')n = at + a't' + a''t'',$$

d'où

$$n = \frac{at + a't' + a''t''}{a+a'+a''}.$$

Cette dernière formule, traduite en langage ordinaire, conduit à la règle énoncée plus haut pour le calcul de l'échéance moyenne.

PROBLÈMES A RÉSOUDRE

141. Quelle somme faudrait-il placer à 4 °/₀ pour retirer 3 948^{fr}, capital et intérêts réunis, au bout de 2 ans 5 mois ?

142. Une somme d'argent, placée pendant 8 mois, est devenue avec ses intérêts 1 854^{fr} ; la même somme placée pendant un an, au même taux, est devenue avec les intérêts 1 881^{fr}. Quelle est cette somme ?

143. Un capital augmenté des intérêts qu'il a produits en 10 mois donne 29 760^{fr}. Ce même capital, diminué des intérêts qu'il peut produire en 17 mois, égalerait 27 168^{fr}. Quels sont le capital et le taux ?

144. c désignant la somme constituée par un capital a augmenté de l'intérêt qu'il peut produire en t jours, au taux r, on demande de trouver la formule qui existe entre ces quatre quantités, et d'en déduire la valeur de chacune d'elles en fonction des trois autres.

145. Dans une entreprise les bénéfices sont de 3 %, tous les 9 mois. Quelle somme faut-il engager dans cette entreprise pour se procurer un revenu annuel de 3 150^{fr} ?

146. Une personne a placé 14 000^{fr} à 3 1/2 % ; au bout de 9 mois, elle retire capital et intérêts pour placer le tout dans une affaire industrielle qui lui rapporte 565^{fr} par an. A quel taux est alors placé son argent ?

147. On a placé à 4 1/2 % par an une certaine somme le 31 janvier. Le 16 avril de la même année, on a placé une seconde somme, double de la première, à 5 %. On a retiré le 1er octobre suivant 7 384^{fr},90, capitaux et intérêts réunis. Quelles étaient les sommes placées ?

148. Une personne place les $\dfrac{5}{9}$ de son capital à 4 % pendant 15 mois, et le reste à 3 % pendant le même temps. La différence des intérêts simples produits par les deux parties du capital est égale à 500^{fr}. Calculer la valeur du capital.

149. Une personne, qui a fait deux parts de sa fortune, en place le 1/5 à 4 1/2 %, et cette partie de son capital lui rapporte annuellement 1 500^{fr}. A quel taux le reste devra-t-elle être placé pour que le revenu total de la personne soit de 7 540^{fr} ?

150. Un particulier a placé 21 000^{fr}, partie à 5 %, partie à 4 1/2 %. Il retire annuellement 1 010^{fr} de ce placement. Quelle est la somme placée à 5 % ? Quelle est la somme placée à 4 1/2 % ?

151. Une personne place les 3/7 de sa fortune à 5 % et divise le reste en deux parts qu'elle place, la première à 4 % et la deuxième à 3 %. On demande de calculer cette fortune, sachant que les deux dernières parts sont dans le rapport de 3 à 5 et que le revenu total est 5 700^{fr}.

152. Une personne emploie les $\dfrac{5}{11}$ de sa fortune à acheter un terrain de 175 ares à 8 500^{fr} l'hectare. Le reste de son argent est partagé en deux parts, placées l'une à 5 %, l'autre à 4 %. L'intérêt total annuel de ces deux sommes est 800^{fr}. Calculer la fortune totale et chacune des deux parts placées à 5 % et à 4 %.

153. Une personne a fait trois parts de son capital : la première a été placée à 3 °/₀, la deuxième à 3 1/2 °/₀, la troisième à 4 1/4 °/₀. Ces parts sont entre elles comme les nombres 6, 8 et 9. Le total du revenu est de 1 465^{fr},95. Calculer les trois parts et le capital entier.

154. Un rentier touche chaque année 3 250^{fr} d'intérêts. Les 3/4 de sa fortune sont placés à 3 °/₀ et le reste à 4 °/₀. Quelle est sa fortune ?

155. Trois amis ont placé ensemble une somme de 3 400^{fr}. Après 2 ans, ils ont retiré pour le capital et les intérêts simples : le premier 1 620^{fr}, le deuxième 1 080^{fr}, le troisième 972^{fr}. Quelle était la mise de chacun et à quel taux a-t-on payé l'intérêt ?

156. Une personne place les 2/7 de son avoir à 4 1/4 °/₀, et reçoit pour la somme ainsi placée un revenu annuel de 765^{fr}. Le reste de la fortune de cette personne est engagé dans une entreprise qui rapporte annuellement 5^{fr},40 °/₀. On demande le montant du revenu total de cette personne et le taux unique auquel elle devrait placer sa fortune pour avoir le même revenu.

157. Un capital de 10000^{fr} est placé en deux parties, l'une au taux de 4,73 °/₀, l'autre au taux de 5 °/₀. On reçoit pour les intérêts de chaque trimestre une somme de 120^{fr},50. Quel est le montant de chacun des deux placements partiels ?

158. Une personne place une partie de son avoir à 5 °/₀ et le reste à 4 °/₀. Son revenu annuel, qui est de 3 700^{fr}, augmenterait de 160^{fr} si la somme au lieu d'être placée à 5 °/₀ l'était à 4 °/₀, et inversement. Trouver le capital total et les deux parties dans lesquelles il a été divisé.

159. Un capital a été partagé en deux parties, dont l'une a été placée à 3 1/2 °/₀ et l'autre à 4 1/4 °/₀. Le revenu annuel s'élève à 2 150^{fr}. Si l'on eût placé la première partie à 4 1/4 °/₀ et la seconde à 3 1/2 °/₀, on aurait perdu sur la totalité des intérêts 37^{fr},50. On demande de calculer le capital total.

160. Une somme de 32 000^{fr} est ajoutée aux intérêts simples qu'elle a produits pendant quatre ans, au taux 3 1/8 °/₀. Le capital ainsi formé ayant été engagé dans un nouveau placement, on en retire les $\frac{5}{12}$ au bout de trois mois, les $\frac{3}{8}$ après une seconde période de trois mois et le reste après une nouvelle période de trois mois. On demande le taux de ce deuxième placement sachant que le total des intérêts qu'il a rapportés s'élève à 612^{fr},75.

161. Une personne a emprunté une somme de 24 000^{fr}. Le taux de l'intérêt, primitivement fixé à 5 %, s'est abaissé à 4 % dans le courant de l'année. On demande de trouver au bout de combien de temps a eu lieu cette diminution, sachant que le total des intérêts dus à la fin de l'année s'élève à 1 010^{fr}.

162. Un capital augmenté de ses intérêts est devenu 5 640^{fr} au bout de 6 mois de placement. Le même capital, placé à un taux supérieur d'une unité, deviendrait au bout de 4 mois 5 520^{fr}. Trouver le montant de ce capital, ainsi que le taux primitif.

163. Une personne possède un capital de 54 800^{fr} placé à 3,75 %. Une autre personne jouit d'un revenu annuel de 2 560^{fr} produit par un capital placé à 3,2 %. On demande :

1° quel est le revenu de la première personne et quel est le capital de la seconde ;

2° de quelle même somme faut-il accroître chaque capital pour que les capitaux ainsi augmentés produisent le même revenu.

164. Une personne place un certain capital dans une banque qui lui donne 5 % par an, et après 2 ans 3 mois elle retire son argent (capital et intérêts), pour faire un nouveau placement. Sachant que si elle plaçait à 6 % les $\frac{5}{11}$ de la somme retirée et le reste à 5 %, elle retirerait 89^{fr} de moins par an que si elle plaçait les $\frac{5}{11}$ à 5 % et le reste à 6 %, trouver la somme qu'elle avait déposée en banque.

165. Les intérêts annuels d'une somme de 27 500^{fr}, joints à ceux d'une autre somme de 12 500^{fr} qui est placée à 1 1/2 % de plus, forment un total de 1 387^{fr},50. Trouver les taux des deux placements.

166. Un capital de 45 000^{fr} produit un revenu annuel de 1 912^{fr},50. Le tiers de ce capital est placé à un certain taux, et le reste à un taux différent du premier. On demande de trouver chacun de ces deux taux, sachant que leur somme est égale à 8.

167. Un capital de 84 000^{fr} est divisé en trois parties. Le tiers est placé à 3 %, le quart à 4 % et le reste à 6 %. Au bout d'un certain temps l'intérêt produit s'élève à 2 646^{fr}. Quel est ce temps ?

168. Un rentier a placé le tiers de son capital à 5 % et le reste à 4 %. Il retire annuellement 6 000^{fr} de plus pour cette dernière partie que pour la première. Trouver le capital placé par le rentier.

169. Un capital placé à 5 %, pendant un certain nombre d'années, a produit 718^{fr},80. Le même capital placé pendant 7 ans, à un taux différent de 5 %, a produit 1 341^{fr},76. Le temps dans le premier cas et le taux dans le second sont exprimés par deux nombres entiers différents de l'unité et premiers entre eux.

1° Trouver ces deux nombres.

2° Avec le capital joint aux intérêts rapportés dans les deux opérations précédentes, on a acheté un pré de forme triangulaire dont les trois côtés ont respectivement 120^m, 140^m, 150^m. On demande le prix du mètre carré de terrain.

170. On a placé à intérêts simples deux capitaux qui sont entre eux comme 3 3/4 est à 4 5/6. Le premier capital, placé à raison de 4 % par an pendant 6 ans 4 mois, a produit 1 071^{fr} d'intérêts de plus que le second capital, placé à raison de 3 % par an pendant 4 ans 1/2. Quels sont ces capitaux ?

171. Deux capitaux de 12 000^{fr} chacun ont été placés au taux de 4 1/2 % à des époques différentes. Le premier a déjà produit 295^{fr},50 et le second 67^{fr},50. On demande dans combien de temps l'intérêt rapporté par le premier ne sera plus que le double de l'intérêt rapporté par le second.

172. Une personne possède 60 000^{fr}. Elle place une partie de cette somme à 4 1/2 %, l'autre partie à 4 3/4 % et se fait ainsi un revenu de 2 800^{fr}. On demande la valeur de chacune des sommes placées.

173. Une personne, en plaçant les 3/4 de son capital à 3 % et le reste à 5 %, possède un certain revenu annuel. Si son capital, diminué de 3 600^{fr}, était placé à 4 %, le revenu annuel de la personne serait augmenté de 95^{fr}. Quel est le capital ?

174. Une personne place les 2/3 de son avoir à 3 % et le reste à 4 1/2 %. Au bout de 3 ans, elle touche pour le capital et les intérêts une somme de 9 945^{fr}. Quel était le capital ?

175. Une personne a placé chez un banquier, à intérêts simples, une certaine somme qui, après 10 mois de placement, est devenue égale à 12 600^{fr}, capital et intérêts réunis. La personne place alors toute cette somme au même taux pendant 2 ans 1/2 et touche au bout de ce temps 14 490^{fr}. On demande de trouver le taux et le capital primitif placé chez le banquier.

176. Un employé économe place, le premier de chaque mois, le cinquième de son traitement mensuel dans une maison de banque qui lui sert un intérêt de 4 °/₀ par an. Ces versements successifs augmentés de leurs intérêts constituent, un an après le premier versement, une somme de 735^{fr},60. Combien cet employé gagne-t-il par mois ? (On supposera que chaque mois est de 30 jours.)

177. Le 16 avril, un capitaliste place à intérêts simples chez un banquier une somme de 480 000^{fr}. Le 31 décembre suivant, il retire ses fonds, capital et intérêts, pour les replacer immédiatement chez un autre banquier qui lui offre un taux supérieur de 1/2 °/₀ au taux primitif. Le 13 octobre suivant, il liquide définitivement son compte, montant à 511 467^{fr},16, chez le second banquier. Quel était le taux du placement primitif ?

178. Trouver par les parties aliquotes du diviseur, puis par les parties aliquotes de la base, les intérêts produits par les capitaux suivants :

$$7\,500^{fr} \text{ à } 4\,{}^{1}/_{2}\,°/_{0} \text{ pendant } 215 \text{ jours ;}$$
$$9\,300^{fr} \text{ à } 5\,°/_{0} \quad — \quad 189 \quad — \;\text{;}$$
$$8\,100^{fr} \text{ à } 6\,°/_{0} \quad — \quad 48 \quad — \;\text{.}$$

179. Même question avec les capitaux suivants :

$$12\,900^{fr} \text{ à } 5\,°/_{0} \text{ pendant } 102 \text{ jours ;}$$
$$14\,040^{fr} \text{ à } 4\,°/_{0} \quad — \quad 350 \quad — \;\text{;}$$
$$11\,988^{fr} \text{ à } 3\,°/_{0} \quad — \quad 168 \quad — \;\text{.}$$

180. Trouver par les parties aliquotes d'un taux fixe les intérêts produits par les capitaux suivants :

$$3\,965^{fr} \text{ à } 4\,{}^{3}/_{4}\,°/_{0} \text{ pendant } 144 \text{ jours ;}$$
$$4\,500^{fr} \text{ à } 3\,{}^{1}/_{3}\,°/_{0} \quad — \quad 69 \quad — \;\text{.}$$

181. Calculer par la méthode des diviseurs la somme des intérêts produits par les capitaux suivants placés à 4 1/2 °/₀ :

$$840^{fr} \text{ placés du } 3 \text{ mars au } 17 \text{ août ;}$$
$$1\,080^{fr} \quad — \quad 1^{er} \text{ avril } — 17 \text{ août ;}$$
$$920^{fr} \quad — \quad 30 \text{ avril } — 1^{er} \text{ septembre ;}$$
$$600^{fr} \quad — \quad 14 \text{ mai } — 5 \text{ octobre.}$$

182. Même question pour les capitaux suivants placés à 5 °/₀ :

$$1350^{fr} \text{ placés du } 15 \text{ avril} \quad \text{au } 31 \text{ décembre ;}$$
$$810^{fr} \quad - \quad 20 \text{ mai} \quad - \ 31 \text{ décembre ;}$$
$$1620^{fr} \quad - \quad 1^{er} \text{ août} \quad - \ 31 \text{ décembre ;}$$
$$900^{fr} \quad - \quad 31 \text{ octobre} - 31 \text{ décembre.}$$

183. Trouver par la méthode de Thoyer la somme des intérêts produits par les capitaux suivants placés à 4 1/2 °/₀ :

$$3435^{fr} \text{ pendant } 41 \text{ jours ;}$$
$$894^{fr} \quad - \quad 68 \quad - \ ;$$
$$6012^{fr} \quad - \quad 57 \quad - \ ;$$
$$643^{fr} \quad - \quad 29 \quad - \ ;$$
$$940^{fr} \quad - \quad 90 \quad - \ ;$$
$$1250^{fr} \quad - \quad 84 \quad - \ .$$

184. Trouver par les parties aliquotes d'un taux fixe les intérêts produits par les capitaux suivants :

$$13500^{fr} \text{ à } 3\,^4/_5\,°/_0 \text{ pendant } 125 \text{ jours ;}$$
$$10800^{fr} \text{ à } 5\,^1/_8\,°/_0 \quad - \quad 135 \quad - \ .$$

185. Calculer la valeur au comptant (¹) d'un effet de 3150^{fr} dont l'échéance est au 19 septembre, et qui est escompté le 1er juillet à 4 °/₀.

186. Calculer la valeur au comptant d'un effet de 720^{fr} dont l'échéance est au 3 novembre, et qui est escompté à 5 °/₀ le 5 août avec 1/4 °/₀ de commission et 1/3 °/₀ de change de place.

187. Quel est le taux réel de la retenue que fait un banquier lorsqu'il escompte à 4 1/2 °/₀, avec 1/4 °/₀ de commission et 3/16 °/₀ de change de place, un effet de 2400^{fr} qui a encore 75 jours à courir ?

188. Une personne, qui fait escompter le 1er avril à 4 1/2 °/₀ un effet payable le 4 juin suivant, reçoit pour valeur au comptant la somme de 595^{fr},20. Quelle est la valeur nominale de l'effet ?

189. Un billet payable le 25 septembre a été escompté le 2 août à 5 °/₀ avec 1/2 °/₀ de commission et 1/4 °/₀ de change de place. Quelle est la valeur nominale de ce billet sachant qu'on a obtenu pour valeur au comptant 630^{fr},40 ?

---

(1) La valeur au comptant est également appelée *valeur actuelle commerciale*, ou bien *valeur actuelle en dehors*, ou simplement *valeur actuelle* lorsqu'il n'y a pas de confusion possible avec l'escompte rationnel.

190. Un effet de 1800^{fr} escompté le 17 mars à 5 % donne pour valeur au comptant 1 786^{fr}. Quelle est la date de l'échéance de cet effet ?

191. On fait escompter le 1er juillet un effet de 840^{fr} à 6 % avec 1/4 % de commission et 3/8 % de change de place. On reçoit pour valeur au comptant 823^{fr},55. Quelle est la date de l'échéance de cet effet ?

192. Un billet de 570^{fr} dont l'échéance est au 30 septembre est escompté le 1er août et donne pour valeur au comptant 564^{fr},30. Quel est le taux d'escompte ?

193. Un effet de 480^{fr} dont l'échéance est au 31 août est escompté le 27 juin avec 1/3 % de commission et $\dfrac{5}{16}$ % de change de place. La valeur au comptant est 473^{fr}. Quel est le taux d'escompte ?

194. Établir le bordereau d'escompte des effets suivants escomptés à Paris le 18 mars à 4 % avec 1/3 % de change de place :

1° un effet de 714^{fr} payable à Marseille le 22 avril ;
2°   —   420^{fr}   —   1er mai ;
3°   —   510^{fr}   —   31 mai ;
4°   —   390^{fr}   —   19 juin.

195. Établir le bordereau d'escompte des effets suivants escomptés à Lyon le 10 mai à 4 1/2 % :

1° un effet de 630^{fr} payable à Bordeaux le 5 juin ;
2°   —   1 260^{fr}   —   Paris   le 1er juillet ;
3°   —   810^{fr}   —   Paris   le 23 juillet,

les frais accessoires étant :

pour Bordeaux, 3/16 % de change et 1/8 % de commission ;
pour Paris,   1/4 % de change et 1/8 % de commission.

196. Une personne fait escompter deux billets : le premier à 30 jours, le second à 50 jours, au même taux de 5 %. La valeur nominale du second billet est les trois quarts de la valeur nominale du premier. Trouver ces valeurs nominales, sachant que la somme des deux escomptes est égale à 13^{fr},50.

197. On a payé 17^{fr},06 pour l'escompte à 6 % de deux valeurs égales à 3412^{fr}. La seconde est payable 10 jours plus tard que la première. A quelles échéances sont ces deux valeurs ?

198. Une personne présente chez un banquier trois billets : l'un de 434ᶠʳ payable à 60 jours, le deuxième de 588ᶠʳ payable à 72 jours et le troisième de 840ᶠʳ payable à 80 jours. Cette personne reçoit pour valeur au comptant 1 839ᶠʳ,40. Quel est le taux de l'escompte ?

199. Deux effets, dont l'un est payable au bout de 80 jours et l'autre au bout de 60 jours, sont escomptés ensemble au taux de 4 1/2 %. Le montant des deux effets est 1 700ᶠʳ et la somme des escomptes commerciaux est de 15ᶠʳ,75. Quel est le montant de chaque effet ?

200. Calculer la somme des valeurs actuelles (escompte rationnel), le 2 avril, des effets suivants :

1° un effet de 450ᶠʳ payable le 20 mai ;
2° — 800ᶠʳ — 7 juin ;
3° — 600ᶠʳ — 1ᵉʳ juillet,

le taux d'escompte étant 4 1/2 %.

201. L'escompte rationnel d'un effet de 1 278ᶠʳ s'est élevé à 48ᶠʳ. Quelle a été l'avance du paiement, le taux d'escompte étant 6 % ?

202. Un effet qui a 90 jours à courir, escompté en dehors et en dedans au taux de 6 %, donne 0ᶠʳ,126 comme différence des deux escomptes. Quelle est la valeur nominale de cet effet ?

203. Un effet de 640ᶠʳ arrive à l'échéance le 19 juillet. Calculer la valeur nominale d'un second effet ayant son échéance le 30 août, de telle façon que les deux effets soient équivalents le 1ᵉʳ juin. Le taux de l'intérêt est 4 1/2 %.

204. Deux effets ont pour valeurs nominales 895ᶠʳ et 893ᶠʳ ; l'échéance du premier est au 28 octobre. Quelle doit être l'échéance du second pour que le 19 août les deux effets soient équivalents ? Le taux de l'intérêt est 4 %.

205. Deux effets, qui ont pour valeurs nominales 1 192ᶠʳ et 1 195ᶠʳ, ont leurs échéances respectives le 29 juin et le 17 juillet. Déterminer la date d'équivalence de ces deux effets, le taux de l'intérêt étant 5 %.

206. Deux effets, qui ont pour valeurs nominales 962ᶠʳ,40 et 970ᶠʳ,20, ont leurs échéances respectives le 11 avril et le 15 juin. Déterminer la date d'équivalence de ces deux effets, le taux de l'intérêt étant 4 1/2 °/₀.

207. On a deux billets : l'un de 4 512^{fr} payable dans 150 jours, l'autre de 6315^{fr} payable dans 90 jours. On a d'autre part un troisième billet de 10836^{fr},10 payable dans 120 jours. On demande de trouver dans combien de jours ce troisième billet sera équivalent à la somme des deux premiers. Le taux d'escompte est 6 °/₀.

208. Trouver une formule donnant le taux annuel du placement que fait un banquier en escomptant commercialement, au taux r, un effet de valeur nominale a dont l'échéance est à t jours.

209. Démontrer qu'étant donnés deux effets, celui qui a la plus petite valeur nominale a la plus grande ou la plus petite valeur actuelle, suivant que l'on se trouve après ou avant l'époque d'équivalence de ces deux effets.

210. On a un effet a à t jours et une somme a' équivalente à cet effet. Démontrer que dans l'intervalle de ces t jours la somme a' a une valeur actuelle toujours supérieure à celle de l'effet.

211. Le 4 mars, un débiteur propose à son créancier de vouloir bien accepter un paiement unique pour remplacer les effets suivants :

un effet de 700^{fr} payable le   6 mai,
—   900^{fr} —   30 mai,
—   510^{fr} —   2 juillet,
—   600^{fr} —   4 août.

Le créancier accepte, mais à la condition que le paiement unique se fera le 2 ou le 23 juin. On demande de calculer, dans l'un et l'autre cas, le montant de ce paiement, sachant que l'on emploie l'escompte commercial au taux 4 °/₀.

212. Déterminer par la méthode commerciale, puis par la méthode rationnelle, la date de l'échéance moyenne des trois effets suivants, qu'on veut remplacer le 1ᵉʳ juin par un effet unique, le taux de l'escompte étant 4 °/₀ :

1º un effet de 1530^{fr} payable le 5 juillet ;
2º   —   720^{fr} —   le 29 août ;
3º   —   1800^{fr} —   le 1ᵉʳ octobre.

213. Un particulier s'est engagé par un billet à payer à un commerçant, le 12 novembre, la somme de 4320^{fr}. Le 15 juin ce particulier remet au commerçant, en échange de son billet, la somme de 2665^{fr} et souscrit un nouveau billet payable le 23 octobre. On demande la valeur nominale de ce nouveau billet, le taux de l'intérêt étant 4 1/2 °/₀ et cette valeur nominale étant déterminée de telle façon que si le commerçant se rend au bureau d'escompte ce même jour 15 juin, il encaisse une somme qui, ajoutée à 2665^{fr}, donne la somme qu'il recevrait s'il faisait escompter le premier billet.

214. Un négociant, qui doit 1250^{fr} payables le 15 décembre, donne 800^{fr} le 5 août et souscrit ce même jour deux billets ayant même valeur nominale et payables : le premier, le 15 octobre, le second, le 20 novembre. Le taux de l'intérêt étant 6 °/₀, quelle doit être la valeur nominale de chacun des deux billets ?

215. Un commerçant dispose d'un billet de 2500^{fr} payable le 15 novembre. Au 20 octobre, son débiteur lui propose de remplacer ce billet par un nouveau billet de 1500^{fr} payable au 1er février de l'année suivante et de payer le reste comptant. Le commerçant accepte. On demande quelle somme le débiteur devra payer comptant, sachant que l'escompte est de 6 °/₀.

216. Un banquier a donné à une personne un billet de 240^{fr} payable dans 103 jours, en échange d'un billet de 183^{fr} payable dans 9 mois ; il a de plus demandé 60^{fr} à la personne pour terminer ce compte. A quel taux a-t-il calculé l'intérêt ?

217. Une personne doit trois billets : le premier de 520^{fr} payable dans 6 mois, le deuxième de 740^{fr} payable dans 8 mois, et le troisième, dont le montant est inconnu, payable dans 165 jours. Ces trois billets peuvent être équitablement remplacés par un billet unique de 2200^{fr} payable dans 7 mois. On demande le montant du troisième billet, sachant que l'escompte est prélevé à 4 °/₀ et suivant la méthode des banquiers.

218. Deux effets ont respectivement 45 jours et 80 jours à courir. Leur échéance moyenne a lieu dans 66 jours, et leur ensemble équivaut actuellement à un troisième effet de valeur nominale 2009^{fr},60 dont l'échéance est à 100 jours. On demande de trouver la valeur nominale de chacun des deux premiers effets, en employant l'escompte commercial à 5 °/₀.

219. Un négociant a souscrit deux billets : le premier de 2400ᶠʳ, payable dans 120 jours, le second de 1800ᶠʳ, payable dans 90 jours. On lui propose de se libérer en un seul paiement à 100 jours d'é-chéance, l'escompte étant calculé à 5 %. Quelle est la somme à payer à cette date, dans le cas de l'escompte en dedans ?

220. La somme des valeurs nominales de deux effets de commerce est égale à 3200ᶠʳ, leur échéance moyenne a lieu dans 45 jours et l'es-compte commercial retenu sur l'ensemble des deux effets est de 20ᶠʳ ; quel est le taux de l'escompte ? L'un des effets est de 2400ᶠʳ et est payable dans 30 jours ; dans combien de jours le second effet est-il payable ?

221. Un commerçant présente chez un banquier un billet de 1000ᶠʳ payable dans 60 jours. Le banquier lui donne en échange un billet de 920ᶠʳ payable dans 30 jours et une somme de 77ᶠʳ,30 en espèces. On demande quel était le taux de l'escompte, qui a été pris en dehors.

222. On présente à un banquier deux billets à escompter : l'un est payable dans 50 jours, et l'autre est payable dans 70 jours. Le ban-quier, au taux d'escompte 5 %, retient 29ᶠʳ pour l'ensemble des deux billets. Si les deux billets avaient été présentés à l'escompte 10 jours plus tard, la retenue faite sur le second billet aurait été égale à la retenue faite sur le premier. Quelle est la valeur nominale de chacun des deux billets ?

223. Un négociant fait escompter à Londres les trois effets sui-vants :

> le 1ᵉʳ, de 12 £ 15 sh 6 d, payable le 8 juin ;
> le 2ᵉ, de 21 £ 6 sh 4 d   —   20 mai ;
> le 3ᵉ, de 14 £ 10 sh 10 d   —   15 juin ;

l'opération s'effectue le 5 avril au taux de 5 %, escompte en dedans. Quelle sera la somme totale payée par l'escompteur ?

224. Un négociant anglais possède un effet de 32 £ 1 sh 8 d à échéance du 27 novembre. A la date du 15 septembre, il négocie cet effet et reçoit 31 £ 15 sh 3 d. On demande le taux de l'escompte, qui a été fait en dehors.

CHAPITRE V

COMPTES COURANTS

227. Définition. — On appelle *compte courant* tout compte ouvert d'une façon permanente entre deux personnes qui sont en relations d'affaires.

Ces deux personnes sont ordinairement deux banquiers, ou deux commerçants, ou un banquier et un négociant, ou encore un banquier et un capitaliste.

Supposons qu'il s'agisse d'un banquier et d'un négociant.

Le banquier reçoit les capitaux que lui confie le négociant et se charge d'encaisser ou de faire encaisser, au fur et à mesure de leurs échéances, les sommes qui sont dues à ce négociant. Ces capitaux et ces sommes sont inscrits à l'*Avoir* ou au *Crédit* du négociant et produisent intérêts à son bénéfice.

D'autre part, le banquier met à la disposition du négociant les sommes qu'il lui demande et paye également sur l'ordre du négociant les créanciers de ce dernier. Ces diverses sommes sont inscrites au *Doit* ou au *Débit* du négociant et produisent intérêts au bénéfice du banquier.

228. Intérêts. — Les intérêts du Débit et ceux du Crédit sont ordinairement calculés au même taux, et c'est ce que nous supposerons d'abord dans ce qui va suivre. Si cela n'a pas lieu, on dit que les taux ne sont pas *réciproques*.

Le calcul de ces intérêts se fait généralement par la méthode des *diviseurs*. On obtient par exemple les intérêts du Débit en divisant la somme des *nombres* relatifs aux capitaux du Débit par le diviseur qui correspond au taux employé.

Quelquefois cependant on calcule séparément l'intérêt de chacun des capitaux et l'on réunit ensuite ces intérêts partiels ; ce procédé est appelé procédé des *intérêts immédiats*.

Il arrive quelquefois que les comptes courants ne sont pas *productifs d'intérêts*. De pareils comptes se terminent alors par une simple *balance* entre la somme des capitaux encaissés par le banquier et la somme des capitaux payés par ce même banquier.

229. Époque et arrêté. — On appelle *époque* la date de l'ouverture d'un compte courant ou, plus exactement, la date du premier encaissement ou paiement effectué par le banquier.

On appelle *arrêté* la date du règlement du compte courant.

La durée d'un compte courant dépasse rarement une année. Le règlement peut avoir lieu à une date quelconque ; généralement, cependant, ce règlement a lieu à la fin de chaque trimestre.

On appelle *solde du compte* la somme qui est due par le banquier ou par le négociant au jour de l'arrêté. Ce solde est dit *créditeur* dans le premier cas et *débiteur* dans le second.

Le solde d'un compte courant constitue ordinairement le premier capital d'un nouveau compte courant qui succède immédiatement au premier.

230. Bordereau. — On appelle *bordereau de compte courant* la feuille de papier sur laquelle sont indiqués, dans diverses colonnes: 1° les opérations qui sont faites soit au Débit soit au Crédit ; 2° les dates de ces opérations ; 3° les capitaux correspondants ; 4° les jours d'intérêts ; 5° les nombres ; 6° le règlement du compte.

Il y a trois méthodes pour établir et régler un bordereau de compte courant. Nous allons exposer successivement ces trois méthodes sur l'exemple simple suivant:

231. Exemple. — *Un banquier B a ouvert à un négociant N, le 1er mars, un compte courant avec intérêts à 4 °/₀. On demande de régler ce compte le 19 juillet de la même année, sachant que les opérations suivantes ont été faites :*

1° *Capitaux versés par le négociant :*

$$1\,200^{fr} \quad \text{le } 1^{er} \text{ mars ;}$$
$$500^{fr} \quad \text{le } 13 \text{ mars ;}$$
$$200^{fr} \quad \text{le } 15 \text{ avril ;}$$
$$800^{fr} \quad \text{le } 6 \text{ mai ;}$$
$$1\,100^{fr} \quad \text{le } 17 \text{ juin.}$$

2° *Capitaux remboursés au négociant :*

$$2\,000^{fr} \quad \text{le } 4 \text{ avril ;}$$
$$500^{fr} \quad \text{le } 30 \text{ mai ;}$$
$$800^{fr} \quad \text{le } 2 \text{ juillet.}$$

MÉTHODE DIRECTE

232. Cette méthode, très employée autrefois, n'est guère employée maintenant que pour les comptes courants relatifs à des opérations simples et peu nombreuses. Elle est appelée *méthode directe*, car son application conduit à calculer directement, le jour de l'arrêté du compte, les intérêts produits par les divers capitaux de ce compte depuis le jour de l'encaissement ou du paiement de chacun d'eux.

Calculons à cet effet les nombres de jours compris entre les dates de chacune des opérations du compte et la date de l'arrêté, ainsi que les *nombres* correspondants.

Pour les opérations du *Crédit*, on obtient les résultats suivants :

Du 1er mars au 19 juillet,	140 jours.	Nombre =	$1\,200 \times 140 =$	168 000
— 13 mars	—	128	—	$500 \times 128 =$	64 000
— 15 avril	—	95	—	$200 \times 95 =$	19 000
— 6 mai	—	74	—	$800 \times 74 =$	59 200
— 17 juin	—	32	—	$1\,100 \times 32 =$	35 200

Total des nombres du Crédit = 345 400

Donc, la somme des intérêts dus par le banquier au négociant s'élève à

$$\frac{345\,400}{9\,000}.$$

Pour les opérations du *Débit*, on obtient les résultats suivants :

Du   4 avril au 19 juillet, 106 jours. Nombre = 2 000 × 106 =   212 000
  — 30 mai   —   50   —   500 × 50 =   25 000
  — 2 juillet   —   17   —   800 × 17 =   13 600
                              Total des nombres du Débit =   250 600

Donc, la somme des intérêts dus par le négociant au banquier s'élève à

$$\frac{250\,600}{9\,000}.$$

Cette fraction est inférieure à la précédente $\dfrac{345\,400}{9\,000}$, et par suite, au point de vue des intérêts, le banquier est seul débiteur de la différence

$$\frac{345\,400}{9\,000} - \frac{250\,600}{9\,000}, \quad \text{c'est-à-dire} \quad \frac{94\,800}{9\,000}.$$

En effectuant la division, on obtient 10^{fr},533..., c'est-à-dire 10^{fr},55.

Cette somme de 10^{fr},55 étant due par le banquier doit être ajoutée aux capitaux du Crédit. La somme de ces capitaux devient alors 3810^{fr},55, tandis que la somme des capitaux du Débit est 3 300^{fr}. La différence entre ces deux sommes donne le solde du compte

$$3810,55 - 3300 = 510^{\text{fr}},55.$$

C'est un solde créditeur.

Lorsque, comme dans cet exemple, les intérêts doivent être inscrits au Crédit du négociant, on dit que ces intérêts sont *en faveur du négociant*. Le nombre 94 800 qui a fourni ces intérêts s'appelle *balance des nombres*. On dit aussi que cette balance est *en faveur* du négociant, ou encore est *en faveur des nombres du Crédit*.

Dans d'autres exemples il arrivera que la balance des nombres sera en faveur du banquier. Les intérêts déduits de cette balance devront alors être inscrits avec les capitaux du Débit.

Dans l'exemple qui vient d'être traité, le bordereau du compte se présentera comme il est indiqué ci-dessous. On remarque que dans ce bordereau la balance des nombres 94 800 a été inscrite dans la colonne des nombres du Débit; cela permet de vérifier l'exactitude de cette balance, car les deux colonnes de nombres doivent alors donner le même total 345 400. On fait une vérifi-

Doit M. X., négt, s/ compte courant et d'intérêts

DATES		SOMMES		LIBELLÉ	JOURS	NOMBRES
avril	4	2 000		Remboursement	106	212 000
mai	30	500		id.	50	25 000
juillet	2	800		id.	17	13 600
				Balance des nombres		94.800
		510	55	Solde créditeur		
		3 810	55			345 400

cation analogue en inscrivant le *solde créditeur* dans la colonne des capitaux du Débit; les deux colonnes de capitaux doivent alors donner le même total 3 810^{fr},55. Ces vérifications doivent se faire dans tout compte courant, et les quatre totaux qui sont ainsi égaux deux à deux sont ordinairement écrits sur une même ligne horizontale.

De ce qui précède résulte la règle suivante pour établir et régler un compte courant par la méthode directe:

Règle. — 1° *Les diverses opérations du compte sont inscrites, au fur et à mesure qu'elles sont faites, sur un tableau divisé en deux parties : le débit à gauche, le crédit à droite. On inscrit également les dates de ces opérations ainsi que les capitaux qui en résultent ;*

à 4 % l'an, arrêté au 19 juillet, chez B., banquier. *Avoir*

DATES		SOMMES		LIBELLÉ	JOURS	NOMBRES
mars	1	1 200		Versement	140	168 000
"	13	500		id	128	64 000
avril	15	200		id.	95	19 000
mai	6	800		id.	74	59 200
juin	17	1 100		id..	32	35 200
		10	55	Intérêts à 4 % sur balance des nombres		
		3 810	55			345 400
juillet	19	510	55	Solde à nouveau		

2° *Le jour de l'arrêté, on commence par calculer les nombres de jours qui séparent de la date de cet arrêté chacune des opérations du compte. On multiplie chacun de ces nombres de jours par le capital correspondant et on inscrit les produits trouvés dans les colonnes des nombres ;*

3° *On fait la balance entre la somme des nombres inscrits au débit et la somme des nombres inscrits au crédit ; on divise cette balance par le diviseur et on inscrit le quotient au-dessous des capitaux du débit ou du crédit, du côté où la somme des nombres est la plus forte ;*

4° On fait enfin la balance entre la somme des capitaux inscrits au débit et la somme des capitaux inscrits au crédit. Cette balance est le solde cherché, débiteur ou créditeur selon que la première somme est supérieure ou inférieure à la seconde.

MÉTHODE INDIRECTE

233. Cette méthode, qui est très employée, consiste à faire le calcul des intérêts par un procédé un peu compliqué en apparence, mais qui présente de grands avantages dans la pratique.

Considérons le versement de 200^{fr} qui a été fait le 15 avril. Dans la première méthode, nous avons écrit que, le 19 juillet, le banquier devait au négociant l'intérêt de 200^{fr} du 15 avril au 19 juillet, c'est-à-dire pendant 95 jours.

Dans la méthode indirecte, nous écrirons que le banquier doit l'intérêt de 200^{fr} du 1er mars jusqu'au 19 juillet, c'est-à-dire pendant 140 jours, et, comme nous calculerions ainsi un intérêt trop fort, nous établirons la compensation en écrivant d'autre part que le négociant doit au banquier l'intérêt de ce même capital de 200^{fr} du 1er mars au 15 avril, c'est-à-dire pendant 45 jours.

Ainsi donc, au lieu de porter au crédit du négociant le nombre 200×95, nous porterons à ce crédit le nombre 200×140 et nous porterons au débit le nombre 200×45.

Nous opérerons de la même façon pour tous les capitaux qui figurent dans le compte, au débit comme au crédit, et alors nous pourrons dire :

1° Le banquier doit au négociant les intérêts de tous les capitaux du Crédit depuis l'époque jusqu'à l'arrêté, c'est-à-dire l'intérêt de 3 800^{fr} pendant 140 jours. Et le négociant doit au banquier les intérêts de tous les capitaux du Débit pendant le même temps, c'est-à-dire l'intérêt de 3 300^{fr} pendant 140 jours. En faisant la balance de ces deux intérêts, on voit que le banquier seul doit au négociant l'intérêt pendant 140 jours de la balance des capitaux qui est 500^{fr}. Cet intérêt se déduit du nombre

$$500 \times 140 = 70\,000.$$

2° D'autre part, comme compensation, si l'on calcule l'intérêt de chaque capital pendant le nombre de jours écoulés depuis l'époque jusqu'à la date de l'opération qui a fourni ce capital, le négociant doit au banquier la somme des intérêts des capitaux du Crédit, et le banquier doit au négociant la somme des intérêts des capitaux du Débit. Ces intérêts se déduisent des deux sommes de nombres obtenues par le calcul suivant :

Du 1er mars au	13 mars,	12 jours.	Nombre =	500 ×	12 =	6 000
—	15 avril,	45	—	200 ×	45 =	9 000
—	6 mai,	66	—	800 ×	66 =	52 800
—	17 juin,	108	—	1 100 ×	108 =	118 800
					1re somme =	186 600.

Du 1er mars au	4 avril,	34 jours.	Nombre =	2 000 ×	34 =	68 000
—	30 mai,	90	—	500 ×	90 =	45 000
—	2 juillet,	123	—	800 ×	123 =	98 400
					2e somme =	211 400.

Comme conclusion, on voit alors que le banquier doit au négociant l'intérêt qui résulte de la somme des deux nombres 70 000 et 211 400, c'est-à-dire du nombre 281 400, tandis que le négociant doit au banquier l'intérêt qui résulte du nombre 186 600. En faisant la balance de ces deux intérêts, on voit que le banquier seul doit au négociant l'intérêt qui résulte de la différence

$$281\,400 - 186\,600 = 94\,800.$$

L'intérêt qui résulte de cette balance des nombres est égal à

$$\frac{94\,800}{9\,000}, \quad \text{c'est-à-dire à } 10^{fr},55.$$

Cette somme de 10^{fr},55 étant due par le banquier, doit être ajoutée aux capitaux du Crédit, et le compte se termine comme dans la méthode directe.

Les résultats des calculs qui précèdent sont inscrits dans un bordereau disposé comme dans le cas de la méthode directe. Les colonnes *dates, sommes et libellé* contiennent les mêmes indications. Les colonnes des jours contiennent les nombres de jours qui séparent de l'époque les dates des diverses opérations, et les colonnes des nombres contiennent les produits de ces nombres de jours par les capitaux correspondants.

Remarquons alors que les *nombres* qui sont en faveur du Crédit sont inscrits au Débit, et inversement. Si donc la balance des

Doit M. N. négt, s/ compte courant et d'intérêts

DATES		SOMMES		LIBELLÉ	JOURS	NOMBRES
avril	4	2 000		Remboursement	34	68 000
mai	30	500		id.	90	45 000
juillet	2	800		id.	123	98 400
				500. Balance des capitaux	140	70 000
		510	55	Solde créditeur		
		3 810	55			281 400

capitaux est en faveur du négociant, ce qui arrive dans le cas actuel, le *nombre* correspondant à cette balance, c'est-à-dire le produit de cette balance par le nombre de jours compris entre l'époque et l'arrêté, doit être inscrit dans la colonne des nombres du Débit. Si la balance des capitaux était en faveur du banquier, le *nombre* correspondant devrait être inscrit dans la colonne des nombres du Crédit.

Le bordereau se présente alors comme il est indiqué ci-dessus :

De ce qui précède résulte la règle suivante pour établir et régler un compte courant par la méthode indirecte :

Règle. — 1° *Les diverses opérations du compte sont inscrites, au fur et à mesure qu'elles sont faites, sur un tableau divisé en deux parties : le Débit à gauche, le Crédit à droite. On inscrit*

à 4 % l'an, arrêté au 19 juillet, chez B. banquier. *Avoir*

DATES		SOMMES		LIBELLÉ	JOURS	NOMBRES
mars	1	1 200		Versement	Époque	
"	13	500		id.	12	6 000
avril	15	200		id.	45	9 000
mai	6	800		id.	66	52 800
juin	17	1 100		id.	108	118 800
				Balance des nombres		94 800
		10	55	Intérêts à 4 %		
		3 810	55			281 400
juillet	19	510	55	Solde à nouveau		

également en regard de chaque opération, dans des colonnes spéciales, la date de cette opération, la somme qu'elle représente, le nombre de jours écoulés depuis l'époque et enfin le produit de ce nombre de jours par la somme ;

2° Le jour de l'arrêté on fait la balance des capitaux, on inscrit cette balance dans la colonne du libellé qui est située du côté où la somme des capitaux est la plus faible, on multiplie cette balance par le nombre de jours compris entre l'époque et l'arrêté

*et on inscrit le produit dans la colonne des nombres qui est située
du même côté que la balance;*

*3° On fait la balance entre la somme des nombres inscrits au
Débit et la somme des nombres inscrits au Crédit; on divise
cette balance par le diviseur et on inscrit le quotient au-dessous
des capitaux du Débit ou du Crédit, du côté où la somme des
nombres est la plus faible ;*

*4° On fait enfin la balance entre la somme des capitaux ins-
crits au Débit et la somme des capitaux inscrits au Crédit. Cette
balance est le solde cherché, débiteur ou créditeur selon que la
première somme est supérieure ou inférieure à la seconde.*

REMARQUE. — La méthode indirecte est quelquefois appelée
méthode rétrograde, car elle transporte en arrière la date à partir
de laquelle chaque capital produit intérêt.

L'un des grands avantages de cette seconde méthode sur la
première est la possibilité de pouvoir calculer, au fur et à mesure
de chaque opération, les jours et le nombre correspondants, ce
qui permet, le jour de l'arrêté, de régler très rapidement le
compte. Dans la méthode directe, ces calculs préparatoires ne
peuvent se faire que le jour de l'arrêté : on ne peut pas en effet,
au moment d'une opération, calculer le nombre de jours qui séparent de l'arrêté la date de cette opération, car on ne connaît
généralement pas la date de l'arrêté ; et, si cette date a été primitivement fixée, elle peut être changée dans le courant du
compte. Nous verrons bientôt un autre avantage de la méthode
indirecte.

MÉTHODE HAMBOURGEOISE

234. Cette troisième méthode est la plus ancienne. Elle a été
longtemps employée dans le nord de l'Europe, et principalement
dans la ville de Hambourg, qui lui a donné son nom. Elle est
encore employée maintenant dans les comptes courants à taux
non réciproques.

Dans cette méthode, on fait la balance des capitaux au moment de chaque versement ou remboursement. La balance ainsi obtenue produit intérêt jusqu'à l'opération suivante, et donne alors avec le capital de cette opération une nouvelle balance qui produit intérêt jusqu'à une nouvelle opération, et ainsi de suite.

Les capitaux du compte donnent ainsi lieu à une suite d'additions ou de soustractions et sont par suite échelonnés le long d'une même colonne, d'où les noms de *méthode par soldes successifs* ou de *méthode par échelle*, qui sont parfois donnés à cette méthode.

Les intérêts produits par les balances successives sont ordinairement calculés par la méthode des *diviseurs*. Les *nombres* sont inscrits dans deux colonnes différentes, suivant que les balances correspondantes sont en faveur du Crédit ou en faveur du Débit.

Remarquons que l'intérêt produit par une balance quelconque n'est pas ajouté à la balance suivante pour produire intérêt à son tour; ce serait admettre la capitalisation des intérêts. Il en résulterait une complication dans le calcul, et les résultats obtenus seraient sensiblement les mêmes, car la durée d'un compte courant n'est que de quelques mois.

Dans l'exemple proposé la première opération a lieu le 1er mars et consiste en un versement de 1 200^{fr}. L'opération suivante a lieu le 13 mars et consiste en un versement de 500^{fr}. Donc, le 13 mars, la balance des capitaux est un capital de Crédit de 1 200 + 500, c'est-à-dire de 1 700^{fr}; et, comme il y a 12 jours du 1er mars au 13 mars, le banquier doit au négociant, en sus de ces 1 700^{fr}, l'intérêt de 1 200^{fr} pendant 12 jours. Cet intérêt se déduit du nombre

$$1\,200 \times 12 = 14\,400,$$

qu'on inscrit dans la colonne des nombres du Crédit.

L'opération suivante a lieu le 4 avril et consiste en un remboursement de 2 000^{fr}. Donc, le 4 avril, la balance des capitaux est un capital de Débit de 2 000 — 1 700, c'est-à-dire de 300^{fr}; et, comme il y a 22 jours du 13 mars au 4 avril, il faut inscrire au Crédit du négociant l'intérêt de 1 700^{fr} pendant 22 jours, c'est-à-dire le nombre 1 700 × 22 = 37 400.

L'opération suivante a lieu le 15 avril et consiste en un versement de 200ᶠʳ. Donc, le 15 avril, la balance des capitaux est un

*M. N., négociant, s/ compte courant et d'intérêts
à 4 % l'an, chez B. banquier, arrêté au 19 juillet.*

DATES		LIBELLÉ	NATURE DES CAPITAUX	CAPITAUX		JOURS	NOMBRES	
							DU CRÉDIT	DU DÉBIT
mars	1	Versement	C	1 200		12	14 400	
"	13	id.	C	500				
			C	1 700		22	37 400	
avril	4	Remboursement	D	2 000				
			D	300		11		3 300
avril	15	Versement	C	200				
			D	100		21		2 100
mai	6	Versement	C	800				
			C	700		24	16 800	
mai	30	Remboursement	D	500				
			C	200		18	3 600	
juin	17	Versement	C	1 100				
			C	1 300		15	19 500	
juillet	2	Remboursement	D	800				
			C	500		17	8 500	
		Intérêts à 4 % s/ balance des nombres	C	10	55			94 800
juillet	19	Solde créditeur	C	510	55		100 200	100 200

capital de Débit de 300 — 200, c'est-à-dire de 100ᶠʳ ; et, comme
il y a 11 jours du 4 avril au 15 avril, et que, pendant cette

période de temps, le négociant a dû 300^{fr} au banquier, il faut inscrire au Débit le nombre

$$300 \times 11 = 3\,300\,;$$

et ainsi de suite.

La dernière opération a lieu le 2 juillet, et à cette date la balance des capitaux est un capital de Crédit de 500^{fr}. Ce capital de Crédit va produire intérêt jusqu'à l'arrêté du compte, c'est-à-dire pendant 17 jours, d'où le nombre suivant à inscrire au Crédit :

$$500 \times 17 = 8500.$$

On fait alors la balance entre la somme des nombres inscrits au Crédit et la somme des nombres inscrits au Débit ; on obtient 94 800 en faveur du Crédit. L'intérêt est donc

$$\frac{94\,800}{9\,000} = 10^{fr},55,$$

en faveur du Crédit, et par suite le compte se termine par un solde créditeur de 510^{fr},55.

On obtient ainsi le bordereau de la page ci-contre, dans lequel les lettres C et D servent à distinguer les capitaux créditeurs des capitaux débiteurs.

COMPLÉMENTS

235. Calcul des nombres. — Si les capitaux qui figurent dans le compte contiennent des centimes, les *nombres* correspondants ont une partie décimale. On néglige cette partie décimale.

La plupart des banquiers négligent même dans la partie entière de chaque nombre le chiffre des unités et celui des dizaines ; ils divisent alors la balance des nombres ainsi modifiés par le nombre obtenu en supprimant également dans le diviseur les deux derniers chiffres à droite. Les calculs sont ainsi plus rapides et l'erreur commise est généralement négligeable.

236. Effets. Dates de valeurs. — Dans la pratique, les opérations d'un compte courant ne consistent pas toujours en des versements ou remboursements en espèces.

Souvent, au lieu de faire chez le banquier un versement immédiat, le négociant remet des effets souscrits en sa faveur, et le banquier encaisse la valeur nominale de chacun de ces effets au moment de son échéance. D'autres fois, au lieu d'une demande de remboursement immédiat, le négociant avise le banquier qu'il vient de tirer une traite sur lui à une échéance déterminée.

Le compte doit alors indiquer, en sus des dates de ces opérations, les dates des échéances des effets correspondants ; car c'est à partir de ces dernières dates que les valeurs nominales de ces effets doivent produire intérêt, parce que c'est alors seulement que ces valeurs nominales sont encaissées ou payées par le banquier.

Ces dates sont appelées *dates de valeurs* ; elles sont inscrites dans une colonne spéciale, et c'est à partir de chacune d'elles que doivent être comptés les jours d'intérêt. Lorsqu'il s'agit d'un versement immédiat ou d'un remboursement immédiat, la date de valeur coïncide avec la date de l'opération.

Lorsque le négociant remet au banquier un effet payable *à vue*, c'est-à-dire payable au moment où il est présenté à la personne qui doit le payer, ou bien un effet dont l'échéance est très rapprochée, le banquier donne à cet effet une date de valeur postérieure à l'échéance, car l'encaissement de la valeur nominale exige parfois plusieurs jours et peut alors avoir lieu après l'échéance.

Quelques banquiers reportent la date de valeur de tout encaissement au lendemain de cet encaissement, et prennent pour date de valeur de tout remboursement la veille de ce remboursement.

L'introduction des dates de valeurs ne fait subir aucune modification aux méthodes directe et indirecte, sauf dans un cas que nous étudierons au paragraphe suivant. Il suffit de calculer les jours en se servant de la colonne des dates de valeurs.

Dans le cas de la méthode hambourgeoise, il y a une petite complication provenant de ce que la date de valeur d'un solde peut être postérieure à la date de valeur du capital placé au-dessous de lui. On peut dans ce cas, au moment de régler le compte, échelonner les divers capitaux d'après l'ordre de leurs dates de valeurs ; mais il faut alors recommencer toutes les écritures du compte, et cela peut être évité en procédant comme il suit :

Supposons, par exemple, que le 12 mars un négociant remette à son banquier un effet échéant le 30 mars. Le banquier inscrit l'opération sur le compte courant, lui donne pour date de valeur le 30 mars, calcule le nombre relatif au solde précédent, établit la balance des capitaux et trouve par exemple un solde créditeur de 3500^{fr}.

Supposons alors que 8 jours après, c'est-à-dire le 20 mars, le négociant demande au banquier un remboursement immédiat de 1000^{fr}. Ce 20 mars la balance des capitaux inscrits sur le compte donnera donc un solde créditeur de 2500^{fr} qui produira intérêt à partir de ce même jour. Or ce solde contient la valeur nominale de l'effet considéré ; par suite, on calculera ainsi l'intérêt de cette valeur nominale à partir du 20 mars, c'est-à-dire 10 jours avant sa date de valeur. D'autre part, on a déjà inscrit sur le compte, pendant 10 jours de trop, l'intérêt du solde qui existait avant le 12 mars. La suite du compte va donc contenir l'intérêt pendant 10 jours de trop, de ce premier solde et de la valeur nominale de l'effet, c'est-à-dire l'intérêt de 3500^{fr} qui est la balance de ces deux capitaux.

Ce solde de 3500^{fr} étant créditeur, la somme des nombres du crédit se trouvera ainsi augmentée du nombre 3500×10. Pour établir la compensation, il suffira d'ajouter le même nombre 3500×10 dans la colonne des nombres du Débit. La balance des nombres ne sera pas modifiée et le compte s'achèvera comme dans le cas ordinaire.

Il résulte de là que, lorsque la date de valeur d'un solde est postérieure à la date de valeur du capital suivant, on fait encore le produit de ce solde par le nombre de jours compris entre les deux dates, mais on inscrit le nombre obtenu au Débit si le solde est créditeur, et au Crédit si ce solde est débiteur.

237. Échéances postérieures à l'arrêté. Nombres rouges. — Il arrive assez fréquemment que l'échéance d'un ou de plusieurs des effets qui figurent dans le compte est postérieure à la date de l'arrêté du compte. Tel est le cas du compte courant suivant :

EXEMPLE. — *Un banquier B a ouvert à un négociant N, le 1ᵉʳ mars, un compte courant avec intérêts à 4 %. On demande de régler ce compte le 19 juillet de la même année sachant que les opérations suivantes ont été faites :*

1° Au crédit :

1ᵉʳ mars. 2 500ᶠʳ. *Versement espèces.*
12 mars. 1 000ᶠʳ. *Remise d'un effet sur Paris au 30 mars.*
20 mai. 1 624ᶠʳ. *Encaissement pour le compte du négociant.*
7 juin. 1 310ᶠʳ. *Remise d'un effet sur Lyon au 10 août.*
2 juillet. 400ᶠʳ. *Remise d'un effet sur Paris au 5 août.*

2° Au débit :

20 mars. 1 000ᶠʳ. *Prélèvement espèces.*
8 avril. 1 230ᶠʳ. *Paiement pour le compte du négociant.*
15 avril. 1 500ᶠʳ. *Traite tirée par le négociant sur le banquier au 1ᵉʳ mai.*
10 mai. 540ᶠʳ. *Envoi de fonds au négociant.*
28 juin. 700ᶠʳ. *Traite tirée par le négociant sur le banquier au 20 août.*

Trois des effets de ce compte ont leurs échéances après le 19 juillet. Considérons en particulier l'effet de 400ᶠʳ qui est payable le 5 août, c'est-à-dire payable 17 jours après l'arrêté, et plaçons-nous successivement dans le cas de chacune des trois méthodes étudiées :

I. Méthode directe. — Au moment de l'arrêté du compte, le banquier doit encore attendre 17 jours avant d'encaisser cette somme de 400ᶠʳ ; par conséquent, en appliquant l'escompte commercial, le banquier doit au négociant, le 19 juillet, cette somme de 400ᶠʳ diminuée de son intérêt pendant 17 jours.

Le nombre correspondant est 400×17, c'est-à-dire 6 800, et ce nombre doit être retranché de la somme des nombres du Crédit, ou bien doit être ajouté à la somme des nombres du Débit. On le place néanmoins dans la colonne des nombres du Crédit, mais on l'inscrit à *l'encre rouge* pour le distinguer des autres nombres qui sont ordinairement inscrits à l'encre noire ; on inscrit aussi en rouge le nombre de jours, 17.

Au Débit, la traite de 700ᶠʳ, payable le 20 août, donne de

même un nombre qui doit être retranché des nombres du Débit ou ajouté à ceux du Crédit. On l'inscrit en rouge dans la colonne des nombres du Débit, et on inscrit aussi en rouge le nombre de jours correspondant.

On procède de la même façon pour chacun des effets du compte courant dont l'échéance est postérieure à la date de l'arrêté, et on obtient ainsi des *nombres rouges* au Crédit et au Débit. Pour régler le compte, il faut alors ajouter aux nombres noirs du Débit la somme des nombres rouges du Crédit, et ajouter aux nombres noirs du Crédit la somme des nombres rouges du Débit.

Pour opérer plus simplement, on fera la balance entre ces deux sommes de nombres rouges. Si la première somme est supérieure à la seconde, cette balance sera inscrite en noir au-dessous des nombres du Débit ; dans le cas contraire, la balance sera inscrite en noir au-dessous des nombres du Crédit. On fera ensuite la balance entre la somme des nombres noirs inscrits au Crédit et la somme des nombres noirs inscrits au Débit, et le compte se terminera comme dans le cas ordinaire.

C'est ainsi qu'on a réglé le compte de l'exemple ci-dessus, et obtenu le bordereau des pages 254 et 255. Dans ce bordereau on a tenu compte de ce qui a été dit précédemment sur le calcul des nombres et sur les dates de valeurs ; les jours et les nombres rouges ont été indiqués en caractères gras.

II. Méthode indirecte. — Du 1er mars au 19 juillet, il y a 140 jours ; du 1er mars au 5 août, il y a 157 jours.

Si nous appliquons à l'effet considéré le procédé de la méthode indirecte, pour le calcul de l'intérêt, nous devons dire que, le jour de l'arrêté :

1° le banquier doit au négociant l'intérêt de 400fr depuis l'époque jusqu'à l'arrêté, c'est-à-dire pendant 140 jours ;

2° le négociant doit au banquier l'intérêt de 400fr depuis l'époque jusqu'au 5 août, c'est-à-dire pendant 157 jours.

Or cela revient à dire que le négociant seul doit au banquier l'intérêt de 400fr pendant 157 — 140, c'est-à-dire pendant 17 jours, ce qui est conforme à la réalité.

Donc l'application de la méthode indirecte ne subit aucune modification par suite des effets non échus au moment de l'arrêté. Il n'est pas nécessaire d'introduire des nombres rouges, et c'est là un nouvel avantage de cette méthode sur la première, à ajouter à celui qui a été signalé dans la remarque qui termine le n° 233.

(MÉTHODE DIRECTE)

Doit M. N négt, s/compte courant et d'intérêts

DATES DES OPÉRATIONS		SOMMES		LIBELLÉ	VALEURS		JOURS	NOMBRES
mars	20	1 000		Prélèvement espèces	20	mars	121	1 210
avril	8	1 230		Tayt. pour s/compte	8	avril	102	1 254
avril	15	1 500		S/traite s/ m-in	1ᵉʳ	mai	79	1 185
mai	10	540		Envoi de fonds	10	mai	70	378
juin	28	700		S/ traite s/ m-in	20	août	**32**	**224**
				Balance des nombres rouges				132
				Balance des nombres noirs				1 425
		1 879	83	Solde créditeur				
		6 849	83					5 584

En appliquant la méthode indirecte à l'exemple considéré, on obtient le bordereau des pages 256 et 257.

III. **Méthode hambourgeoise.** — Supposons en premier lieu que toutes les dates de valeurs aient été placées par ordre chronologique. Comme dans le cas ordinaire, le *nombre* qui correspond au dernier solde avant le 19 juillet est calculé jusqu'au 19 juillet. On inscrit ensuite au-dessous de ce dernier solde le capital créditeur de 400ᶠʳ provenant de l'effet qui est payable le 5 août, 17 jours après l'arrêté. On inscrit ce nombre 17 dans la colonne des jours, *à l'encre rouge*, pour bien montrer qu'il s'agit d'une date de valeur postérieure à l'arrêté. Le nombre 400×17 est alors inscrit en noir dans la colonne des nombres du *Débit*, et le compte s'achève comme dans le cas ordinaire.

à 4 % l'an, arrêté au 19 juillet, chez B. banquier **Avoir**

DATES DES OPÉRATIONS		SOMMES		LIBELLÉ	VALEURS		JOURS	NOMBRES
mars	1ᵉʳ	2 500		Versement espèces	1ᵉʳ	mars	140	3 500
mars	12	1 000		s/remise effet s/Paris	30	mars	111	1 110
mai	20	1 624		Encaissé pour s/compte	20	mai	60	974
juin	7	1 310		s/remise effet s/Lyon	10	août	**22**	**288**
juillet	2	400		s/remise effet s/Paris	5	août	**17**	**68**
		15	83	Intérêts à 4 %				
		6 849	83					5 584
juillet	19	1 879	83	Solde à nouveau				

S'il y a différents effets échéant après le précédent, comme c'est le cas dans l'exemple considéré, on inscrit successivement leurs valeurs nominales dans la colonne des capitaux et l'on forme les nombres provenant de ces valeurs nominales et des nombres de jours qui séparent du 19 juillet les échéances de ces effets. A chaque opération, on fait la balance des capitaux, mais ces soldes successifs ne produisent plus intérêt : les valeurs nominales seules donnent des nombres noirs qui doivent être inscrits au Crédit ou au Débit, suivant que ces valeurs nominales appartiennent au Débit ou au Crédit.

On peut éviter l'introduction des nombres de jours rouges, tous calculés à partir de l'arrêté, et former dans tous les cas les

(MÉTHODE INDIRECTE)

Doit M. X. négt, s/ compte courant et d'intérêts

DATES DES OPERATIONS		SOMMES		LIBELLÉ	VALEURS		JOURS	NOMBRES
mars	20	1 000		Prélèvement espèces	20	mars	19	190
avril	8	1 230		Payé pour s/ compte	8	avril	38	467
avril	15	1 500		s/ traite s/ m - m̂	1	mai	61	915
mai	10	540		Envoi de fonds	10	mai	70	378
juin	28	700		s/ traité s/ m - m̂	20	août	172	1 204
				1 864 Balance des capitaux	19	juillet	140	2 609
		1 879	82	Solde créditeur				
		6 849	82					5 763

nombres qui proviennent des soldes successifs, en opérant comme il a été dit au n° 236 lorsque les dates de valeurs ne sont pas dans l'ordre chronologique :

On calcule les soldes successifs et les nombres correspondants quelles que soient les dates de valeurs, antérieures ou non à l'arrêté. Le nombre qui correspond à un solde quelconque est de même nature que ce solde ou de nature contraire (*créditeur* ou *débiteur*), suivant que la date de valeur de ce solde est antérieure ou postérieure à celle du capital suivant. Ensuite, pour régler le compte, on multiplie le solde final par le nombre de jours compris entre l'arrêté et la dernière date de valeur considérée; le nombre ainsi formé est de même nature que le solde final ou de nature contraire, suivant que la dernière date de valeur consi-

à 4 % l'an, arrêté au 19 juillet chez B. banquier   Avoir

DATES DES OPÉRATIONS		SOMMES		LIBELLÉ	VALEURS		JOURS	NOMBRES
mars	1	2 500		Versement espèces	1	mars	Epoque	
mars	12	1 000		s/ remise effet s/ Paris	30	mars	29	290
mai	20	1 624		Encaissé pour s/compte	20	mai	80	1 299
juin	7	1 310		s/ remise effet s/ Lyon	10	août	162	2 122
juillet	2	400		s/ remise effet s/ Paris	5	août	157	628
				Balance des nombres				1 424
		15	82	Intérêts à 4 %				
		6 849	82					5 763
juillet	19	1 879	82	Solde à nouveau				

dérée est antérieure ou postérieure à la date de l'arrêté.

On peut donc régler le compte proposé au moyen de l'un ou l'autre des deux bordereaux ci-après. Dans le premier, les dates de valeur sont dans l'ordre chronologique; dans le second, les diverses opérations du compte sont inscrites dans leur ordre de succession.

(MÉTHODE HAMBOURGEOISE)

M. K. nég.t s/compte courant et d'intérêts à 4 % l'an, arrêté au 19 juillet, chez B. banquier.

DATES DES OPÉRATIONS		LIBELLÉ	NATURE DES CAPITAUX	CAPITAUX	DATES DES VALEURS		JOURS	NOMBRES	
								DU CRÉDIT	DU DÉBIT
mars	1	Versement espèces	C .	2 500	1	mars	19	475	
mars	20	Prélèvement espèces	D	1 000	20	mars			
			C	1 500			10	150	
mars	12	S/ remise effet s/Paris	C	1 000	30	mars			
			C	2 500			9	225	
avril	8	Payé pour s/compte	D	1 230	8	avril			
			C	1 270			23	292	
avril	15	s/ traite s/ m-m	D	1 500	1	mai			
			D	230			9		20
mai	10	Envoi de fonds	D	540	10	mai			

Mois	Jour	Libellé	D/C	Capital (fr)	(c)	Éch. jour	Éch. mois	Nombres	Nombres rouges	Nombres
			D	770				10		77
mai	20	Encaissé pour s/compte	C	1 624		20	mai			
			C	854				60	512	
juillet	2	S/ remise effet s/ Paris	C	400		5	août	17		68
			C	1 254						
juin	7	S/ remise effet s/ Lyon	C	1 310		10	août	22		288
			C	2 564						
juin	28	S/ traite s/ m - în	D	700		20	août	32	224	
			C	1 864						
		Intérêts à 4 % sur balance des nombres	C	15	83					1 425
juillet	19	Solde créditeur	C	1 879	83				1 878	1 878

(MÉTHODE HAMBOURGEOISE)

M. N. négt, s/compte courant et d'intérêts à 4% l'an, arrêté au 19 juillet, chez B. banquier.

DATES DES OPÉRATIONS		LIBELLÉ	NATURE DES CAPITAUX	CAPITAUX	DATES DES VALEURS		JOURS	NOMBRES	
								DU CRÉDIT	DU DÉBIT
mars	1	Versement espèces	C	2 500	1	mars	29	725	
mars	12	s/remise effet s/Paris	C	1 000	30	mars			
			C	3 500			10		350
mars	20	Prélèvement espèces	D	1 000	20	mars			
			C	2 500			19	475	
avril	8	Payé pour s/compte	D	1 230	8	avril			
			C	1 270			23	292	
avril	15	s/traité s/m-in	D	1 500	1	mai			
			D	230			9		20
mai	10	Envoi de fonds	D	540	10	mai			

			D	770				10			77
mai	20	Encaissé pour s/compte	C	1 624		20	mai				
			C	854				82	700		
juin	7	s/remise effet s/Lyon	C	1 310		10	août				
			C	2 164				10	216		
juin	28	s/traite s/ m - m	D	700		20	août				
			C	1 464				15			219
juillet	2	s/remise effet s/Paris	C	400		5	août				
			C	1 864				17			316
		Intérêts à 4% sur la balance des nombres	C	15	84	19	juillet				1 426
juillet	19	Solde créditeur	C	1 879	84					2 408	2 408

238. Les très faibles différences que l'on remarque dans les résultats des quatre bordereaux précédents proviennent de ce que les nombres ont été modifiés comme il a été dit au n° 235.

239. **Frais accessoires.** — Les opérations d'un compte courant donnent généralement lieu à des frais accessoires dont il importe de tenir compte :

1° **Commissions.** — Ce sont les frais destinés à payer les tiers chargés de faire les encaissements ou les paiements. Ces frais varient ordinairement de 1/10 °/₀ à 1/2 °/₀ de la valeur nominale de l'encaissement ou du paiement ; ils sont à la charge du négociant si les opérations correspondantes ont été faites pour son compte ; ils sont à la charge du banquier dans le cas contraire. Si par exemple le banquier remet des espèces au négociant, ou bien paye une traite de ce négociant, ou bien fait un encaissement pour le compte du négociant, les frais de commission doivent être portés au Débit. Si le banquier tire une traite sur le négociant, les frais de commission sont portés au Crédit.

2° **Changes.** — Ce sont les frais occasionnés par ceux des effets du compte qui ne sont pas payables dans la ville où se font les remises. Ces frais varient du pair à 1/2 °/₀, et quelquefois davantage s'il s'agit de places étrangères ; ils sont à la charge de celui qui fait les remises.

3° **Autres frais.** — Ce sont les menus frais occasionnés par la correspondance entre le banquier et le négociant, les envois de fonds ou de valeurs, etc.

Remarque. — Ces divers frais accessoires ne sont pas productifs d'intérêts. Ils sont ordinairement calculés sur un minimum de 100ᶠʳ. Leur introduction ne change rien à la théorie qui précède et peut se faire dans les trois méthodes ; on réserve pour cela une colonne supplémentaire, ordinairement à gauche de la colonne des valeurs, pour indiquer les taux auxquels ils doivent être calculés.

Quelquefois les commissions variables sont remplacées par une commission fixe sur les encaissements ou paiements, et il en est de même pour les divers changes.

Pour régler, par l'une des deux premières méthodes, un compte courant avec frais accessoires, on fait d'abord le calcul des nombres et des intérêts comme dans le cas ordinaire ; on calcule ensuite les commissions et les changes qu'on inscrit, suivant les cas, dans la colonne des capitaux du Débit ou dans la colonne des capitaux du Crédit ; on fait enfin la balance des sommes inscrites dans ces deux colonnes.

Dans la méthode hambourgeoise, il faut réserver deux colonnes supplémentaires, l'une pour les frais débiteurs, l'autre pour les frais créditeurs ; la balance des totaux de ces deux colonnes est inscrite à la fin de la colonne des capitaux.

240. Retours d'effets. — Il arrive parfois que l'un des effets qui figurent dans un compte courant n'est pas payé par le débiteur au moment de son échéance, et revient chez le banquier qui en avait inscrit la valeur nominale au Crédit du négociant. On dit alors qu'il y a *retour d'un impayé*.

L'effet qui revient impayé peut également provenir d'un compte courant précédent arrêté depuis quelques jours.

Un effet impayé peut donner lieu à un *protêt* fait par ministère d'huissier, d'où résultent certains frais qui sont payés par le banquier, lors du retour de l'effet, mais qui sont évidemment à la charge du négociant qui a fait la remise de cet effet.

Supposons qu'il s'agisse d'un effet de 1 200^{fr}, ayant donné lieu à des frais de protêt qui s'élèvent à la somme de 13^{fr},50.

Cette somme est payée, au moment du protêt, par le dernier porteur de l'effet en question ; elle est donc due à ce porteur, à partir de ce jour, par le négociant qui a fait la remise de l'effet à son banquier.

Dès lors, le banquier payera pour le compte du négociant, mais inscrira au débit de ce négociant, cette somme de 13^{fr},50 en lui donnant pour date de valeur la date du protêt, c'est-à-dire la date de l'échéance de l'effet.

D'autre part, le compte créditeur va se trouver majoré du capital de 1 200^{fr} précédemment inscrit et de l'intérêt de ce capital à partir de l'échéance de l'effet correspondant. Pour établir la compensation, il faut donc inscrire au Débit un capital de 1 200^{fr} ayant la même date de valeur.

Par suite, le jour du retour de l'impayé de 1 200^{fr}, le banquier doit inscrire 1 213^{fr},50 au Débit du négociant et doit donner à cette somme la même date de valeur que la somme de 1 200^{fr} inscrite au Crédit.

Il est aisé de vérifier que cette façon d'opérer est légitime dans tous les cas, que l'impayé provienne du compte courant actuel ou du compte courant précédent. Supposons, par exemple, qu'il s'agisse d'un compte courant ouvert le 1er juin ; trois cas peuvent se présenter :

1er Cas. — *L'effet de 1 200^{fr} avait son échéance le 18 juin et revient impayé le 30 juin.* — Le compte créditeur est majoré de 1 200^{fr} et de l'intérêt de cette somme à partir du 18 juin. Il faut donc inscrire au Débit cette même somme en lui donnant pour date de valeur le 18 juin, ainsi que les frais de retour 13^{fr},50, ce qui fait un total de 1 213^{fr},50.

2° Cas. — *L'effet de 1 200^{fr} appartenait au compte précédent, avait son échéance au 10 juin, et revient impayé le 22 juin.* — Le compte courant actuel va se trouver majoré au Crédit d'un capital de 1 200^{fr}, provenant du compte précédent, et de l'intérêt de cette somme à partir du 1er juin. Mais, dans le compte précédent, le banquier avait inscrit au Débit du négociant l'intérêt de cet effet de 1 200^{fr} du 1er au 10 juin. Par suite, le compte créditeur se trouvera seulement majoré de 1 200^{fr} et de l'intérêt de cette somme à partir du 10 juin. On établira donc la compensation en comp-

tant également à partir du 10 juin les intérêts de la somme de
1 213^{fr},5o inscrite au Débit,

3° **Cas.** — *L'effet de 1 200^{fr} appartenait au compte précédent, avait
son échéance au 23 mai et revient impayé le 6 juin.* — Le compte
créditeur va se trouver majoré d'un capital de 1 200^{fr}, provenant
du compte précédent, et de l'intérêt de cette somme à partir du
1er juin. De plus, dans le compte précédent, le banquier avait
inscrit au Crédit du négociant l'intérêt de cet effet de 1 200^{fr} du
23 mai au 1er juin. Par suite, le compte créditeur se trouvera
majoré de 1 200^{fr} et de l'intérêt de cette somme à partir du 23
mai. On établira donc la compensation en comptant également à
partir du 23 mai les intérêts de la somme de 1 213^{fr},5o inscrite
au Débit.

Remarque 1. — Ce dernier cas conduit à une petite complication si l'on opère par la méthode indirecte. Il faut inscrire en
effet au Débit du négociant l'intérêt de 1 213^{fr},5o depuis l'époque
jusqu'à l'arrêté, plus l'intérêt de cette même somme pendant le
nombre de jours qui séparent la date de valeur de l'époque. Or,
dans le cas ordinaire, ce deuxième intérêt est retranché du premier.

Ce deuxième intérêt se déduit du nombre 1 213,50 × 9 ; il
appartient au Débit. Mais, dans la méthode indirecte, les nombres qui appartiennent au Débit sont inscrits au Crédit, et inversement. Le nombre 1 213,50 × 9 devrait donc être inscrit au
Crédit ; on l'inscrit néanmoins au Débit, en regard de l'opération
du *retour*, mais on l'inscrit à l'encre rouge.

Un compte courant établi par la méthode indirecte peut donc
contenir un ou plusieurs nombres rouges. Au moment de l'arrêté du compte, on fait la balance entre la somme des nombres
rouges inscrits au Débit et la somme des nombres rouges inscrits
au Crédit, et cette balance est inscrite en noir du côté où la somme
des nombres rouges est la plus faible. Le compte s'achève ensuite
comme dans le cas ordinaire en ne tenant compte que des nombres noirs.

REMARQUE II. — Si l'on prévoit le retour de l'effet en question, on peut éviter cette complication des nombres rouges en prenant pour époque du nouveau compte le 23 mai ou une date anté-

(MÉTHODE INDIRECTE)

Doit M. X. négt. s/ compte courant et d'intérêts

DATES DES OPÉRATIONS		SOMMES		LIBELLÉ	FRAIS	VALEURS		JOURS	INTÉRÊTS	
juin	4	810		Payé pour s/compte	1/5	4	juin	3	0	27
juin	6	1 213	50	Impayé s/ Paris		23	mai	9	1	21
juin	28	840		s/ traite s/ m ú	1/4	13	juillet	42	3	92
juillet	25	600		Envoi d'espèces	1/3	25	juillet	54	3	60
août	13	1 817	25	Impayé s/ Lille		3	août	63	12	77
				1 497,75 Balance des capitaux		1	sept.bre	92	15	31
		2	45	Con ā 1/5 % s/ 1 230 fr.						
		2	10	Con ā 1/4 % s/ 840 fr.						
		2		Con ā 1/3 % s/ 600 fr.						
		2	05	Change s/ Rouen						
		1 499	40	Solde créditeur						
		6 788	75						35	82

rieure. Les intérêts du Débit et ceux du Crédit seront augmentés de la même quantité, et la balance des intérêts sera la même.

241. *Exemple.* —Nous donnons ci-dessus un modèle de compte courant, établi par la méthode indirecte, comprenant des frais accessoires et deux retours d'effets, dont l'un introduit un nombre rouge. Les fractions 1/3, 1/4, 1/5 sont les taux des diverses commissions ; on multiplie par chacune d'elles la centième partie

à 4 %l'an arrêté au 1ᵉʳ sept.ᵇʳᵉ chez B. banquier. Avoir

DATES DES OPÉRATIONS		SOMMES		LIBELLÉ	FRAIS	VALEURS		JOURS	INTÉRÊTS	
juin	1	2 548	50	Solde précédent		1	juin	Époque		
juin	16	420		Encaissé pour s/compte	1/5	16	juin	15	0	70
juillet	1	1 500		m/ traite s/ lui	1/4	22	juillet	51	8	50
juillet	12	1 800		s/ remise s/ Lille	P	3	août	63	12	60
août	20	510		s/ remise s/ Rouen	40	20	sept.ᵇʳᵉ	111	6	29
				Balance des intérêts rouges					1	21
		6	50	Balance des intérêts					6	52
		3	75	Com à 1/4 % s/ 1 500 fr.						
		6 788	75						35	82
sept.ᵇʳᵉ	1	1 499	40	Solde à nouveau						

du capital correspondant. La lettre P indique que le change sur Lille se fait au pair, c'est-à-dire sans frais ; le nombre 40 indique que le change sur Rouen se fait avec 0ᶠʳ,40 %₀ de frais de change.

Le compte a été établi par le procédé des *intérêts immédiats*, qui consiste à calculer séparément l'intérêt relatif à chaque capital.

242. Remarque sur le taux. — Lorsque le taux de l'intérêt n'est pas un des taux simples $3°/_{°}$, $4°/_{°}$, 4 $1/2$ $°/_{°}$, etc., on établit le compte courant en se servant de l'un de ces taux simples, et, lorsqu'on a obtenu la balance des intérêts qui correspondent au taux employé, on en déduit aisément la balance réelle en appliquant la règle du n° 203.

243. Variations du taux. — Les taux employés ordinairement sont légèrement supérieurs au taux d'escompte de la Banque de France et suivent les variations de ce taux.

Le taux de l'intérêt dans un compte courant peut alors subir un ou plusieurs changements pendant la durée de ce compte. Toutefois cela se produit très rarement, car la durée d'un compte courant n'est jamais bien longue, et le taux de la Banque de France subit de rares et faibles changements.

Chaque fois qu'une variation du taux se produit, on règle le compte au moment de ce changement, on ouvre un nouveau compte avec la balance des capitaux et on réserve les intérêts et les frais accessoires pour les réunir à la balance finale des capitaux. Le compte se trouve ainsi partagé en deux ou plusieurs périodes, dans chacune desquelles les intérêts sont calculés avec le taux correspondant, mais ne produisent pas intérêt pendant les périodes suivantes.

On ne connaît généralement pas, lors de l'ouverture du compte, les dates des diverses variations du taux. Si l'on opère par la méthode indirecte, on peut néanmoins calculer les jours et les nombres au fur et à mesure de chaque opération. Il peut alors arriver qu'une variation du taux se produise entre la date de l'une des opérations du compte et la date de valeur du capital correspondant, lorsqu'on a déjà calculé et inscrit sur le bordereau les jours et le nombre relatifs à ce capital. On n'effectue cependant aucune correction, car l'erreur ainsi commise est ordinairement négligeable.

244. Taux non réciproques. — Il arrive quelquefois que le taux de l'intérêt n'est pas le même au Débit et au Crédit. Le banquier peut demander par exemple 5°/₀ pour les sommes qu'il avance, et ne donner que 4°/₀ pour les sommes qu'il encaisse. On dit dans ce cas que les taux du Débit et du Crédit ne sont pas *réciproques*.

Il est aisé de voir que l'application des méthodes directe et indirecte conduit alors à un calcul qui n'est pas légitime :

Supposons, en effet, que le banquier soit constamment débiteur envers le négociant ; la balance des intérêts doit être évidemment en faveur de ce négociant. Par suite, dans la méthode directe, la somme des nombres du Crédit sera supérieure à celle des nombres du Débit. Mais, si les taux ne sont pas réciproques, les diviseurs ne sont pas les mêmes et alors le quotient de la première somme par le diviseur du Crédit peut être inférieur au quotient de la seconde somme par le diviseur du Débit ; la balance des intérêts peut donc être en faveur du Débit, ce qui est évidemmet absurde.

La méthode indirecte conduit à la même absurdité, et présente de plus une complication provenant de ce que certains intérêts qui sont en faveur du Crédit doivent être calculés avec le taux du Débit, et inversement : Ainsi, soit la somme de 200^{fr} dont il est question au début du n° 233 ; nous avons dit que le banquier doit l'intérêt de cette somme pendant 140 jours et que, comme compensation, le négociant doit l'intérêt de cette même somme pendant 45 jours ; or cette façon de procéder ne peut être légitime que si ces intérêts sont calculés au même taux.

La méthode hambourgeoise permet de calculer les intérêts des soldes successifs, c'est-à-dire les intérêts des sommes qui sont réellement dues par le banquier ou par le négociant, et ces intérêts sont calculés pour les temps pendant lesquels ces sommes sont dues. Si les soldes sont tous créditeurs, aucun intérêt ne sera inscrit au Débit. Cette méthode est donc parfaitement légitime et doit être seule employée pour établir un compte courant à taux non réciproques.

C'est d'ailleurs ce qu'a décidé la Cour d'appel de Bordeaux par un arrêt du 8 avril 1880.

Pour terminer un pareil compte, établi par cette dernière méthode, on fait la somme des nombres du Crédit et celle des nombres du Débit, on divise chacune de ces deux sommes par le diviseur correspondant ; la différence des quotients obtenus représente la balance des intérêts, balance qu'il faut ajouter ou retrancher, suivant les cas, à la dernière balance des capitaux. On peut opérer aussi par les *intérêts immédiats*.

Il y a lieu de remarquer que si les dates de valeurs ne sont pas inscrites dans l'ordre chronologique, la méthode cesse d'être légitime. En effet, dans le raisonnement qui a été fait dans ce cas (n° 236), on a vu que l'application de la méthode revient à ajouter des nombres égaux au Crédit et au Débit. Cela ne change pas la balance des nombres, mais cela change la balance des quotients obtenus en divisant ces nombres par des diviseurs différents. Toutefois on applique encore la méthode, car les erreurs ainsi commises sont ordinairement très petites.

CAISSE D'ÉPARGNE

245. La Caisse nationale d'épargne, placée sous la garantie de l'État, ouvre un compte courant à chaque particulier désireux de placer ses économies. Le taux de l'intérêt est 2 1/2 %.

Le compte ouvert à chaque déposant ne peut excéder le chiffre de 1500 fr. Chaque versement ne peut être inférieur à un franc et peut comporter des centimes. Le total des versements effectués du 1er janvier au 31 décembre de la même année ne peut dépasser 1500 fr.

Le compte doit toujours être créditeur. A cet effet, chaque remboursement demandé doit être inférieur d'un franc, au moins, au solde créditeur des capitaux.

L'intérêt part du 1er ou du 16 de chaque mois après le jour du versement. Il cesse de courir à partir du 1er ou du 16 qui a précédé le jour du remboursement.

Au 31 décembre de chaque année, l'intérêt acquis s'ajoute au capital et devient lui-même productif d'intérêt.

DATES	NOMS DES BUREAUX	NATURE DES OPÉRATIONS	DÉTAIL DES OPÉRATIONS			
			CAPITAUX		INTÉRÊTS	
1900						
13 janvier	Paris	Versement	450		10	78
4 mars	Paris	Versement	260		5	15
		Résultat	710		15	93
25 mars	Lyon	Remboursement	200		3	96
		Résultat	510		11	97
3 avril	Grenoble	Remboursement	210		3	94
		Résultat	300		8	03
27 avril	Paris	Versement	600		10	
		Résultat	900		18	03
18 octobre	Dijon	Remboursement	400		2	08
		Résultat	500		15	95
31 décembre	Intérêts capitalisés		15	95		
1901	Solde au 1er janvier		515	95	12	90

Ces comptes courants sont établis d'après le principe de la méthode directe et par le procédé des intérêts immédiats. Les intérêts du Crédit sont dits *anticipés* et sont évalués d'après le nombre de quinzaines qui séparent de la fin de l'année le 1er ou le 16 qui suit le jour du versement. Les intérêts du Débit sont dits *rétrogrades* et sont évalués d'après le nombre de quinzaines qui séparent de la fin de l'année le 1er ou le 16 qui a précédé le remboursement.

Les employés de la Caisse d'épargne trouvent ces intérêts dans des tables spéciales qui donnent les intérêts des sommes variant depuis un franc jusqu'à 1500^{fr}, pour des durées variant depuis une quinzaine jusqu'à 24 quinzaines. Ces intérêts sont inscrits en regard des capitaux correspondants au fur et à mesure de chaque opération.

La disposition employée pour établir les bordereaux de ces comptes courants est analogue à celle de la méthode hambourgeoise. Après chaque versement ou remboursement, on fait la balance des capitaux, puis la balance des intérêts, de telle sorte que la dernière ligne du compte représente toujours le capital et les intérêts qui seraient dus au 31 décembre si l'on ne faisait pas de nouvelles opérations. (Voir à la page précédente un exemple d'un pareil compte courant.)

REMARQUE. — Lorsqu'un déposant fait, dans le courant de l'année, une demande de *remboursement intégral*, on lui remet les sommes inscrites à la dernière ligne de son compte moins l'intérêt rétrograde du solde des capitaux compté à partir du 1er ou du 16 qui précède le remboursement.

PROBLÈMES A RÉSOUDRE

225. Établir, par chacune des trois méthodes, le compte courant suivant arrêté le 20 août, le taux de l'intérêt étant 4°/₀ :

SOMMES PAYÉES PAR LE BANQUIER	SOMMES REÇUES PAR LE BANQUIER
900^{fr} le 2 février.	1 800^{fr} le 17 janvier. (Époque).
500^{fr} le 21 mars.	900^{fr} le 14 mars.
1 000^{fr} le 14 mai.	600^{fr} le 2 avril.
300^{fr} le 10 juillet.	1 100^{fr} le 12 juin.
	400^{fr} le 1er août.

226. Établir, par chacune des deux premières méthodes, le compte courant suivant arrêté le 18 janvier 1904, le taux de l'intérêt étant 4 1/2 % :

VALEURS PAYÉES PAR LE BANQUIER		VALEURS REÇUES PAR LE BANQUIER	
5 juillet 1903	600fr prélèvement espèces.	1er juin 1903 (Époque)	800fr versement espèces.
1er octbre 1903	300fr traite tirée par le négociant sur le banquier au 1er décembre.	4 septbre 1903	500fr traite sur Lyon au 25 septembre.
16 décbre 1903	400fr prélèvement espèces.	25 décbre 1903	200fr effet sur Paris au 31 janvier 1904.

227. Établir le compte courant précédent par la méthode hambourgeoise : 1° avec un nombre rouge correspondant à l'effet sur Paris ; 2° sans nombre rouge.

228. Un banquier a ouvert à un négociant, le 16 avril, un compte courant avec intérêts à 4 1/4 %. On demande de régler ce compte le 16 octobre de la même année, sachant que les opérations suivantes ont été faites :

1° Au Crédit :

16 avril	485fr	Versement espèces.
23 mai	870fr	Encaissement pour le compte du négociant.
20 juillet	1180fr	Remise d'un effet sur Grenoble au 5 août.
10 septembre	940fr	Versement espèces.
28 septembre	690fr	Remise d'un effet sur Toulouse au 31 octobre.

2° Au Débit :

30 mai	600fr	Prélèvement espèces.
15 juin	1000fr	Traite tirée par le négociant au 31 juillet.
17 août	830fr	Envoi de fonds.
1er octobre	700fr	Traite tirée par le négociant au 25 octobre.

On établira ce compte courant par la méthode indirecte, en employant le procédé des intérêts immédiats calculés d'abord à 4 %.

229. Établir le compte courant précédent par la méthode hambourgeoise, en inscrivant les opérations du compte dans l'ordre dans lequel elles sont faites, et en employant le procédé des intérêts immédiats calculés directement à 4 1/4 %.

230. Établir, par la méthode indirecte, le compte courant suivant, comprenant des frais accessoires et des retours d'effets, le taux de l'intérêt étant 5 % :

1° Opérations du Crédit :

1er avril (époque)	945fr,50	Solde du compte précédent.
7 avril	1 400fr	Envoi d'espèces.
14 mai	680fr	Traite tirée sur le négociant par le banquier au 1er juin.
23 mai	840fr	Remise d'un effet sur Dijon au 12 juin.

2° Opérations du Débit :

3 avril	500fr	Prélèvement espèces.
5 avril	811fr,15	Retour d'un effet sur Lyon à échéance du 25 mars.
20 mai	250fr	Traite tirée sur le banquier par le négociant au 10 juin.
23 juin	851fr,35	Impayé sur Dijon.

Le compte est arrêté le 1er juillet. Les frais de commission pour encaissements ou paiements sont de 1/4 %. Les frais de change sur Dijon sont de 0fr,30 %.

231. Établir le compte courant précédent par la méthode hambourgeoise, en tenant compte des frais accessoires et en supposant que le taux de l'intérêt soit de 5 % au Crédit et de 6 % au Débit.

232. Deux banquiers A et B sont en relations d'affaires. Au 15 janvier le solde de leur compte courant, qui s'élève à 2 540fr,85, est en faveur du banquier B. Les opérations ci-après sont ensuite faites :

20 janvier.	A reçoit un effet de 409fr,15 impayé à Lyon le 10 janvier.
24 janvier.	A remet à B un effet de 500fr sur Paris au 5 février.
26 janvier.	B reçoit un effet de 612fr,50 impayé à Marseille le 13 janvier.
29 janvier.	B tire sur A une traite de 840fr au 18 février.
2 février.	B remet à A un effet de 420fr sur Lille au 1er mars.
26 février.	A tire sur B une traite de 300fr au 12 mars.
15 mars.	A remet à B un effet de 1 000fr sur Lyon au 12 avril.
1er avril.	A remet à B un effet de 360fr sur Rouen au 17 août.
30 avril.	B tire sur A une traite de 400fr au 18 mai.
4 mai.	B remet à A un effet de 200fr sur Nîmes au 26 mai.

On demande d'établir le compte que doit tenir le banquier A et de régler ce compte au 10 mai, le taux de l'intérêt étant 3 %. Les commissions sont calculées à 1/4 % et les changes à 0,40 %. On emploiera la méthode indirecte.

233. Au 31 décembre, le solde d'un déposant à la Caisse nationale d'épargne s'élève à 425fr,35, capital et intérêts réunis. Dans le courant de l'année suivante il fait les opérations ci-après :

VERSEMENTS	REMBOURSEMENTS
140fr le 3 janvier ;	50fr le 2 février ;
35fr le 27 février ;	30fr le 15 avril ;
48fr le 14 mars ;	25fr le 1er juillet ;
100fr le 1er mai ;	40fr le 31 août ;
56fr le 15 juin ;	60fr le 2 décembre.
22fr le 18 septembre ;	
90fr le 30 novembre.	

On demande de régler le compte au 31 décembre de cette nouvelle année.

234. Un banquier a ouvert à un négociant, le 10 avril, un compte courant avec intérêts à 6 %. Le jour de l'arrêté du compte le banquier doit au négociant la somme de 505fr,55. On demande quelle est la date de cet arrêté, sachant que les opérations suivantes ont été faites :

VALEURS REÇUES PAR LE BANQUIER	VALEURS PAYÉES PAR LE BANQUIER
950fr le 10 avril.	800fr le 15 mai.
1100fr le 2 juin.	1400fr le 8 juillet.
640fr le 9 août.	

235. Quel est le taux employé dans un compte courant ouvert le 19 janvier, arrêté le 1er septembre, sachant que le négociant est à cette dernière époque créancier pour 797fr,30 et que le détail des opérations est le suivant :

VALEURS REÇUES PAR LE BANQUIER	VALEURS PAYÉES PAR LE BANQUIER
840fr le 19 janvier.	1200fr le 3 février.
1500fr le 13 mars.	700fr le 17 avril.
300fr le 29 juin.	950fr le 5 juin.
1000fr le 1er août.	

236. Dans un compte courant, ouvert le 21 janvier, et arrêté le 30 juillet, figurent les opérations suivantes :

AU CRÉDIT	AU DÉBIT
850fr le 21 janvier.	600fr le 10 février.
400fr le 25 février.	350fr le 2 mars.
1000fr le 14 mars.	420fr le 27 mars.
950fr le 29 avril.	1100fr le 4 avril.
860fr le 5 juin.	750fr le 19 mai.
350fr le 12 juillet.	900fr le 1er juillet.

A l'arrêté du compte, le négociant se trouve créancier pour 3o3^{fr},4o. Le taux de l'intérêt a varié de 6 % à 5 %. On demande de trouver la date de cette variation, sachant qu'elle a eu lieu entre le 14 mars et le 29 avril.

237. Dans un compte courant à taux non réciproques, ouvert le 3 mai et arrêté le 15 septembre de la même année, le détail des opérations est le suivant :

<table>
<tr><td>AU CRÉDIT</td><td>AU DÉBIT</td></tr>
<tr><td>1 620^{fr} le 3 mai.</td><td>1 200^{fr} le 8 juin.</td></tr>
<tr><td>340^{fr} le 18 mai.</td><td>1 000^{fr} le 1er juillet.</td></tr>
<tr><td>500^{fr} le 2 août.</td><td>600^{fr} le 21 juillet.</td></tr>
<tr><td>200^{fr} le 27 août.</td><td></td></tr>
<tr><td>648^{fr} le 5 septembre.</td><td></td></tr>
</table>

A l'arrêté du compte, le négociant est créancier pour 514^{fr},7o. Le taux de l'intérêt servi au banquier est 4 1/2 %. Quel est le taux de l'intérêt servi au négociant ?

CHAPITRE VI

VALEURS MOBILIÈRES, OPÉRATIONS DE BOURSE

246. On donne le nom de *valeurs mobilières* aux *titres* qui servent à représenter, soit une part de propriété ou de bénéfice dans une entreprise commerciale ou industrielle, soit une créance envers un État ou une ville ou une société quelconque.

Ces valeurs se divisent en trois catégories :

1° les *Rentes* sur l'État, c'est-à-dire les intérêts payés par l'État pour les sommes qu'il a empruntées ;

2° les *Actions* des sociétés commerciales, industrielles ou financières ;

3° les *Obligations* émises par ces sociétés ou par des villes ou par des départements.

I. — RENTES SUR L'ÉTAT

247. Emprunts. Dette publique. — Lorsqu'un État doit faire face à de grosses dépenses, soit pour les travaux publics, soit pour les besoins de la défense nationale, ses ressources ordinaires produites par les impôts ne lui suffisent plus, et cet État se trouve obligé de contracter un *emprunt*.

Au lieu de s'adresser à un nombre restreint de gros capitalistes, il divise ordinairement le montant de son emprunt en un grand nombre de petites parts, dont chacune peut lui être fournie par les bourses les plus modestes.

En échange de chacune de ces parts, l'État remet au prêteur un *titre* qui donne à ce prêteur le droit de toucher, à des époques fixées, l'intérêt de l'argent qu'il a ainsi avancé à l'État. Ce titre est appelé *titre de rente*, celui qui le reçoit est un *rentier*, et on appelle *rente sur l'État* ou simplement *rente* l'intérêt que procure ce titre.

L'État fixe lui-même les conditions dans lesquelles il se libèrera de son emprunt, mais il s'engage ordinairement à rembourser à chaque rentier une somme supérieure à celle que lui a donnée ce rentier. L'État se reconnaît ainsi le débiteur d'une somme supérieure à celle qu'il emprunte.

Les Rentes qui proviennent des divers emprunts se désignent par l'intérêt annuel que doit payer l'État pour chaque somme de 100^{fr} dont il se reconnaît débiteur. Si cet intérêt est de 3^{fr} par exemple, on dit qu'il s'agit d'une *rente 3 %*.

On appelle *prix d'émission d'un emprunt* la somme qu'il faut prêter à l'État pour devenir créancier d'une somme de 100^{fr}. Le prix d'émission est d'autant plus voisin de 100^{fr} que le crédit de l'État est mieux établi.

On appelle *Dette publique* l'ensemble des sommes que doit rembourser l'État. Les rentes qu'il doit servir, en attendant ce remboursement, ainsi que les noms des rentiers, sont inscrits sur un registre spécial appelé *Grand Livre de la Dette publique*, d'où le nom d'*inscription de rente* employé comme synonyme de *titre de rente*.

En France la Dette publique s'est considérablement accrue depuis 1870 et s'élève aujourd'hui à plus de *trente milliards*. Cette dette se divise en trois parties distinctes : la Dette flottante, la Dette perpétuelle, la Dette amortissable.

La *Dette flottante* est constituée par les dépôts faits à la Caisse d'épargne et par les *Bons du Trésor*. Les Bons du Trésor sont des titres au porteur, remboursables à courte échéance, 3 mois, 6 mois, un an au plus, délivrés par la Caisse centrale du Ministère des Finances à toute personne qui en fait la demande ; ces titres produisent un intérêt dont le taux varie avec l'échéance et avec le désir plus ou moins grand de l'État d'attirer l'argent des capitalistes.

La *Dette perpétuelle* est l'ensemble des emprunts pour chacun desquels l'État reste libre d'effectuer le remboursement quand cela lui plaira. Il peut même reculer indéfiniment ce remboursement, à la condition de payer régulièrement, au taux convenu, l'intérêt du capital dont il s'est reconnu débiteur.

La *Dette amortissable* est constituée par les emprunts dont le remboursement doit avoir lieu par fractions, à des époques fixées à l'avance. C'est le tirage au sort qui détermine, à chacune de ces époques, les numéros des titres qui doivent être remboursés.

Les *fonds d'État français* (n° 249) sont constitués par la Dette perpétuelle et la Dette amortissable.

248. Conversions de Rentes. — On appelle conversion de Rente l'opération par laquelle l'État réduit le taux d'intérêt de la rente qu'il s'était engagé à servir jusqu'au remboursement.

Pour que l'État puisse faire une pareille opération sans violer ses engagements, il faut qu'il ait le consentement de tous les rentiers. A cet effet, il offre à ces derniers, ou bien de leur rembourser la somme convenue, ou bien de leur donner, en échange de leurs titres actuels, d'autres titres représentant cette même somme mais rapportant un intérêt moindre. Si les rentiers, ou si presque tous les rentiers, acceptent cette seconde solution, la conversion réussit ; l'État n'a qu'à payer les quelques rentiers qui demandent le remboursement, et réalise un bénéfice annuel égal à la diminution du montant de la rente.

Pour que les rentiers acceptent cette conversion, il faut qu'elle soit plus avantageuse pour eux que le remboursement, et c'est ce qui peut arriver si l'État se trouve dans une période de prospérité, c'est-à-dire si le taux de l'intérêt va en diminuant. En effet, les rentiers qui n'accepteraient pas la conversion devraient chercher un nouveau placement pour l'argent qui leur serait rendu par l'État, et ce nouveau placement pourrait ne pas être aussi avantageux ni surtout aussi sûr que celui que leur offre l'État.

La dernière conversion de rente française a eu lieu en vertu de la loi du 9 juillet 1902 : la rente perpétuelle 3 1/2 % a été convertie en rente perpétuelle 3 %. Cette rente provient des emprunts contractés, en rentes 5 %, en 1871 et en 1872, à la suite de la guerre avec l'Allemagne ; elle fut convertie en 4 1/2 % en 1883 puis en 3 1/2 % en 1894, d'où le nom de 3 1/2 % 1894 donné à cette rente perpétuelle pendant la période de huit ans qui s'est écoulée jusqu'en 1902.

Dans ces diverses conversions presque tous les rentiers ont accepté la réduction de la rente. Dans la dernière, l'État a dû rembourser seulement 1 600 000ᶠ, somme insignifiante en regard des 7 milliards qui forment le capital des rentes converties. Le succès de cette dernière conversion a donc été très grand. Certains petits avantages avaient été consentis par l'État en faveur des rentiers : indemnité de 1ᶠ pour chaque somme de 3ᶠ,50 de rente, et paiement par anticipation des intérêts calculés à 3 % pendant un mois et demi. Cette conversion a fait réaliser à l'État une économie d'environ 32 millions par an.

249. Fonds d'État français. — En France il y a actuellement, depuis la conversion du 3 1/2 %, deux espèces de Rentes sur l'État.

La Rente perpétuelle 3 % ou le 3 % perpétuel ;

La Rente amortissable 3 % ou le 3 % amortissable.

1° *Le 3 % perpétuel* est une rente annuelle de 3ᶠ (0ᶠ,75 par trimestre) payée par l'État pour chaque somme de 100ᶠ dont il se reconnaît débiteur.

Ainsi qu'il a été dit plus haut, cette rente est appelée *perpétuelle* car l'État doit la payer indéfiniment, à moins qu'il ne lui plaise de rembourser 100ᶠ par chaque titre de 3ᶠ de rente.

Le 3 % perpétuel provient d'emprunts antérieurs à 1870, de l'emprunt du mois d'août 1870 au prix d'émission de 60ᶠ,60, de la conversion du 4 % et du 4 1/2 % faite en 1887, et enfin de la conversion du 3 1/2 % faite d'après la loi du 9 juillet 1902.

Afin d'identifier le 3 % qui provient de cette dernière conversion avec le 3 % ancien, l'article 2 de la loi de conversion dit que l'exercice du droit de remboursement de l'État est suspendu pendant un délai de 8 années, à courir du 1er janvier 1903, *aussi bien pour les nouvelles rentes 3 % que pour les anciennes.*

A partir du 1er janvier 1911, l'État sera libre de faire une nouvelle conversion sur l'ensemble des rentes perpétuelles 3 %, et il la fera certainement dès que les circonstances lui en feront prévoir le succès.

2° *Le 3 % amortissable,* rente annuelle de 3fr, payable par trimestre, pour chaque somme de 100fr dont l'État se reconnaît débiteur, diffère du 3 % perpétuel par le procédé de remboursement.

Le 16 avril de chaque année, l'État doit rembourser un certain nombre de titres de cette rente, les numéros de ces titres étant déterminés par un tirage au sort qui a lieu le 1er mars.

Le 3 % amortissable a été émis en 1878, et l'amortissement doit être terminé en 1953.

Privilège de la rente. — Les rentes sur l'État sont insaisissables et exemptes de tout impôt. C'est un privilège que n'ont pas les autres valeurs mobilières.

Remarque. — En sus des fonds d'État dont nous venons de parler, il existe d'autres fonds garantis par l'État français ; ce sont : *les Obligations Tunisiennes 3 %, l'emprunt 2 1/2 % du Tonkin, l'emprunt Indo-Chinois 3 1/2 %, l'emprunt 2 1/2 % de Madagascar.*

250. Nature des titres de rente. — Il y a trois sortes de titres de rente :

1° **Les titres nominatifs.** — Ces titres portent le nom et les prénoms du rentier qui en est le propriétaire. Le paiement des intérêts ou *arrérages* de l'un de ces titres se fait sur la présentation du titre et est constaté par l'apposition d'une signature au verso de ce titre.

2° **Les titres au porteur.** — Ces titres ne portent que des numéros d'ordre. Leurs arrérages sont payables sur la présentation de *coupons*, adhérant à chaque titre, que l'on découpe ou détache du titre au fur et à mesure des échéances trimestrielles indiquées sur chacun de ces coupons. Chaque titre est muni de vingt coupons et peut servir par suite pendant cinq ans ; au bout de ce temps le Trésor renouvelle le titre avec vingt nouveaux coupons.

3° **Les titres mixtes.** — Ces titres portent le nom et les prénoms du titulaire comme les titres nominatifs, et des coupons d'arrérages comme les titres au porteur. Ils sont peu répandus.

REMARQUE. — Le minimum d'un titre de rente est de 2^{fr} pour le 3 °/₀ perpétuel, et de 15^{fr} pour le 3 °/₀ amortissable.

251. Paiement des arrérages. — Le paiement des arrérages se fait au Trésor à Paris, ou chez les trésoriers payeurs dans les départements, aux dates suivantes :

Pour le 3 °/₀ perpétuel : 1er janvier, 1er avril, 1er juillet, 1er octobre ;

Pour le 3 °/₀ amortissable : 16 janvier, 16 avril, 16 juillet, 16 octobre.

Les arrérages échus depuis cinq ans et non réclamés ne sont plus payés par le Trésor.

252 Négociation des titres de rente. — Les personnes qui possèdent des titres de rente peuvent les vendre à d'autres personnes. Ces titres constituent ainsi une véritable marchandise, dont le prix varie suivant la loi de l'offre et de la demande.

Ces ventes et achats se font dans des marchés appelés *Bourses*, par l'intermédiaire d'*agents de change*, officiers ministériels assermentés, nommés par le chef de l'État, qui perçoivent sur chaque opération un droit de commission appelé *courtage*.

Après la vente de tout titre nominatif, ce titre est remis au *bureau des transferts* qui en établit un nouveau au nom de l'acheteur.

La négociation des titres au porteur peut se faire directement entre le vendeur et l'acheteur. Néanmoins cette négociation se fait le plus souvent par l'intermédiaire d'un agent de change, car il est rare que ceux qui veulent vendre connaissent et rencontrent ceux qui veulent acheter.

Tout acheteur devient ainsi rentier de l'État et doit toucher dorénavant les intérêts trimestriels des titres achetés, à moins que la vente n'ait eu lieu dans l'intervalle des 15 jours qui précèdent le prochain paiement d'arrérages, auquel cas ces arrérages appartiennent au vendeur. Dans ce dernier cas, s'il s'agit d'un titre nominatif, l'acheteur doit remettre au vendeur, en sus du prix d'achat, le montant de l'intérêt trimestriel ; et, s'il s'agit d'un titre au porteur, le vendeur détache du titre le coupon de la prochaine échéance. On dit alors que 15 jours avant l'échéance trimestrielle les titres de rente se négocient en Bourse *sans le coupon* ou bien *ex-coupon*.

La négociation des titres de rente se fait *au comptant* ou bien *à terme*. Dans le premier cas, la livraison des titres par le vendeur et le versement de numéraire par l'acheteur doivent être effectués dans des délais très courts. Dans le second cas, ces opérations n'ont lieu qu'à la fin du mois courant ou du mois suivant.

253. Cours de la rente. — On appelle *cours de la rente* la somme qu'il faut donner, indépendamment des frais accessoires, pour acquérir 3^{fr} de rente 3 °/₀.

On dit que la rente est *au pair* lorsque cette somme est égale à 100^{fr}.

Le cours de la rente subit des variations continuelles tout en se maintenant aux environs du pair. Les événements politiques et les agissements de la spéculation exercent sur lui la plus grande influence. Indépendamment de ces causes de variations, le détachement du coupon trimestriel fait baisser le cours du 3 °/₀ de 0^{fr},75 ; mais, si l'on se trouve dans une période normale, le cours remonte ensuite peu à peu jusqu'à ce que le coupon se trouve *regagné*.

Depuis quelques années, le cours des rentes françaises se maintient généralement au-dessus du pair ([1]).

La hausse des cours se produit lorsqu'il y a beaucoup d'ache-

---

(1) En 1871 le cours du 3 °/₀ perpétuel s'est abaissé à 50,35. Le cours le plus haut, depuis cette époque, a été de 105,50 le 10 août 1897.

teurs et peu de vendeurs ; la baisse se produit dans le cas contraire. Dans une même journée le cours peut atteindre un nombre plus ou moins grand de valeurs ; ces valeurs sont consignées sur un bulletin spécial publié après la fermeture de la Bourse.

Ce bulletin, appelé *Cours authentique de la Bourse* ou *Cote officielle*, contient également les cours auxquels sont négociées la plupart des nombreuses valeurs mobilières autres que les rentes sur l'État. Il est reproduit par de nombreux journaux financiers, et la plupart des journaux quotidiens en donnent des extraits.

Pour chaque espèce de rente, la Cote officielle mentionne la date à partir de laquelle l'acheteur de cette rente doit bénéficier des arrérages. Cette date est appelée *époque de jouissance*.

254. Parquet et Coulisse. — On appelle *parquet* la réunion des agents de change. A la Bourse de Paris, dont nous nous occupons spécialement, il y a 70 agents de change ayant une *Chambre syndicale* chargée de *constater les cours pratiqués* et d'en rédiger la cote officielle.

Les agents de change, assistés de leurs *commis principaux*, rédigent les *bordereaux* d'achat ou de vente des rentes et des diverses valeurs mobilières. Ils jouissent ainsi d'un monopole très ancien qui leur a été confirmé en 1898.

Le parquet opère en Bourse chaque jour non férié, de midi à trois heures.

La *coulisse*, ou *marché en banque*, est un marché libre, toléré à côté du marché officiel, et qui a pris peu à peu une grande extension avec le nombre croissant des valeurs mobilières.

Dans ce marché libre les opérations de vente et d'achat se font au moyen d'intermédiaires appelés *coulissiers*, qui sont généralement des représentants des grandes maisons de banque de Paris, et qui font leurs propres affaires en même temps que celles de leurs clients. Ces coulissiers prélèvent, sur chaque négociation, des frais de commissions au même taux que le courtage des agents de change.

Toutefois, depuis l'année 1898, les attributions des coulissiers ont été considérablement diminuées. En dehors de la rente française 3 °/. à terme, ils ne peuvent négocier que les valeurs mobilières qui ne sont pas inscrites sur la Cote officielle des agents de change. Pour les opérations au comptant sur les rentes françaises et pour toutes les opérations sur les valeurs mobilières inscrites sur la Cote officielle, les coulissiers ne peuvent plus servir que d'intermédiaires entre la personne qui veut acheter ou vendre et l'agent de change.

La coulisse opère en Bourse chaque jour non férié, de midi à quatre heures.

Nous supposerons dans ce qui va suivre que les opérations de vente et d'achat se font par ministère d'agent de change.

MARCHÉS AU COMPTANT

255. Les achats de rentes au comptant sont principalement faits par les capitalistes, grands ou petits, désireux de trouver pour leurs capitaux un *placement sûr*.

Le particulier qui a l'intention de faire un pareil achat cherche ordinairement à profiter d'une baisse dans le cours de la rente. De cette façon il n'éprouvera aucune perte et pourra même réaliser un bénéfice s'il veut revendre plus tard la rente qu'il achète.

Les ventes de rentes au comptant sont faites par les rentiers qui ont besoin de *réaliser leur avoir*, ou qui veulent engager cet avoir dans un placement plus avantageux, ou bien encore qui veulent profiter d'une hausse du cours pour réaliser un bénéfice sur le prix d'achat.

Acheteurs et vendeurs transmettent leurs ordres à un agent de change en même temps que les capitaux et les titres de rente nécessaires pour effectuer leurs opérations. Ces opérations sont faites, sur l'ordre du client, *au mieux* ou *à un cours limité* ou enfin au *cours moyen*.

L'ordre *au mieux* est exécuté à réception à n'importe quel cours.

L'ordre *à un cours limité* ne doit être exécuté que si le cours ne s'élève pas ou ne s'abaisse pas au-dessus ou au-dessous d'un cours fixé, selon qu'il s'agit d'un achat ou d'une vente.

L'ordre *au cours moyen* est exécuté avant l'ouverture de la Bourse, dans une réunion tenue par les commis principaux des agents de change. Toutefois l'opération n'est complètement réglée qu'après la fermeture de la Bourse, car le cours moyen s'obtient en prenant la demi-somme du plus haut cours et du plus bas cours auxquels ont eu lieu des négociations pendant la séance officielle. Si aucun cours n'est pratiqué pendant cette séance, les opérations effectuées sont annulées.

REMARQUE. — Les négociations au comptant ne sont faites que pour un *nombre entier* de francs de rente s'il s'agit de rente perpétuelle, et pour *un multiple* de 15^{fr} de rente, s'il s'agit de rente amortissable.

256. Bordereau. Frais accessoires. — L'agent de change qui fait une opération d'achat ou de vente est tenu de délivrer à son client un *bordereau* contenant le détail de l'opération, ainsi que le taux et le montant des frais accessoires. Ces frais sont les suivants :

1° **Courtage.** — L'agent de change est autorisé à percevoir un droit de courtage maximum de 1/10 % du capital brut qui forme le montant de la négociation, avec un minimum de 0^{fr},50 par bordereau.

S'il s'agit de négociations effectuées en vertu de pièces contentieuses, le courtage s'élève à 1/4 %.

2° **Impôt de l'État.** — Cet impôt sur les opérations de Bourse, qui a été inauguré le 1er juin 1893, puis modifié en 1895, est, pour les rentes sur l'État, de 0^{fr},0125 par 1 000^{fr} ou fraction de 1 000^{fr} du montant de l'opération. Pour les autres valeurs mobilières, cet impôt est quatre fois plus élevé : 0^{fr},05 %%.

Cet impôt a remplacé l'ancien *droit de timbre* de 0^{fr},60 pour les négociations dont le montant ne dépassait pas 10 000^{fr}, et de

1ᶠʳ,80 pour les autres négociations ; ce droit de timbre ne répondait pas suffisamment au principe de la proportionnalité de l'impôt.

Le montant de ces frais d'impôt ne peut être inférieur au taux de l'impôt ou à ses multiples, et toute fraction de centime donne lieu à la perception du centime entier. Dans ce qui suit, nous évaluons cette perception, ainsi que celle du courtage, en multiples de 5 centimes.

3° **Timbre de quittance.** — C'est un timbre de 0ᶠʳ,10 que fait payer l'agent de change pour timbrer les quittances qu'il est appelé à recevoir ou à donner.

257. Opérations franco courtage. — Lorsqu'à la même Bourse deux opérations au comptant et de sens contraires ont été effectuées en vertu du même ordre, les droits de courtage ne sont calculés que sur l'opération qui représente le capital le plus élevé. Les autres frais accessoires, impôt et timbre, sont perçus sur les deux opérations.

258. Achats faits par la Caisse d'épargne. — Tout titulaire d'un livret de la Caisse nationale d'épargne dont le crédit est suffisant pour acheter au moins 10ᶠʳ de rente nominative perpétuelle 3 %₀, ou bien 15ᶠʳ de rente amortissable 3 %₀, peut faire opérer cet achat *sans frais accessoires* par l'Administration de la Caisse d'épargne, qui se charge également de conserver gratuitement les titres achetés et d'inscrire le montant des arrérages au crédit des comptes courants.

Pour la vente de ces mêmes titres, le vendeur doit payer les frais accessoires.

259. Pʀᴏʙʟᴇᴍᴇ I. — *Une personne veut acheter 2 700ᶠʳ de rente perpétuelle 3 %₀. Le cours étant de 101ᶠʳ,75, quelle somme déboursera cette personne, et quelle somme recevra le vendeur de ces 2 700ᶠʳ de rente ?*

Le prix brut d'achat s'obtient par la règle de trois suivante :

$$3^{fr} \text{ de rente perpétuelle } 3\%\text{ coûtent}\quad 101^{fr},75,$$

$$1^{fr}\qquad\qquad - \qquad\qquad\text{coûte}\quad \frac{101,75}{3},$$

$$2\ 700^{fr}\qquad - \qquad\qquad\text{coûtent}\quad \frac{101,75 \times 2\ 700}{3}.$$

En effectuant le calcul on obtient 91 575^{fr}.

Le courtage, 1/10 %, s'obtient en prenant la millième partie de ce résultat, ce qui donne 91^{fr},575.

Pour calculer aisément l'impôt de l'État, remarquons que l'on a

$$0,0125 = \frac{1}{80},$$

ce qui montre que l'impôt de 0,0125 %₀ s'obtient en prenant la 80ᵉ partie de 92 qui est le nombre des unités de mille francs et de la fraction de mille francs contenues dans le prix brut 91 575^{fr}. On a donc :

$$\text{impôt de l'État} = \frac{92}{80} = \frac{9,2}{8} = 1^{fr}15.$$

L'agent de change de l'acheteur dressera le bordereau suivant :

Acheté 2 700 fr. de 3 % perpétuel à 101,75	91 575	
Courtage 1/10 %	91	55
Impôt de l'État 0,0125 %₀	1	15
Timbre	0	10
Prix de revient	91 667	80

D'un autre côté, le vendeur des 2 700^{fr} de rente devra recevoir le prix brut, 91 575^{fr}, moins les frais accessoires, et par suite son agent de change dressera le bordereau suivant :

Vendu 2700 fr. de 3 % perpétuel à 101,75		91 575	
Courtage 1/10 %	91,55		
Impôt de l'État 0,0125 %	1,15		
Timbre	0,10	92	80
Produit net de la vente		91 482	20

En résumé, l'acheteur dépense 91 667^{fr},80 ; son agent de change remet 91 575^{fr} à l'agent de change du vendeur, et ce vendeur reçoit 91 482^{fr},20.

Les deux agents de change prélèvent chacun un courtage de 91^{fr},55, et l'État encaisse 2^{fr},30 d'impôt et 0^{fr},20 de timbres.

260. PROBLÈME II. — *Un capitaliste qui dispose de 45 000^{fr} veut acheter de la rente perpétuelle 3 %. Combien aura-t-il de rente si le cours est à 101^{fr},25 ?*

Cherchons combien coûtent 3^{fr} de rente, lorsqu'on tient compte du courtage et de l'impôt de l'État.

Le courtage étant la 1 000e partie du prix brut d'achat, et l'impôt de l'État étant la 80 000e partie de ce prix brut, on voit que

$$3^{fr} \text{ de rente coûtent } \quad 101,25 + \frac{101,25}{1\,000} + \frac{101,25}{80\,000},$$

ce qui donne le calcul suivant :

$$
\begin{array}{l}
101,25 \\
0,10125 \\
\underline{0,001265625} \\
101,352515625
\end{array}
$$

1^{fr} de rente coûte 3 fois moins, ce qui donne

$$33^{fr},784171875.$$

Autant de fois ce dernier nombre sera contenu dans 44 999^{fr},90, obtenu en retranchant de 45 000^{fr} 0^{fr},10 de frais de timbre, autant de francs de rente pourra se procurer le capitaliste.

Comme on ne peut acheter qu'un nombre entier de francs de rente, nous devons faire cette division à une unité près, et par suite, en appliquant la règle de la division abrégée (n° 35), nous aurons le calcul suivant :

$$
\begin{array}{r|l}
449999 & 337844 \\
112158 & \overline{1331} \\
10806 & \\
672 & \\
335 & \\
\end{array}
$$

Le capitaliste peut donc acheter 1331^{fr} de rente. Son agent de change dressera le bordereau suivant :

Acheté 1331 fr. de 3 % perpétuel à 101,25	44 921	25
Courtage 1/10 %	44	90
Impôt de l'État 0,0125 %%	0	60
Timbre	0	10
Prix de revient	44 966	85
A remettre avec les titres	33	15
Capital déposé	45 000	

REMARQUE. — Dans la pratique, les agents de change opèrent plus rapidement, par un procédé qui n'est pas rationnel, mais qui conduit généralement à la même valeur entière pour la quantité de rente qu'on peut se procurer.

Ils prélèvent tous les frais accessoires sur le capital déposé, 45 000^{fr}, ce qui donne le calcul suivant :

$$\text{Capital déposé} \quad 45\,000$$

$$\text{A déduire} \begin{cases} \text{Courtage} & 45 \\ \text{Impôt} & 0,60 \\ \text{Timbre} & 0,10 \end{cases}$$

$$\text{Capital disponible} \quad 44\,954,30$$

Ils cherchent ensuite combien de rente 3 °/. on peut acheter avec ce capital disponible.

$$\text{Avec} \quad 101^{\text{fr}},25, \text{ on peut acheter} \quad 3^{\text{fr}} \quad \text{de rente,}$$

$$- \quad 1^{\text{fr}} \quad - \quad \frac{3}{101,25} \quad - \quad ,$$

$$- \quad 44\,954^{\text{fr}},30 \quad - \quad \frac{3 \times 44\,954,30}{101,25} \quad - \quad .$$

En effectuant le calcul, on obtient 1 331^{fr} et des centimes. On peut donc acheter 1 331^{fr} de rente; c'est le même résultat que précédemment et par suite le bordereau final sera le même.

261. Problème III. — *A quel taux place-t-on son argent en achetant de la rente* 3°/₀ *au cours de* 101,85 ?

Si l'on ne tient pas compte des frais accessoires, on peut faire le raisonnement suivant :

$$101^{\text{fr}},85 \text{ rapportent} \quad 3^{\text{fr}},$$

$$1^{\text{fr}} \quad \text{rapporte} \quad \frac{3}{101,85},$$

$$100^{\text{fr}} \quad \text{rapportent} \quad \frac{3 \times 100}{101,85} = 2^{\text{fr}},945.$$

Le taux du placement est donc 2,945 °/..

Remarque. — Cette solution, dont on se contente ordinairement, n'est pas exacte. En effet, d'abord elle ne tient pas compte des frais accessoires qui augmentent le prix d'achat ; d'autre part, elle suppose que la rente achetée est payable en une seule fois au bout de chacune des années qui suivent l'achat (or cette rente est payable par trimestre, de telle sorte que chaque trimestre le rentier peut placer ses arrérages à intérêt et augmenter ainsi son revenu annuel); enfin, elle suppose que l'acheteur doit conserver indéfiniment ses titres de rente ou bien les revendre à un cours égal au cours d'achat, et par suite elle ne tient pas compte du bénéfice ou de la perte que peut occasionner cette vente éventuelle.

Le calcul précis qui tiendrait compte de ces divers éléments serait compliqué et conduirait à un résultat peu différent de celui que nous avons obtenu.

262. PROBLÈME IV. — **Arbitrage.** — *On a* 900^{fr} *de rente perpétuelle* 3 °/$_0$; *on les vend pour acheter immédiatement du* 3°/$_0$ *amortissable. Le* 3°/$_0$ *perpétuel est à* 101,75 *et le* 3 °/$_0$ *amortissable à* 100,25. *Combien de rente* 3°/$_0$ *amortissable pourra-t-on obtenir ?*

Le prix brut de la vente de 900^{fr} de 3°/$_0$ perpétuel est

$$\frac{101,75 \times 900}{3} = 30525^{fr}.$$

Il faut déduire de ce prix les frais accessoires suivants :

$$\left\{\begin{array}{ll} \text{Courtage.} & 30^{fr},50 \\ \text{Impôt. .} & 0,40 \\ \text{Timbre .} & 0,10 \end{array}\right.$$

Produit net de la vente $= 30494^{fr},00$

Si l'achat du 3°/$_0$ amortissable se fait dans la même Bourse, on ne devra payer que les frais d'impôt et de timbre, c'est-à-dire

$$0^{fr},40 + 0^{fr},10 = 0^{fr},50,$$

et par suite le capital disponible pour l'achat est

$$30494 - 0,50 = 30493^{fr},50.$$

On peut alors raisonner comme il suit :

$$\text{Avec} \quad 100^{fr},25, \quad \text{on achète} \quad 3^{fr} \quad \text{de rente amortissable,}$$

$$— \quad 1^{fr} \quad — \quad \frac{3}{100,25} \quad — \quad ,$$

$$— \quad 30493^{fr},50 \quad — \quad \frac{3 \times 30493,50}{100,25} \quad — \quad .$$

En effectuant les calculs à une unité près, on obtient 912.

Le rentier pourra donc transformer ses 900^{fr} de rente perpétuelle en 912^{fr} de rente amortissable et recevra de plus un petit reliquat qu'il serait aisé de calculer.

Une pareille opération serait donc avantageuse pour toutes les personnes qui possèdent des rentes perpétuelles. Elle se fait rarement cependant par suite de la crainte du remboursement au pair qui a lieu chaque année pour une partie de la dette amortissable.

REMARQUE. — On appelle *arbitrage* toute opération, analogue à celle du problème précédent, par laquelle une même personne achète et vend simultanément des valeurs diverses, dans le but de retirer un intérêt plus élevé avec le même capital, ou le même intérêt avec un capital plus faible.

Ces opérations d'arbitrage peuvent se faire soit sur une même Bourse, soit entre les Bourses de deux ou de plusieurs villes différentes, car, le même jour, les mêmes valeurs n'ont pas toujours le même cours dans les différentes Bourses.

MARCHÉS A TERME

263. Les négociations à terme sont celles dans lesquelles les titres vendus ou achetés à une époque quelconque, et les sommes correspondantes, ne sont livrables qu'à un terme convenu qui est le dernier jour du mois courant ou du mois suivant.

Le règlement des opérations à terme s'appelle *liquidation* et se fait par la Chambre syndicale des agents de change.

Afin de rendre cette liquidation plus facile, les négociations à terme ne peuvent porter que sur des sommes rondes, appelées *coupures*, égales à 1500^{fr} de rente 3 %, perpétuelle ou amortissable, ou à un multiple quelconque de 1500^{fr}.

Avant la conversion du 3 1/2 % perpétuel, les négociations à terme sur ce fonds d'Etat portaient sur des coupures égales à 1750^{fr} ou à un multiple quelconque de cette somme.

264. Provenance des négociations à terme. — Chaque négociation à terme provient généralement des prévisions d'un spéculateur suivant lesquelles une hausse ou une baisse dans le cours de la rente se produira à la fin du mois.

Si ce spéculateur croit à la hausse, il achète à terme des titres de rente dans l'espoir de les revendre au comptant à la fin du mois, à un cours supérieur au prix d'achat. On dit que ce spéculateur joue à la hausse, ou que c'est un *haussier*.

Si le spéculateur croit à la baisse, il vend à terme des titres qu'il ne possède pas encore, dans l'espoir de les acheter au comptant à la fin du mois, à un cours inférieur au prix de vente, afin de les livrer avec bénéfice à son acheteur. On dit alors que le spéculateur joue à la baisse, ou que c'est un *baissier*.

Les négociations à terme sont bien plus nombreuses que les négociations au comptant. Cela tient à ce qu'elles sont plus accessibles que ces dernières aux personnes qui ne possèdent pas des titres de rentes ou qui n'ont pas de forts capitaux, et leur donnent l'espoir de réaliser de forts bénéfices en courant peu de risques. Toutefois ces opérations, *qui sont un véritable jeu de hasard,* ne sont généralement profitables qu'aux gros capitalistes.

On dit qu'un spéculateur vend *à découvert* lorsqu'il vend à terme sans avoir les titres qui font l'objet du marché.

Tout acheteur à terme a le droit, avant la liquidation, d'exiger de son vendeur la livraison des titres achetés contre remise du prix convenu. C'est ce qu'on appelle *escompter le vendeur.*

265. Arrérages. — Dans les opérations à terme le vendeur doit payer à l'acheteur les coupons d'arrérages au fur et à mesure de leur *détachement à la cote,* c'est-à-dire 15 jours avant chaque paiement d'arrérages.

266. Cours à terme. — Le cours de la rente à terme est généralement supérieur au cours au comptant. Le Bulletin officiel de la Bourse donne pour chaque espèce de rente deux cours, au comptant et à terme.

La différence des deux cours s'appelle *report* lorsque le cours à terme est supérieur au cours au comptant, et *déport* dans le cas contraire. Ce second cas se présente rarement.

Chaque augmentation ou diminution du cours à terme doit être égale à 2 centimes 1/2 ou à un multiple de 2 centimes 1/2.

En multipliant par 1000 le cours de la rente, on obtient la somme qu'il faut débourser, abstraction faite des frais accessoires, pour se procurer 3 000^{fr} de 3 °/₀. Ainsi, si le 3 °/₀ perpétuel est à 101,25 et le 3 °/₀ amortissable à 100,45, on voit que

$$3\,000^{fr} \text{ de } 3 \text{ °/₀ perpétuel coûtent } 101\,250^{fr},$$

$$3\,000^{fr} \text{ de } 3 \text{ °/₀ amortissable } - \quad 100\,450^{fr}.$$

On voit en outre que si le cours varie de 5 centimes, il en résulte une variation correspondante de 50^{fr} dans les prix ci-dessus. Si le cours varie de 2 centimes 1/2, la variation correspondante est de 25^{fr}.

Dans les négociations à terme, il n'y a pas de cours moyen ; ces négociations se font *au mieux*, ou à un *cours limité*, ou au *premier cours*, ou au *dernier cours*.

267. Frais accessoires. — Les droits de courtage pour les négociations à terme s'élèvent à 12^{fr},50 par 1 500^{fr} de rente 3 °/₀ perpétuelle ou amortissable.

Comme dans le marché au comptant, lorsque deux opérations à terme sont effectuées en vertu du même ordre et dans la même Bourse, le courtage n'est prélevé que sur l'opération représentant le capital le plus élevé. Mais s'il s'agit d'une opération au comptant et d'une opération à terme, il y a double courtage, sauf dans le cas des reports en liquidation que nous étudierons plus loin.

Les autres frais accessoires, impôt et timbre, sont les mêmes que pour les opérations au comptant.

268. Marché ferme. Marché à prime. — Les opérations à terme se divisent en deux catégories : le marché ferme et le marché à prime.

Le marché ferme engage à la fois le vendeur et l'acheteur. A la liquidation, le premier doit livrer les titres qui font l'objet du marché et le second doit remettre le prix convenu.

Le marché à prime *n'engage que le vendeur*. L'acheteur se réserve le droit, au terme convenu, de maintenir le marché ou de l'annuler moyennant l'abandon au vendeur d'une somme, appelée *prime*, payée au moment où le marché est conclu.

Nous ne nous occuperons d'abord que des marchés fermes.

269. PROBLÈME I. — **Spéculation à la hausse.** — *Un spéculateur qui croit à la hausse achète à terme, fin courant, 3000ᶠʳ de 3 % à 101,25. A la fin du mois le cours au comptant est 101,55. Quel est le bénéfice réalisé par ce spéculateur?*

A la fin du mois le spéculateur devra débourser le total du compte suivant :

Achat à terme de 3000ᶠʳ de 3 % à 101,25.	101 250ᶠʳ
Courtage.	25
Impôt de l'État.	1, 30
Timbre	0, 10
TOTAL.	101 276ᶠʳ,40.

Remarquons à ce sujet que l'agent de change qui fait une opération à terme pour le compte d'un client a le droit d'exiger de ce client la remise d'une somme, appelée *couverture*, destinée à payer les frais accessoires, et la liquidation de l'opération dans le cas où les prévisions du spéculateur ne se réaliseraient pas.

A la fin du mois la vente au comptant des 3000ᶠʳ de rente procurera au spéculateur le résultat du compte suivant :

Vente au comptant de 3000ᶠʳ de 3 % à 101,55. . . .		101 550ᶠʳ
Frais à déduire	Courtage	101, 55
	Impôt de l'État.	1, 30
	Timbre.	0, 10
Produit de la vente		101 447ᶠʳ,05.

Le spéculateur encaisse donc 101 447ᶠʳ,05 et débourse 101 276ᶠʳ,40. Son bénéfice est égal à la différence

$$101\ 447^{fr},05 - 101\ 276^{fr},40 = 170^{fr},65.$$

REMARQUE. — Au lieu d'attendre la fin du mois pour régler son opération par une vente au comptant, le spéculateur peut faire une vente à terme dans le courant du mois et réaliser ainsi un bénéfice supérieur au précédent, car le courtage à terme est moins élevé que le courtage au comptant.

Supposons, par exemple, que quelques jours après l'opération de l'achat, le cours à terme se soit élevé à 101,50. Si le spéculateur vend à terme ce jour-là, cette vente donnera lieu au calcul suivant :

Vente à terme de 3 000ᶠʳ de 3 % à 101,50		101 500ᶠʳ
Frais à déduire { Courtage		25
Impôt de l'État.		1, 30
Timbre.		0, 10
Produit de la vente.		101 473ᶠʳ,60.

Le bénéfice du spéculateur serait alors

$$101\,473^{fr},60 - 101\,276^{fr},40 = 197^{fr},20.$$

On voit que dans cette façon de procéder, indépendamment des frais d'impôt et de timbre qui sont minimes, le spéculateur doit payer 50ᶠʳ de courtage par 3 000ᶠʳ de rente. Il est donc assuré de réaliser un bénéfice dès que le cours à terme se sera élevé de plus de 5 centimes au-dessus du cours d'achat.

270. PROBLÈME II. — **Spéculation à la baisse.** — *Un spéculateur qui croit à la baisse vend à terme, fin courant, 3 000ᶠʳ de 3 % au cours de 102,40. A la fin du mois le cours au comptant est 102,15. Quel est le bénéfice réalisé par ce spéculateur ?*

A la fin du mois le spéculateur encaissera le résultat du compte suivant :

Vente à terme de 3 000ᶠʳ de 3 % à 102,40		102 400ᶠʳ
Frais à déduire { Courtage		25
Impôt de l'État		1, 30
Timbre.		0, 10
Produit de la vente		102 373ᶠʳ,60.

D'un autre côté, pour acheter au comptant les 3 000ᶠʳ de rente qu'il doit livrer, le spéculateur dépensera le total du compte suivant :

Achat au comptant de 3 000ᶠʳ de 3 % à 102,15		102 150ᶠʳ
Courtage		102, 15
Impôt de l'État		1, 30
Timbre.		0, 10
TOTAL		102 253ᶠʳ,55.

Le bénéfice du spéculateur est égal à la différence

$$102\,373^{\text{fr}},60 - 102\,253^{\text{fr}},55 = 120^{\text{fr}},05.$$

REMARQUE I. — Au lieu d'attendre la fin du mois pour régler son opération par un achat au comptant, le spéculateur peut faire un achat à terme dans le courant du mois et réaliser ainsi un bénéfice supérieur au précédent, car le courtage à terme est moins élevé que le courtage au comptant.

Supposons, par exemple, que quelques jours après l'opération de la vente, le cours à terme se soit abaissé à 102,20. Si le spéculateur achète à terme ce jour-là, cet achat donnera lieu au calcul suivant :

Achat à terme de 3 000^{fr} de 3 % à 102,20.	102 200^{fr}
Courtage	25
Impôt de l'État	1, 30
Timbre.	0, 10
TOTAL	102 226^{fr},40.

Le bénéfice serait alors

$$102\,373^{\text{fr}},60 - 102\,226^{\text{fr}},40 = 147^{\text{fr}},20.$$

On voit que dans cette façon de procéder, indépendamment des frais d'impôt et de timbre, le spéculateur doit payer 50^{fr} de courtage par 3 000^{fr} de rente. Il est donc assuré de réaliser un bénéfice dès que le cours à terme se sera abaissé de plus de 5 centimes au-dessous du cours de vente.

REMARQUE II. — Un spéculateur à la hausse, qui a acheté par exemple 3 000^{fr} de 3 % au commencement du mois, peut s'apercevoir au bout de quelques jours que ses prévisions de hausse courent le risque de ne pas se réaliser. Il vend alors à terme une quantité de rente supérieure à celle qu'il avait achetée et, si le cours continue à baisser, le bénéfice produit par cette vente diminue la perte faite sur l'achat et peut même changer cette perte en bénéfice. Le spéculateur à la hausse est ainsi devenu spéculateur à la baisse.

De même, un spéculateur à la baisse peut devenir spéculateur à la hausse.

La science du spéculateur consiste à prévoir les variations du cours et à savoir tirer profit de toutes ces variations.

271. Problème III. — **Achat au comptant et vente à terme.** — *Au commencement du mois la rente perpétuelle 3%, étant cotée 101,10 au comptant et 101,35 à terme, un capitaliste achète au comptant 6 000ᶠʳ de cette rente et les revend à terme. Quel bénéfice réalisera-t-il?*

L'achat au comptant donne lieu au calcul suivant :

Achat au comptant de 6 000ᶠʳ de 3 % à 101,10.	202 200ᶠʳ
Courtage.	202, 20
Impôt de l'État.	2, 55
Timbre.	0, 10
TOTAL.	202 404ᶠʳ,85.

Pour la vente à terme on a

Vente à terme de 6 000ᶠʳ de 3 % à 101,35		202 700ᶠʳ
Frais à déduire	Courtage.	50
	Impôt de l'État	2, 55
	Timbre	0, 10
Produit de la vente		202 647ᶠʳ,35.

Le bénéfice du capitaliste est égal à la différence

$$202\,647^{fr},35 - 202\,404^{fr},85 = 242^{fr},50.$$

272. Problème IV. — **Vente au comptant et achat à terme.** — *Le 3% perpétuel étant coté 102,75 au comptant et 102,55 à terme, un rentier vend au comptant 6 000ᶠʳ de cette rente et les rachète à terme. Quel bénéfice réalisera-t-il?*

La vente au comptant donne lieu au calcul suivant:

Vente au comptant de 6 000ᶠʳ de 3 % à 102,75. . . .		205 500ᶠʳ
Frais à déduire	Courtage	205, 50
	Impôt de l'État	2, 60
	Timbre.	0, 10
Produit de la vente.		205 291ᶠʳ,80.

Pour l'achat à terme on a

Achat à terme de 6 000ᶠʳ de 3 % à 102,55.	205 100ᶠʳ
Courtage	50
Impôt de l'État	2, 60
Timbre.	0, 10
TOTAL.	205 152ᶠʳ,70.

Le bénéfice du rentier est égal à la différence

$$205\,291^{\text{fr}},80 - 205\,152^{\text{fr}},70 = 139^{\text{fr}},10.$$

REMARQUE. — Dans les deux problèmes ci-dessus, les frais de courtage de l'opération au comptant absorbent une notable partie du bénéfice. Par suite, l'opération est peu avantageuse pour le capitaliste du problème III : le capital qu'il a mis dans cette opération pendant un mois lui a rapporté un faible intérêt ; cette opération offre cependant l'avantage de ne pas laisser improductif un capital qui peut se trouver momentanément entre les mains d'un capitaliste.

Dans le problème IV l'opération est avantageuse pour le rentier, car en sus de la rente ordinaire que lui rapportent ses titres, rente qu'il continue à toucher comme acheteur à terme, il obtient un bénéfice supplémentaire de $139^{\text{fr}},10$ au bout d'un mois. Mais cette opération est rarement possible, car le cours à terme est presque toujours plus élevé que le cours au comptant.

Les opérations relatives à ces deux problèmes sont surtout avantageuses dans le cas des reports en liquidation dont nous allons nous occuper, car dans ce cas les frais de courtage de l'opération au comptant ne sont pas retenus.

REPORT ET DÉPORT

273. Il arrive assez fréquemment que les spéculateurs à la hausse ou à la baisse se trompent dans leurs prévisions, et ne trouvent jusqu'à la fin du mois aucun cours favorable pour liquider leurs opérations. L'exécution des marchés conclus leur ferait alors subir des pertes plus ou moins fortes s'ils n'avaient la ressource de prolonger leurs engagements pour un nouveau délai. On dit alors qu'ils se font *reporter* et nous allons expliquer en quoi consiste cette opération.

274. Report. — Supposons d'abord que la hausse sur laquelle avait compté l'acheteur du problème I (n° 269) ne se soit pas produite. Si ce spéculateur veut néanmoins conserver sa position d'acheteur à terme, en vue du mouvement de hausse qu'il persiste à prévoir, il opérera de la façon suivante :

La veille de la liquidation il donnera à son agent de change l'ordre de *faire reporter sa position*, et celui-ci cherchera alors un capitaliste qui consente à faire la double opération suivante :

1° Prendre livraison des titres qui font l'objet du marché et en payer le prix à un cours conventionnel appelé *cours de compensation* dont nous parlerons plus loin ;

2° Revendre à terme au spéculateur, pour la liquidation suivante, ces mêmes titres, à un cours égal au cours de compensation majoré d'un nombre plus ou moins grand de centimes et appelé *report*.

Le capitaliste fait ainsi un achat au comptant et une vente à terme et il est assuré de retirer un bénéfice de cette double opération. Ce bénéfice représente l'intérêt de l'argent qu'il consent ainsi à avancer pendant un mois. On dit qu'il a *placé son argent en report*.

Le spéculateur à la hausse conserve alors sa position d'acheteur à terme. Si son premier cours d'achat est inférieur au cours de compensation, il lui sera tenu compte par son agent de change de la différence en sa faveur. Si son premier cours d'achat est supérieur au cours de compensation, il sera débiteur de la différence correspondante.

Supposons en second lieu que la baisse sur laquelle avait compté le vendeur du problème II (n° 270) ne se soit pas produite. Si ce spéculateur veut néanmoins conserver sa position de vendeur à terme en vue du mouvement de baisse qu'il prévoit, il opérera de la façon suivante :

La veille de la liquidation, il donnera à son agent de change l'ordre de *reporter sa position*, et celui-ci cherchera alors une personne possédant des titres de même nature que ceux qui font l'objet du marché et qui consente à faire la double opération suivante :

1° Remettre ces titres, contre espèces, au cours de compensation ;

2° Acheter à terme au spéculateur, pour la liquidation suivante, ces mêmes titres, à un cours égal au cours de compensation majoré d'un report.

Ce porteur de titres fait ainsi une vente au comptant et un achat à terme, et, puisque le cours d'achat est supérieur au cours de vente, cette double opération lui fera éprouver une perte. Mais d'autre part il aura à sa disposition pendant un mois l'argent provenant de la vente, et il est légitime qu'il paie l'intérêt de cet argent. Il continue d'ailleurs à toucher les arrérages de ses titres.

Le spéculateur à la baisse conserve alors sa position de vendeur à terme et joue ainsi le rôle de *capitaliste reporteur*. Si son premier cours de vente est inférieur ou supérieur au cours de compensation, son compte sera débité ou crédité de la différence correspondante.

REMARQUE. — Dans la plupart des cas, les acheteurs à terme qui se font reporter et les vendeurs à découvert qui reportent ont recours les uns aux autres pour prolonger leurs engagements, et il ne reste qu'un petit nombre de spéculateurs obligés de s'adresser aux vrais capitalistes ou aux vrais détenteurs de titres.

275. Déport. — Le prix des reports est d'autant plus faible que les capitaux sont plus abondants et les titres à faire reporter plus rares. L'abondance des capitaux ne fait ordinairement pas défaut, car les opérations de report constituent un placement temporaire très avantageux pour les capitalistes qui ne veulent pas prendre de longs engagements ; il en résulte que les reports ne sont généralement pas très chers. D'autre part, la rareté des titres à faire reporter diminue encore le prix des reports.

Il peut alors arriver, mais cela est très rare, que dans la double opération du report le cours de l'opération à terme se réduise au cours de compensation et même devienne inférieur à ce cours de compensation. La différence entre les deux cours s'appelle alors *déport*.

Ainsi, lorsque les vendeurs à découvert sont très nombreux et que les acheteurs à terme ne font pas reporter leurs opérations, ces vendeurs sont obligés de s'adresser à des détenteurs de titres n'ayant pas besoin d'argent ou à des spéculateurs ayant accaparé à dessein un grand nombre des titres en question. Ces derniers vendent alors au comptant, au cours de compensation, et rachètent à terme *à un cours inférieur*, de façon à se procurer un bénéfice certain. Ils font ainsi payer le *loyer de leurs titres*.

276. Cours de compensation. — Le cours de compensation est un cours conventionnel fixé, pour chaque valeur, par la Chambre syndicale des agents de change, dans le but de simplifier les opérations de la liquidation.

Ce cours est fixé le premier jour de la liquidation, d'après les cours pratiqués au comptant dans la Bourse de ce jour.

Ainsi que nous l'avons dit, ce cours sert de base aux opérations de report. Il est aussi employé pour *compenser*, c'est-à-dire pour liquider un certain nombre de marchés à terme en déplaçant la plus petite quantité possible de titres et d'espèces. Ainsi, un même spéculateur peut être acheteur ou vendeur, ou bien acheteur et vendeur des mêmes titres chez plusieurs agents de change ; la compensation consiste à trouver le solde en espèces ou en titres dont ce spéculateur est débiteur ou créditeur.

277. Frais accessoires des reports. — 1° **Courtage**. — Dans les opérations de reports le courtage n'est prélevé que sur l'opération à terme : 12^{fr},5o par 15oo^{fr} de rente 3°/. perpétuelle ou amortissable.

2° **Impôt de l'État**. — L'impôt prélevé sur les reports est la moitié de l'impôt ordinaire, o^{fr},oo625 *par* 1 ooo^{fr} *ou fraction de* 1 ooo^{fr} *sur le montant de l'achat ou de la vente du côté le plus élevé*.

3° **Timbre de quittance**. — Le timbre ordinaire de o^{fr},1o.

278. EXEMPLE 1. — **Acheteur reporté**. — *Un spéculateur à la* *hausse ayant acheté à terme, le 5 avril, 15 000^{fr} de 3 °/$_0$ perpétuel à 101,40, se fait reporter en liquidation le 30 avril au cours de compensation 101,35 plus 20 centimes de report. Établir le compte de ces diverses opérations.*

Pour l'achat du 5 avril on a le calcul suivant :

Acheté 15 000^{fr} de 3 °/$_0$ à 101,40.	507 000^{fr}
Courtage.	125
Impôt de l'État.	6, 35
Timbre	0, 10
TOTAL.	507 131^{fr},45.

Dans le report du 30 avril la vente au comptant au cours de 101,35 rapporte au spéculateur la somme suivante :

$$101\,350 \times 5 = 506\,750^{fr},$$

et par suite le spéculateur éprouve une perte de

$$507\,131^{fr},45 - 506\,750^{fr} = 381^{fr},45.$$

D'autre part, l'achat à terme au cours de 101,55 exige, pour la liquidation prochaine, un capital de

$$101\,550 \times 5 = 507\,750^{fr}.$$

C'est sur ce capital d'achat que devra être prélevé l'impôt de l'État, car ce capital est supérieur au montant de la vente. Les frais accessoires du report sont alors :

Courtage.	125^{fr}
Impôt de l'État (sur l'achat).	3, 20
Timbre	0, 10
TOTAL.	128^{fr},30.

Ainsi donc, le spéculateur en question est acheteur au 31 mai de 15 000^{fr} de 3 °/$_0$ pour le prix de 507 750^{fr}, et d'autre part son premier achat et son report l'ont rendu débiteur envers son agent de change de la somme suivante :

$$381^{fr},45 + 128^{fr},30 = 509^{fr},75.$$

Cette somme est prélevée par l'agent de change sur la couverture du spéculateur.

279. EXEMPLE II. — **Vendeur reporteur.** — *Un spéculateur à la baisse ayant vendu à terme, le 2 mai, 12 000^{fr} de 3 °/$_0$ à*

101,95, *reporte en liquidation le 31 mai au cours de compensation 101,80 plus 12 centimes 1/2 de report. Établir le compte de ces diverses opérations.*

La vente à terme du 2 mai donne lieu au bordereau suivant :

$$
\begin{array}{ll}
\text{Vendu } 12\,000^{\text{fr}} \text{ de } 3\,\text{\%} \text{ à } 101,95 \dots\dots\dots & 407\,800^{\text{fr}} \\
\quad\text{Courtage} \dots\dots\dots & 100 \\
\text{Frais à déduire } \left\{ \text{Impôt de l'État} \dots\dots \right. & 5,10 \\
\quad\text{Timbre} \dots\dots\dots & 0,10 \\
\quad\text{Produit de la vente} \dots : & 407\,694^{\text{fr}},80.
\end{array}
$$

Dans le report du 31 mai l'achat au comptant, au cours de 101,80, exige le capital brut suivant :

$$101\,800 \times 4 = 407\,200^{\text{fr}}.$$

La différence entre ce prix d'achat et le prix de vente précédent est $494^{\text{fr}},80$, c'est un bénéfice pour le spéculateur.

D'autre part, la vente à terme, au cours de 101,92 1/2. rapportera au spéculateur un capital de $101\,925 \times 4 = 407\,700^{\text{fr}}$.

C'est sur ce capital de vente que devra être prélevé l'impôt de l'État. Les frais accessoires du report sont alors :

$$
\begin{array}{ll}
\text{Courtage} \dots\dots\dots & 100^{\text{fr}} \\
\text{Impôt de l'État (sur la vente)} \dots & 2,55 \\
\text{Timbre} \dots\dots\dots & 0,10 \\
\quad\text{TOTAL} \dots\dots & 102^{\text{fr}},65.
\end{array}
$$

Ainsi donc, le spéculateur en question est vendeur au 30 juin de $12\,000^{\text{fr}}$ de 3 % pour le prix de $407\,700^{\text{fr}}$, et d'autre part son report lui a fait réaliser le bénéfice suivant :

$$494^{\text{fr}},80 - 102^{\text{fr}},65 = 392^{\text{fr}},15.$$

L'agent de change remettra cette somme au spéculateur ou bien l'ajoutera à sa couverture.

MARCHÉS A PRIME

280. Le marché à prime est un marché à terme dans lequel le vendeur seul est engagé, l'acheteur se réservant le droit, au terme convenu, de maintenir le marché ou de le rompre moyennant l'abandon au vendeur d'une prime fixée et payée d'avance.

Les primes qui sont le plus souvent employées sont de 1^{fr}, de 0^{fr},50, de 0^{fr},25 par 3^{fr} de rente 3 %.

Ainsi, si l'on fait un achat à terme, marché à prime, de 6 000^{fr} de rente perpétuelle 3 % au cours de 101,65 avec 0^{fr},50 de prime, on écrira :

Acheté 6 000^{fr} *de* 3 % *à* 101,65/50,

et on prononcera : *à* 101^{fr},65 *dont* 50 *centimes.*

Et si à la liquidation l'acheteur préfère rompre le marché, il devra abandonner au vendeur autant de fois 0^{fr},50 qu'il y a 3^{fr} de rente dans les 6 000^{fr} en question, c'est-à-dire

$$0^{fr},50 \times 2\,000 = 1\,000^{fr}.$$

Au moyen de l'abandon de la prime, le spéculateur à la hausse limite la perte que pourrait lui faire subir une forte baisse dans le cours de la rente, et, si la hausse se produit, son gain peut devenir très grand.

D'autre part le *vendeur de prime*, s'il est à découvert, court le risque de perdre beaucoup si le marché est maintenu, c'est-à-dire si la hausse se produit, tandis que son gain est limité à la prime qui peut lui être abandonnée dans le cas d'une baisse. Toutefois ce vendeur trouve une compensation dans ce fait que le cours du marché à prime est toujours plus élevé que le cours du marché ferme, et alors, si ce vendeur a pris la précaution d'acheter *ferme* la même quantité de rente, il est sûr de réaliser un bénéfice si le marché à prime est maintenu, tandis que la perte éventuelle qui peut résulter de ce marché ferme dans le cas d'une baisse se trouve diminuée par l'abandon de la prime.

On appelle *écart* la différence entre le cours du marché à prime et le cours du marché ferme. L'écart est d'autant plus fort que la prime est plus faible. C'est au commencement du mois que l'écart a la plus grande valeur; il diminue ensuite progressivement et devient nul la veille de la liquidation.

281. Réponse des primes. — Le jour qui précède la liquidation s'appelle *jour de la réponse des primes.* Ce jour-là l'acheteur doit déclarer s'il veut maintenir ou rompre son marché. Dans le premier cas on dit qu'il *lève la prime*, et dans le second cas on dit qu'il *abandonne la prime*.

Si la prime est levée, c'est-à-dire si le marché est maintenu, ce marché rentre dans la catégorie des marchés fermes. La somme à verser par l'acheteur devra être diminuée du montant de la prime qui a déjà été versé.

Si l'acheteur des 6 000^{fr} de 3 % du numéro précédent maintient son marché, il devra revendre au comptant la rente qu'il a achetée, et, si le cours au comptant est inférieur à 101,65, cet acheteur subira une perte. Il aura cependant intérêt à lever la prime tant que le cours n'aura pas suffisamment baissé pour qu'il soit en perte de 1000^{fr}. Si la vente au comptant se faisait sans frais accessoires, le spéculateur devrait maintenir son marché tant que le cours ne serait pas inférieur au cours 101,15 obtenu en retranchant du cours d'achat les 50 centimes de prime. Cette différence 101^{fr},15 s'appelle *limite de la prime*.

Le courtage de la vente au comptant diminue d'environ 10 centimes par 3^{fr} de rente le produit de cette vente, et par suite c'est au-dessous de 101^{fr},25 que l'acheteur en question aurait intérêt à abandonner la prime.

Néanmoins les primes ne sont généralement abandonnées que lorsque le cours tend à descendre au-dessous de la *limite de la prime*, car le cours peut s'élever pendant les 24 heures qui séparent la réponse des primes de la liquidation et atténuer ainsi la perte éventuelle.

Lorsque la prime est abandonnée, l'impôt perçu par l'État n'est prélevé que sur le montant de cette prime et non pas sur la valeur de la négociation, mais les autres frais accessoires continuent à être perçus de la même façon.

En dehors des primes dont nous venons de parler et dont la réponse se fait la veille de la liquidation, il se fait chaque jour un grand nombre de *primes pour le lendemain dont 5 centimes* ou *dont 10 centimes*.

COMBINAISONS DES DIVERS MARCHÉS.

282. Les spéculateurs qui se livrent aux opérations à terme font généralement, dans le courant d'un même mois, un grand nombre d'opérations, achats et ventes combinés, marché ferme ou marché à prime.

Dans le courant d'un même mois, en effet, les tendances à la hausse ou à la baisse peuvent s'accentuer ou diminuer, et alors les spéculateurs se livrent à d'autres opérations ayant pour but d'augmenter leur gain ou d'atténuer leur perte.

Le nombre des combinaisons qui peuvent être faites est illimité. Nous allons signaler seulement celles qui se présentent dans le cas de deux opérations : un achat et une vente.

283. Ferme contre ferme. — Les opérations ferme contre ferme sont des opérations analogues à celles qui ont été indiquées dans les remarques qui terminent les n°s 269 et 270. Elles consistent en un achat ferme suivi d'une vente ferme, ou inversement. Les deux opérations peuvent porter sur la même quantité de rente ou sur des quantités différentes.

Supposons par exemple qu'un spéculateur ait acheté à terme, marché ferme, 9 000^{fr} de 3 °/₀ à 101,20, et que, quelques jours après, ce même spéculateur ait vendu à terme, marché ferme, 3 000^{fr} de 3 °/₀ à 101,50.

Si l'on ne tient pas compte des frais accessoires, et si, à la liquidation, le cours au comptant est 101, 20, il n'y aura ni perte ni gain sur l'achat ; et, puisque 101,20 est inférieur à 101,50 de 6 fois 5 centimes, la vente des 3 000^{fr} de 3°/₀ procurera un bénéfice de 6 fois 50^{fr}, c'est-à-dire de 3oo^{fr}.

Pour chaque 5 centimes de baisse au-dessous de 101,20, le gain sur la vente augmente de 50^{fr}, mais la perte sur l'achat s'élève à 150^{fr}, et par suite le bénéfice précédent se trouve diminué de 100^{fr}. Si le cours de liquidation s'abaisse à 101,05, ce bénéfice devient nul. Au-dessous de 101,05, le spéculateur est en perte de 100ʳ par chaque 5 centimes de baisse.

Si le cours de liquidation est compris entre 101,20 et 101,50, il y a gain sur l'achat et gain sur la vente, mais tandis que le premier augmente de 150ʳ pour chaque augmentation de 5 centimes dans le cours, le second diminue de 50ʳ, ce qui fait une augmentation finale de 100ʳ.

Si le cours de liquidation est supérieur à 101,50, il y a gain sur l'achat et perte sur la vente ; lorsque le cours augmente de 5 centimes, le gain augmente de 150ʳ et la perte de 50ʳ, ce qui fait une augmentation de bénéfice de 100ʳ.

En résumé, le spéculateur n'aura ni perte ni gain si le cours de liquidation est 101,05 ; il gagnera ou perdra 100ʳ pour chaque 5 centimes de hausse ou de baisse à partir de 101,05.

Il résulte de là que tout se passe comme si le spéculateur avait acheté à terme, marché ferme, 6000ʳ de 3 % à 101,05. La vente qui a suivi l'achat diminue le bénéfice si la hausse prévue se réalise, mais elle recule le cours au-dessous duquel le spéculateur serait en perte dans le cas d'une baisse.

Il est aisé de déterminer les changements apportés à ce bénéfice et à ce cours limite par les frais accessoires.

284. Achat ferme contre vente de prime. — Dans ces combinaisons la vente à prime porte ordinairement sur une plus grande quantité de rente que l'achat ferme : le double ou le triple.

Supposons par exemple qu'on ait acheté 3000ʳ de 3 %, fin courant, à 101,10, et qu'on ait vendu le même jour 6000ʳ de 3 % à prime au cours de 101,40/50 fin courant.

Si le cours de liquidation est au-dessous de 100,90, la prime est abandonnée, d'où un bénéfice de 1000ʳ pour le spéculateur ; mais il y a alors une perte sur l'achat, perte de 50ʳ pour chaque baisse de 5 centimes au-dessous de 101,10. Cette perte sur l'achat atteint 1000ʳ si le cours descend jusqu'à 100,10. A ce cours de 100,10 l'opération se liquide donc sans gain ni perte, en ne tenant pas compte des frais accessoires.

Si le cours descend au-dessous de 100,10, la double opération donne une perte de 50^{fr} pour chaque baisse de 5 centimes.

Si le cours de liquidation est 100,90, le bénéfice sur la vente est 1000^{fr}, la perte sur l'achat est 200^{fr}, d'où un bénéfice net de 800^{fr}.

Si le cours s'élève au-dessus de 100,90, la prime est levée, et par suite le spéculateur se trouve en réalité vendeur à découvert de 3000^{fr} de 3 %. Son bénéfice diminue donc de 50^{fr} pour chaque hausse de 5 centimes, c'est-à-dire de 10^{fr} pour chaque hausse de 1 centime. Le bénéfice de 800^{fr} s'annule donc si le cours s'élève de 80 centimes, c'est-à-dire atteint 101,70.

Au-dessus de ce dernier cours le spéculateur perd 50^{fr} par chaque 5 centimes de hausse.

En résumé, le spéculateur peut avoir un bénéfice limité, dont le maximum est 800^{fr}, si le cours oscille entre 100,10 et 101,70. Ce spéculateur est en perte si le cours sort de ces limites.

Ce bénéfice maximum et ces cours limites sont modifiés par les frais accessoires.

285. Vente ferme contre achat de prime. — Comme dans la combinaison précédente, l'opération à prime porte ordinairement sur une quantité de rente double ou triple de celle de l'opération ferme.

Supposons par exemple qu'un spéculateur ait vendu 6 000^{fr} de 3 % marché ferme, fin courant, à 101,80, et ait acheté en même temps, à prime, 18 000^{fr} de la même rente à 102/25.

Si le cours de liquidation est au-dessous de 101,75, le spéculateur abandonne la prime de son achat, d'où une perte de 1500^{fr}; mais il réalise un bénéfice sur la vente, bénéfice de 100^{fr} pour chaque baisse de 5 centimes au-dessous de 101,80; ce bénéfice atteint 1500^{fr} si le cours descend jusqu'à 101,05. Au-dessous de ce dernier cours, l'acheteur réalise donc un bénéfice.

Si le cours de liquidation est 101,75, la perte sur l'achat est 1500^{fr} et le bénéfice sur la vente 100^{fr}, d'où une perte nette de 1400^{fr}.

Si le cours s'élève au-dessus de 101, 75, le spéculateur lève la

prime et se trouve en réalité acheteur à terme de 12 000ᶠʳ de 3 %.
Sa perte diminue alors de 200ᶠʳ pour chaque hausse de 5 centimes. La perte de 1 400ᶠʳ s'annule donc si le cours monte de 35
centimes, c'est-à-dire atteint 102,10.

Au-dessus de ce dernier cours le spéculateur gagne 200ᶠʳ par
chaque 5 centimes de hausse.

En résumé, le spéculateur peut avoir une perte limitée, dont le
maximum est de 1400ᶠʳ, si le cours oscille entre 101,05 et 102,10 ;
ce spéculateur est en bénéfice si le cours sort de ces limites, et
ce bénéfice peut être très grand s'il se produit soit une forte
hausse, soit une forte baisse.

Une pareille opération est dite *opération à cheval*.

Les résultats précédents sont légèrement modifiés si l'on tient
compte des frais accessoires.

286. Prime contre prime. — Ces opérations consistent en un
achat à prime suivi d'une vente à prime, ou inversement. Elles
proviennent de ce fait que, le même jour, le cours du marché à
prime a différentes valeurs suivant l'importance de la prime ; ce
cours est d'autant plus élevé que la prime est plus faible.

Ainsi, supposons qu'un spéculateur ait fait, le même jour, les
deux opérations suivantes : *un achat de* 6 000ᶠʳ *de* 3 % *à* 101,35/50,
et une vente de 6 000ᶠʳ *de* 3 % *à* 101,65/25.

Si le cours de liquidation est au-dessous de 100,85, les deux
primes sont abandonnées ; le spéculateur doit payer une prime
de 1 000ᶠʳ et en reçoit une de 500ᶠʳ, ce qui fait une perte de 500ᶠʳ.

Si le cours de liquidation est compris entre 100,85 et 101,40,
la prime *dont* 50 est levée et la prime *dont* 25 abandonnée. La
perte du spéculateur diminue alors de 100ᶠʳ pour chaque hausse
de 5 centimes ; par suite la perte de 500ᶠʳ s'annule et se change
en bénéfice si le cours atteint et dépasse 101,10. A 101,40 la
double opération se liquide par un bénéfice de 100ᶠʳ sur l'achat
et de 500ᶠʳ sur la vente, c'est-à-dire par un bénéfice total de
600ᶠʳ.

Au-dessus de 101,40, les deux primes sont levées et le spéculateur gagne la différence entre le cours de vente et le cours d'achat.

c'est-à-dire 30 centimes par 3^{fr} de rente, ce qui fait un bénéfice de 600^{fr}.

En résumé la perte est limitée à 500^{fr} et le bénéfice à 600^{fr}. Ce bénéfice n'étant réalisé que dans le cas d'une hausse, on dit que le spéculateur a fait une opération à la hausse avec *risques limités*.

C'est ce qui se produit chaque fois que le spéculateur *achète une grosse prime et vend une petite prime*.

Si le spéculateur *vend* une grosse prime et *achète* une petite prime, sur la même quantité de rente, les risques sont encore limités et l'on peut voir aisément qu'il n'y a bénéfice que dans le cas d'une baisse ; on dit alors que le spéculateur a fait une opération à la baisse avec *risques limités*.

Enfin les mêmes opérations peuvent se faire lorsque la vente et l'achat ne portent pas sur la même quantité de rente, mais alors les risques ne sont pas limités dans les deux sens.

Les résultats précédents sont légèrement modifiés si l'on tient compte des frais accessoires.

287. Échelles de primes. — On appelle *échelle de primes* le tableau que dresse un spéculateur qui a fait une ou plusieurs des combinaisons dont nous venons de parler, dans le double but de déterminer sa position à la liquidation et d'améliorer cette position en faisant de nouvelles opérations à la hausse ou à la baisse selon les tendances du marché.

Ce tableau indique la perte ou le bénéfice qui correspondent à des cours augmentant de 2 centimes 1/2 de l'un à l'autre. Chaque variation de 2 centimes 1/2 correspond à 25^{fr} par 3 000^{fr} de 3 %.

Reprenons l'exemple du n° 284, achat ferme contre vente de prime. L'échelle se présente comme il suit :

A 101,10	Acheteur de 3 000^{fr} de 3 %	Bénéfice	0
— 101,12 ½	—	—	25^{fr}
— 101,15	—	—	50^{fr}
— 101,17 ½	—	—	75^{fr}
— 101,20	—	—	100^{fr}
. . . .			
— 101,87 ½	—	—	775^{fr}

— 101,90	—	—	800ᶠʳ *Bénéfice maximum.*
— 101,92 ½	Vendeur de 3000ᶠʳ de 3 °/₀	—	775ᶠʳ
— 101,95	—	—	750ᶠʳ
. . . .			
— 102,70	—	—	0

Si dans le courant du mois le cours de la rente tend à subir de fortes variations, le spéculateur doit faire de nouvelles opérations à la hausse ou à la baisse de façon à améliorer sa position menacée. Il recommence alors son échelle, et ainsi de suite.

REPRÉSENTATION GRAPHIQUE

288. Les combinaisons des divers marchés et les résultats de ces combinaisons peuvent se représenter graphiquement, d'une façon très simple, au moyen d'un procédé dû à M. Léon POCHET [1]. Cette représentation graphique peut remplacer avantageusement la confection souvent pénible des échelles de primes.

289. Achat ferme. — Marquons sur une droite XY (*fig.* 42) des points équidistants destinés à représenter les divers cours que peut avoir la rente, ces cours augmentant de 2 centimes 1/2 de l'un à l'autre, de X vers Y.

Supposons qu'un spéculateur ait acheté à terme, marché ferme, 3 000ᶠʳ de 3 °/₀ à 101, et soit A le point de la droite XY qui représente ce cours d'achat.

Si l'on ne tient pas compte des frais accessoires, et si le cours de liquidation est représenté par l'un des points situés à droite de A, le spéculateur réalisera un bénéfice. Si ce cours est représenté par l'un des points situés à gauche de A, le spéculateur subira une perte.

Nous représenterons ces bénéfices et ces pertes par des longueurs de droites menées perpendiculairement à XY, par les

---

[1] Léon Pochet : *Géométrie des jeux de Bourse.* (Gauthier-Villars, Paris.)

points de division, au-dessus de XY pour les bénéfices, au-dessous pour les pertes.

Si le cours de liquidation est L par exemple, c'est-à-dire 101,02 1/2, l'acheteur réalisera un bénéfice de 25^{fr} que nous représenterons par la perpendiculaire LM. La longueur de cette perpendiculaire, qui représente une somme de 25^{fr}, est arbitraire, mais elle ne doit pas varier pendant la construction du graphique, et elle doit être choisie de telle façon que ce graphique ne contienne pas des perpendiculaires trop longues.

Si le cours de liquidation est L′, à droite de L, et tel que l'on ait   AL′ = n fois AL,   le bénéfice sera égal à n fois 25^{fr} et sera par suite représenté par une perpendiculaire L′M′ égale à n fois LM.

Si le cours de liquidation est L″, à gauche de A, et tel que l'on ait   AL″ = n' fois AL,

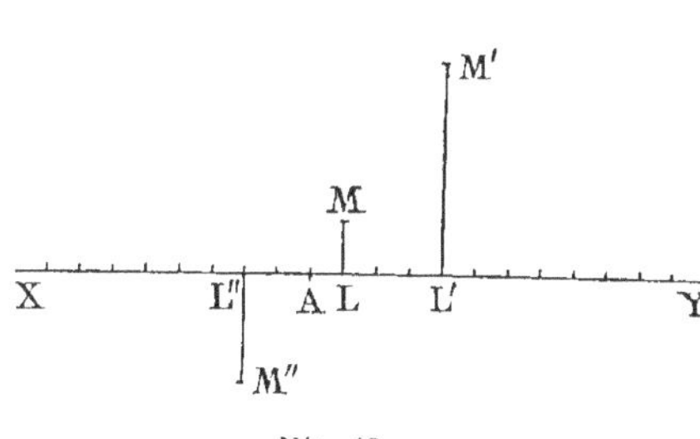

Fig. 42.

le spéculateur subira une perte égale à n' fois 25^{fr}, et par suite cette perte sera représentée par une perpendiculaire L″M″, au-dessous de XY, égale à n' fois LM. Et ainsi de suite.

Les points M, M′, M″, etc. ainsi obtenus jouissent de la propriété importante suivante :

Les points M, M′, M″, *etc., qui sont les extrémités des perpendiculaires représentant les pertes et les bénéfices éventuels de l'achat à terme, sont tous situés sur une ligne droite qui passe par le point* A.

En effet, on a

$$AL′ = n \times AL \qquad et \qquad L′M′ = n \times LM,$$

d'où l'on déduit

$$\frac{AL′}{L′M′} = \frac{AL}{LM}.$$

Dès lors les triangles rectangles ALM, AL'M', etc. (*fig. 42*) ont les côtés de l'angle droit proportionnels ; ils sont donc *semblables* et par suite les angles LAM, L'AM', etc., sont égaux entre eux, ce qui exige que les points A, M, M', etc. soient sur une même ligne droite.

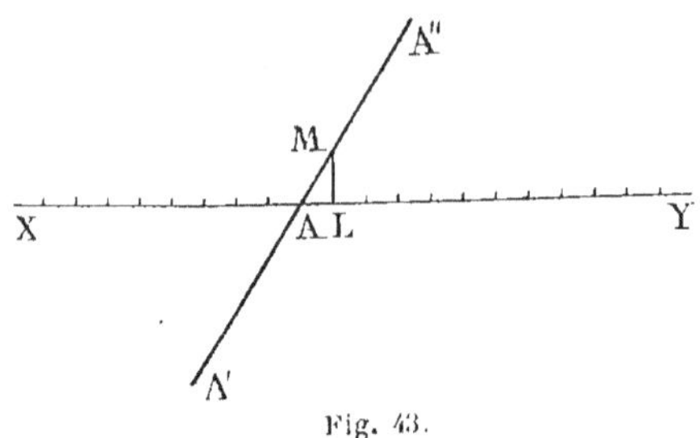

Fig. 43.

Cette ligne droite A'AA" (*fig. 43*) s'appelle la *ligne de gain* de l'achat à terme. On l'obtient en construisant la perpendiculaire LM comme il a été dit et en joignant le point A au point M.

Cette ligne de gain peut servir à résoudre graphiquement les deux problèmes suivants :

PROBLÈME I. — *Quel est le bénéfice qui serait obtenu si le cours de liquidation était représenté par un point C situé à droite de A ?*

On mène par le point C une perpendiculaire sur XY, cette perpendiculaire rencontre la ligne de gain A'A" en un point D ; la droite CD représente le bénéfice cherché. Une construction analogue donne la perte dans le cas d'une baisse.

PROBLÈME. II. — *Quel doit être le cours de liquidation pour que le bénéfice soit égal à une valeur donnée ?*

On mène une parallèle à XY, au-dessus de cette ligne, à une distance égale à la mesure du bénéfice en question. Cette parallèle rencontre la ligne de gain en un point D. Par le point D on mène DC perpendiculaire sur XY ; le pied C de cette perpendiculaire représente le cours demandé.

Ces constructions, ainsi que les suivantes, sont facilitées par l'emploi du papier quadrillé.

290. Vente ferme. — Supposons qu'un spéculateur ait vendu à terme, marché ferme, 3 000^{fr} de 3 °/₀ à un cours représenté par le point V (*fig. 44*). Si le cours de liquidation est à gauche de

V, ce spéculateur réalisera un bénéfice ; dans le cas contraire, il subira une perte.

Les perpendiculaires représentant les bénéfices seront donc à gauche de V, et celles qui représentent les pertes seront à droite de V. Comme dans le numéro précédent, on voit que les extrémités de ces perpendiculaires sont sur une ligne droite qui passe par le point V et qui affecte alors la disposition ci-contre.

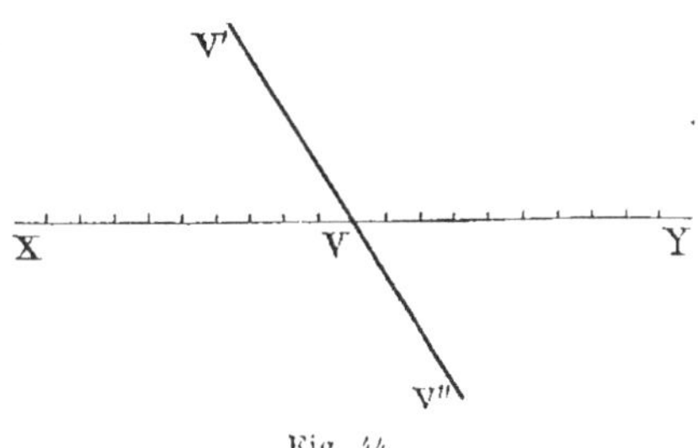

Fig. 44.

Cette ligne droite V'VV" est appelée *ligne de gain* de la vente à terme ; on l'obtient en construisant la perpendiculaire LM qui représente le bénéfice ou la perte qui correspond à un cours quelconque L, et en joignant les deux points M et V.

Cette ligne de gain peut servir à résoudre graphiquement les deux problèmes qui terminent le numéro précédent.

291. Achat à prime. — Supposons qu'un spéculateur ait acheté à terme 3 000^{fr} de 3 °/₀ au cours A *dont p*.

Si le cours de liquidation est inférieur à A $-p$, cet acheteur abandonne la prime et par suite subit une perte égale à $p \times 1\,000$.

Si le cours de liquidation est supérieur à A $-p$, l'acheteur lève la prime et alors les pertes et les gains sont identiques à ceux d'un achat ferme.

Il résulte de là que la ligne de gain est représentée par la ligne brisée AA'A" (*fig.* 45) dans la-

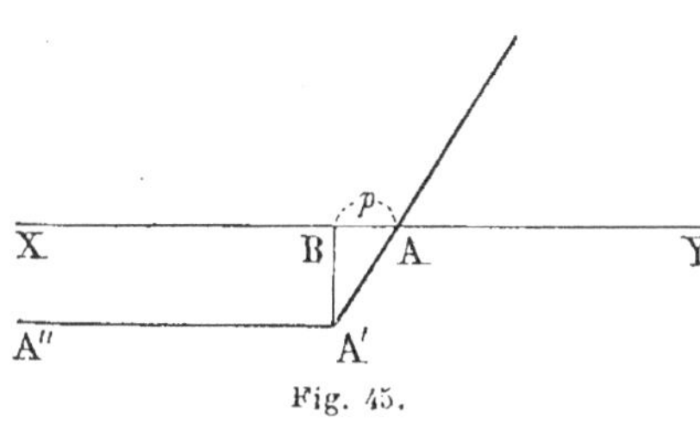

Fig. 45.

quelle la portion A"A' est parallèle à XY, au-dessous de cette ligne, à une distance BA' égale à la mesure de la perte maximum $p \times 1\,000$, le point B représentant le cours A — p.

Cette représentation montre bien que la perte éventuelle ne peut devenir supérieure à BA', tandis que le bénéfice peut être très grand si le cours de liquidation est supérieur à A.

292. Vente à prime. — Supposons qu'un spéculateur ait vendu à terme 3 000^{fr} de 3 °/₀ au cours V *dont p*.

On voit alors que la ligne de gain est une ligne brisée VV'V''

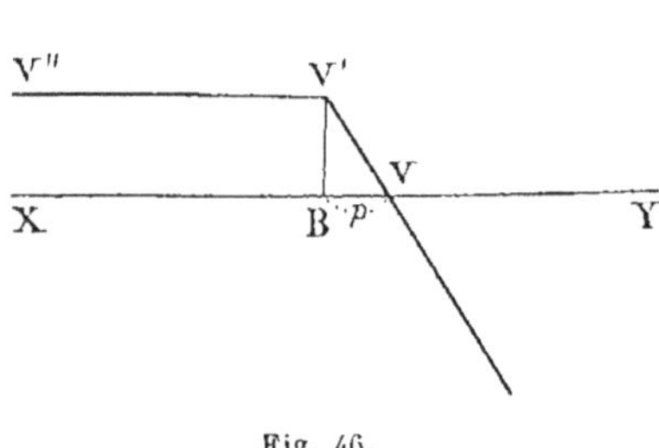

Fig. 46.

(*fig.* 46) dans laquelle la portion V''V' est parallèle à XY, au-dessus de cette ligne, à une distance BV' égale à la mesure du bénéfice maximum $p \times 1\,000$, le point B représentant le cours V — p.

Cette représentation montre bien que le gain éventuel ne peut être supérieur à BV', tandis que la perte peut être très grande si le cours de liquidation est supérieur à V.

293. Combinaisons des deux marchés à terme. — La représentation graphique est surtout avantageuse dans le cas fréquent où un même spéculateur se livre à plusieurs opérations sur la même espèce de rente. Chacune de ces opérations donne une *ligne de gain*, et la combinaison de ces opérations conduit à une ligne de gain finale que nous appellerons *ligne résultante*.

Nous allons examiner successivement les quatre cas qui peuvent se produire lorsque le spéculateur fait deux opérations à terme, en ne tenant pas compte des frais accessoires.

294. Ferme contre ferme. — Reprenons l'exemple du n° 283 : *achat ferme de* 9 000^{fr} *de* 3 °/₀ *à* 101,20 *et vente ferme de* 3 000^{fr} *de* 3 °/₀ *à* 101,50. Nous avons vu que, dans cette double opération, tout se passe comme si le spéculateur avait acheté à terme, marché ferme, 6 000^{fr} de 3 °/₀ à 101,05.

Il résulte de là que la ligne de gain résultante doit être une *ligne droite* passant par le point de l'axe XY qui représente le cours 101,05.

Si l'on n'a pas calculé ce cours 101,05, on peut aisément obtenir la ligne résultante en opérant comme il suit :

Soient (*fig. 47*) A'AA″ et V'VV″ la ligne d'achat et la ligne de vente. Menons sur XY les perpendiculaires AM et VN. Les deux points M et N sont deux points de la ligne résultante, car si le cours de liquidation est A, par exemple, il n'y a ni perte ni gain sur l'achat, tandis que le bénéfice sur la vente est représenté par AM et c'est alors le bénéfice résultant. On aura

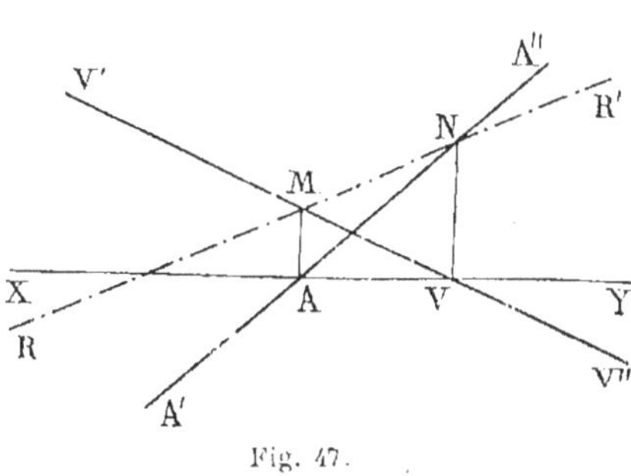

Fig. 47.

donc la résultante RR′ en traçant la droite qui passe par M et N.

De là résulte la règle suivante :

Règle. — *La ligne résultante d'une opération ferme contre ferme est une ligne droite qu'on obtient en joignant le point de la ligne de vente qui correspond au cours d'achat au point de la ligne d'achat qui correspond au cours de vente.*

Le point où la résultante rencontre XY détermine le cours au-dessous duquel il y a perte pour le spéculateur.

REMARQUE. — Si l'achat et la vente portent sur la même quantité de rente, la ligne résultante est parallèle à XY, au-dessus ou au-dessous, suivant que le cours de vente est supérieur ou inférieur au cours d'achat.

295. Achat ferme contre vente de prime. — Reprenons l'exemple du n° 284 : *achat ferme de* 3 000^{fr} *de 3 °/₀ à* 101,10 *contre vente à prime de* 6 000^{fr} *de 3 °/₀ à* 101,40/50.

Soient (*fig.* 48) A'AA″ et VV'V″ les lignes de gain de ces deux opérations. Si le cours de liquidation est à droite de B, tout se passe comme dans une opération ferme contre ferme et la résultante est R'R″ obtenue d'après la règle précédente. Si le cours de liquidation est à gauche de B, le spéculateur bénéficie de l'abandon de la prime; mais ce bénéfice se trouve diminué par la perte sur l'achat. Pour un cours L, par exemple, le bénéfice LC qui provient de la prime est diminué de

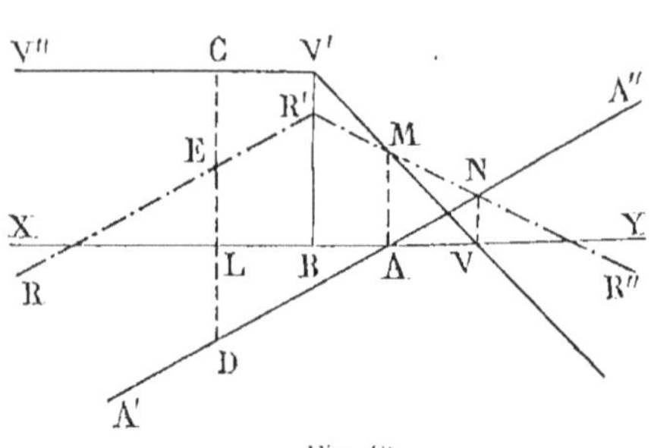

Fig. 48.

CE = LD; on a donc CL = ED, ce qui montre que les perpendiculaires à XY telles que DE, comprises entre AA' et la ligne résultante, doivent avoir une longueur constante; cette ligne résultante est donc *une droite* RR' *parallèle à* A'A.

La ligne de gain de la double opération considérée est donc la ligne brisée RR'R″. Si le cours de liquidation est compris entre les deux points de rencontre de cette ligne avec XY, la double opération se liquidera par un bénéfice dont le maximum BR' a lieu pour le cours 100,90.

Si l'achat et la vente portent sur la même quantité de rente, la portion R'R″ de la ligne résultante devient parallèle à XY.

Si la rente vendue est en plus faible quantité que la rente achetée, la ligne brisée résultante ne rencontre XY qu'en un point.

296. Vente ferme contre achat de prime. — Reprenons l'exemple du n° 285 : *vente ferme de* 6000ᶠ *de* 3 % *à* 101,80 *contre achat à prime de* 18000ᶠ *de* 3 % *à* 102/25.

Soient (*fig.* 49) V'VV″ et AA'A″ les lignes de gain de ces deux opérations. Si le cours de liquidation est à droite de B, tout se passe comme dans une opération ferme contre ferme et la résultante est R'R″ obtenue d'après la règle du n° 294. Si le cours de liquidation est à gauche de B, le spéculateur perd la prime de l'achat ; mais cette perte est atténuée par le bénéfice sur la vente. Comme dans le numéro précédent, on voit que la ligne résultante est alors la droite RR' *parallèle à* V'V.

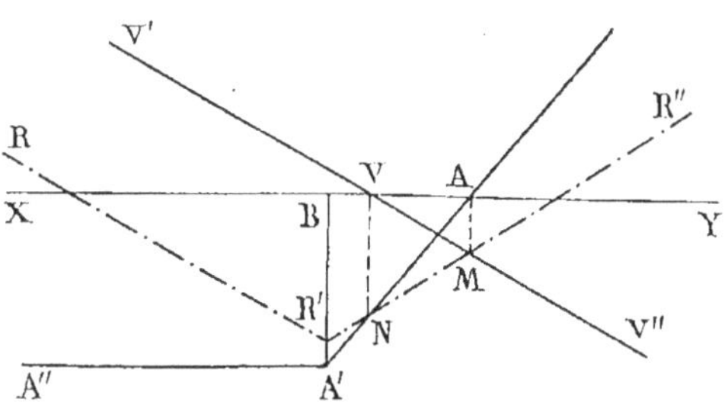

Fig. 49.

La ligne de gain de la double opération considérée est donc la ligne brisée RR'R''. Si le cours de liquidation est compris entre les deux points de rencontre de cette ligne avec XY, la double opération se liquidera par une perte dont le maximum BR' a lieu pour le cours 101,75.

Si l'achat et la vente portent sur la même quantité de rente, la portion R'R'' de la ligne résultante devient parallèle à XY.

Si la rente vendue est en plus grande quantité que la rente achetée, la ligne brisée résultante ne rencontre XY qu'en un point.

297. Prime contre prime. — Reprenons l'exemple du n° 286 : *achat de* 6 000ᶠʳ *de* 3 °/₀ *à* 101,35/50 *contre vente de* 6 000ᶠʳ *de* 3 °/₀ *à* 101,65/25.

Soient (*fig.* 50) AA'A'' et VV'V'' les lignes de gain de ces deux opérations. Si le cours de liquidation est à droite de B', tout se passe comme dans une opération ferme contre ferme ; la vente et l'achat portant sur la même quantité de rente, la résultante R''R''' doit être parallèle à XY et doit passer par le point N de la ligne d'achat qui correspond au cours de vente V.

Si le cours de liquidation est compris entre B et B', tout se passe comme dans le cas d'un achat ferme contre vente de prime, lorsque la prime est abandonnée ; la résultante est donc la droite R'R″ parallèle à AA'.

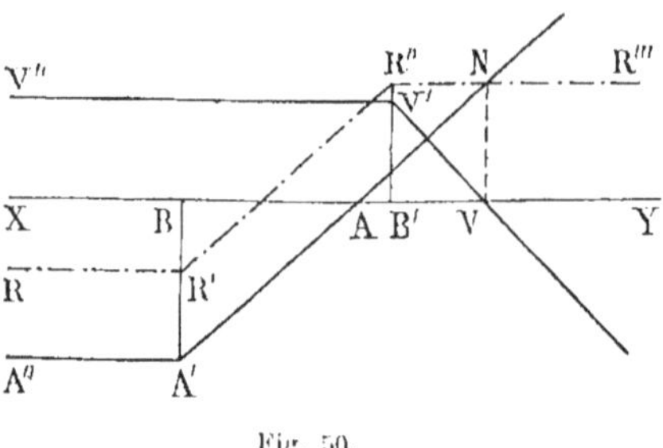

Fig. 50.

Si le cours de liquidation est à gauche de B, il y a perte constante sur l'achat, diminuée d'un bénéfice constant sur la vente, et par suite la résultante est RR' parallèle à XY.

La ligne de gain de la double opération considérée est donc la ligne brisée RR'R″R‴, et la forme de cette ligne montre bien que les risques sont limités. Le point où R'R″ rencontre XY détermine le cours qui sépare la perte du bénéfice.

Si la vente et l'achat ne portent pas sur la même quantité de rente, la droite R″R‴ n'est pas parallèle à XY.

298. Cas de plus de deux opérations. — On cherche d'abord la résultante des deux premières opérations, puis la résultante de cette résultante et de la troisième opération, et ainsi de suite jusqu'à la dernière opération. On obtient alors pour résultante finale une ligne brisée composée d'un nombre plus ou moins grand de portions de lignes droites. La science du spéculateur consiste à combiner ses opérations de façon à avoir au-dessus de XY, et le plus loin possible, un grand nombre de ces portions de droite.

Ajoutons que les bénéfices ainsi déterminés sont parfois considérablement diminués par les frais accessoires, qui atteignent un total élevé lorsqu'il s'agit d'un grand nombre d'opérations.

FONDS D'ÉTAT ÉTRANGERS

299. Les Fonds d'État étrangers sont cotés et se négocient à la Bourse de Paris. Tels sont : *les Consolidés anglais* 2 $\frac{1}{2}$ %, *les* *fonds autrichiens* 4 %, *la rente belge* 3 %, *les rentes suisses* 3 % *et* 3 1/2 %, *l'Extérieure espagnole* 4 %, *la rente italienne* 5 %, *les fonds russes, les fonds turcs, etc.*

Le Bulletin officiel de la Bourse donne la cote de chacun de ces fonds en unités de la monnaie du pays correspondant.

La plupart de ces fonds sont l'objet d'opérations importantes de la part des spéculateurs.

300. Change fixe. — On appelle change fixe d'une monnaie étrangère le nombre de francs qui équivaut *conventionnellement* à un nombre déterminé d'unités de cette monnaie étrangère. Ce change invariable, qui est indiqué sur le Bulletin officiel de la Bourse, a été adopté pour simplifier le règlement des négociations relatives aux rentes étrangères.

Le change réel, qui est variable, est ordinairement voisin du change fixe.

Voici les principaux changes fixes pour les pays qui n'ont pas adopté le système monétaire français :

Fonds anglais	$25^{fr},20$	pour une Livre sterling (£).
Domaniales d'Egypte	$25^{fr},25$	— —
Fonds portugais	$25^{fr},25$	— —
Fonds danois	$1^{fr},40$	pour une Couronne (Kr.)
Fonds hollandais	$2^{fr},10$	pour un Florin (fl. P. B.)
Fonds autrichiens	$2^{fr},50$	pour un Florin (fl. OE. W.)
Fonds américains	5^{fr}	pour un Dollar ($\$$)
Fonds russes	$2^{fr},6667$	pour un Rouble (Ro.)

D'après cela, si les *Consolidés anglais* 2 1/2 % par exemple sont au cours de 96,15, cela signifie que pour acheter un titre de £ 2 1/2 de rente anglaise, il faut débourser en monnaie française $96,15 \times 25,20 = 2422^{fr},98$, indépendamment des frais accessoires dont nous allons parler.

301. Frais accessoires. — 1° **Courtage.** — Pour les négociations au comptant, le courtage est le même que pour les rentes françaises, c'est-à-dire 1/10 % du montant de la négociation.

Pour les opérations à terme, le courtage est de 25^{fr} pour la plus petite coupure négociable à terme, et successivement dans la même proportion.

Pour les opérations de reports, il est perçu 15^{fr} pour la plus petite coupure négociable à terme, et successivement dans la même proportion. Toutefois, s'il s'agit de valeurs dont le cours est inférieur à 60^{fr}, on applique le tarif ordinaire des *actions et obligations* : 1/12 %₀ ou 1/20 %₀ du montant de la négociation, selon qu'il s'agit de valeurs soumises à une ou à deux liquidations mensuelles.

2° **Impôt de l'État.** — Cet impôt est de 0^{fr},05 par 1000^{fr} ou fraction de 1000^{fr} du montant de l'opération. Pour les reports, cet impôt est réduit à 0,025 %₀ sur le montant de l'achat ou de la vente, du côté le plus élevé.

3° **Timbre de quittance.** — Un timbre ordinaire de 0^{fr},10.

302. Timbre. — Les titres étrangers négociés en France sont frappés d'un *droit de timbre* au profit du *Trésor français*. Ce droit, modifié depuis le 1er janvier 1899, est de 1 %₀ de la valeur nominale des titres de rente et de 2 %₀ pour les autres valeurs mobilières.

Ce droit de timbre est payé par le premier vendeur des titres en question et n'est plus perçu dans les négociations suivantes.

II. — ACTIONS ET OBLIGATIONS

303. Actions. — On dit qu'une Société ou Compagnie a été *constituée par actions* lorsque le capital social de cette société a été formé par la réunion d'un grand nombre de petites parts égales entre elles. Chaque particulier ayant fourni une ou plusieurs de ces parts est un *actionnaire* de la société, et on appelle *action* le titre qui représente l'une de ces parts.

Ces sociétés se divisent en deux catégories distinctes : les *sociétés en commandite* et les *sociétés anonymes*.

Les sociétés en commandite sont des sociétés constituées par un ou plusieurs associés solidaires et responsables, et par un nombre plus ou moins grand d'actionnaires appelés *commanditaires* qui ne participent pas à l'administration de la société. Ces sociétés portent un *nom social* qui est ou celui de l'un des administrateurs ou un nom collectif. Si la société fait de mauvaises affaires, les commanditaires ne peuvent perdre une somme supérieure à la valeur de leurs actions, tandis que les administrateurs ou *commandités* sont responsables sans limites. La valeur nominale de chaque action est de 100^{fr} au minimum, sauf dans le cas où le capital social ne dépasse pas 200000^{fr}, auquel cas la valeur nominale des actions peut descendre jusqu'à 25^{fr}.

Dans les sociétés anonymes, les actionnaires administrent eux-mêmes l'entreprise par l'intermédiaire d'un *Conseil d'administration* élu par l'assemblée générale des actionnaires. Ces sociétés, qui sont sous la surveillance du gouvernement, n'ont pas de nom social et sont seulement qualifiées par l'objet de leur entreprise. En cas de pertes, les actionnaires ne sont pas responsables au delà de la valeur de leurs actions. La valeur nominale de chaque action doit être de 500^{fr} au minimum.

Les sociétés constituées par actions sont très nombreuses. Ce sont : *les sociétés financières* telles que la Banque de France, le Crédit foncier de France, le Comptoir national d'escompte de Paris, etc. ; *les compagnies de chemins de fer* dont les grandes lignes en France sont celles de l'Est, du Paris-Lyon-Méditerranée, du Midi, du Nord, du Paris-Orléans, de l'Ouest ; *les entreprises industrielles* telles que le canal de Suez, les exploitations minières, etc.

Toutes ces sociétés ont une durée limitée à un certain nombre d'années. Dans certaines d'entre elles, les actions sont progressivement remboursées aux actionnaires par voie de tirage au sort annuel. Dans tous les cas, à la fin de l'entreprise, l'avoir social est restitué aux actionnaires proportionnellement à la mise de chacun d'eux.

304. Intérêt et dividende. — Chaque action donne ordinairement droit à un *intérêt fixe* payable par semestre. De plus, l'action donne droit à un *dividende*, c'est-à-dire à une part dans les bénéfices de la société.

Pour obtenir ce dividende, on commence par prélever sur le bénéfice brut les frais d'administration et l'intérêt des actions, plus un tant pour cent pour la constitution d'un *fonds de réserve*, plus un autre tant pour cent pour la constitution d'un *fonds d'amortissement*. Ce qui reste alors est également réparti entre toutes les actions.

Le revenu des actions est donc essentiellement variable et dépend de la prospérité de l'entreprise à laquelle elles se rattachent. Le revenu peut même se changer en perte si la société fait de mauvaises affaires.

Seules les actions des grandes Compagnies de chemins de fer produisent un revenu à peu près invariable, car l'État a garanti pour ces actions un revenu minimum d'après des conventions faites en 1883. Lorsque les bénéfices sont insuffisants pour produire ce revenu minimum, l'État avance les fonds complémentaires, et rentre dans ses avances quand les bénéfices produisent un dividende supérieur. A la fin de l'entreprise de ces diverses compagnies, l'exploitation des réseaux de chemins de fer doit revenir à l'État.

305. Différentes sortes d'actions. — Les actions sont des titres *nominatifs* ou *au porteur* et très rarement sous la forme *mixte*. Les titres nominatifs sont très répandus; les titres au porteur sont munis de coupons rectangulaires comme les rentes sur l'État. Parmi tous ces titres, on distingue les suivants :

1° **Action libérée.** — Une action est dite *libérée* quand sa valeur nominale a été complètement versée dans la Caisse de la Société. Cette libération se fait ordinairement par *quarts* à des époques fixées. Une action qui n'est pas libérée de moitié au moins ne peut être au porteur.

2° **Action de jouissance.** — On appelle ainsi tout titre remis à un actionnaire en échange de son action lorsque cette dernière lui a été remboursée dans l'un des tirages au sort. Ces actions participent au dividende, mais n'ont pas droit à l'intérêt.

3° **Action industrielle.** — On appelle ainsi les actions délivrées à un actionnaire en échange de fourniture de matériel, ou d'un brevet d'invention, ou de connaissances spéciales utiles à l'entreprise. Pour les distinguer des actions ordinaires provenant d'un versement en espèces, ces dernières sont appelées *actions de capital*.

4° **Part de fondateur.** — C'est un titre, sans valeur nominale, qui représente le bénéfice que se réservent ordinairement les fondateurs d'une entreprise. Ce bénéfice est fixé par les statuts de la Société, et ne doit être prélevé qu'après le paiement de l'intérêt des actions.

306. Obligations. — Les Sociétés constituées par actions ont parfois besoin de forts capitaux nécessités par le développement de leurs entreprises. Elles font alors un emprunt, divisé en un grand nombre de petites parts égales.

En échange de chacune de ces parts, la Société remet au prêteur un titre appelé *obligation*, ayant une valeur nominale généralement supérieure à la somme prêtée ; elle s'engage ainsi à payer les intérêts de la valeur nominale, à un taux convenu, jusqu'au moment du remboursement de cette valeur nominale, remboursement qui doit avoir lieu dans des conditions déterminées, dans un délai maximum fixé.

Ce remboursement a ordinairement lieu par voie de tirage au sort. La Société doit prélever ainsi chaque année sur ses bénéfices la somme nécessaire pour assurer ce remboursement, ainsi que le paiement des intérêts des titres non remboursés. Nous reviendrons sur cette question dans la deuxième partie de ce Traité.

La somme qu'il faut prêter pour acquérir une obligation s'appelle *prix d'émission* de cette obligation ; elle est d'autant plus voisine de la valeur nominale que le crédit de la Société est plus solide.

Les obligations sont généralement au porteur, mais elles peuvent être nominatives ; leur valeur nominale est ordinairement de 100, 200, 300, 400 ou 500^{fr}.

Les obligations produisent un revenu fixe : *l'intérêt de la valeur nominale* ; elles ne participent pas aux bénéfices de la société, mais elles n'en subissent pas les pertes. Les sociétés sont *obligées* de régler les obligations avant les actions, devraient-elles même entamer leur capital social. Les obligations constituent donc pour le capitaliste un placement moins avantageux mais plus sûr que le placement sur actions.

Certaines obligations, celles des grandes Compagnies de chemins de fer en particulier, sont garanties par l'État.

Les Communes, les Villes, les Départements et l'État peuvent aussi émettre des obligations ; telles sont les obligations si recherchées de la *Ville de Paris*.

Quelques obligations donnent droit à un *lot* quand leurs numéros sortent les premiers dans l'un des tirages d'amortissement. Ce sont les obligations de Villes, du Crédit foncier de France, des Compagnies de Suez et de Panama et d'un grand nombre de villes ou sociétés étrangères. Le taux de l'intérêt de ces obligations est moins élevé que dans le cas ordinaire.

307. Négociation des actions et obligations. — Comme les rentes sur l'État, les actions et les obligations sont cotées et négociables à la Bourse, par l'intermédiaire des agents de change, et donnent lieu aux mêmes opérations de la part des spéculateurs.

Dans les négociations au comptant les frais de courtage sont les mêmes que pour les rentes sur l'État (n° 256), mais l'impôt perçu par l'État est quatre fois plus élevé : $0^{fr},05$ *par* 1000^{fr} *ou fraction de* 1000^{fr} *du montant de l'opération.*

Les négociations à terme ne peuvent porter que sur un nombre minimum d'actions ou d'obligations, 25 titres en général. D'autre part, pour un grand nombre de valeurs, la liquidation des opérations à terme se fait deux fois par mois ; on dit que ce sont des *valeurs soumises à la double liquidation : la liquidation de fin de mois et la liquidation de quinzaine.* Les actions de la Banque de France ainsi que celles du Crédit foncier et des grandes Compagnies de chemins de fer n'ont que la liquidation mensuelle.

Dans ces négociations à terme le taux du courtage dépend du cours des diverses valeurs et est fixé par le tarif suivant (décret du 12 juillet 1901) :

Si le cours est inférieur à 250ᶠʳ   0ᶠʳ,25 *par titre ;*
Si le cours est compris entre 250 et 500ᶠʳ 0ᶠʳ,50 *par titre ;*
Si le cours est supérieur à 500ᶠʳ $^1/_{10}$ °/₀ *du montant de la négociation.*

Dans les opérations de reports, le courtage est de $\dfrac{1}{12}$ °/₀ du montant de la négociation pour les valeurs à liquidation mensuelle et de $\dfrac{1}{20}$ °/₀ pour les valeurs soumises à la double liquidation. Le montant de l'opération est calculé d'après le *cours de compensation*, cours fictif fixé comme il a été dit au nᵒ 276.

Dans ces opérations de reports, l'impôt de l'État est réduit de moitié : 0ᶠʳ,025 °/₀₀ *ou fraction de* 1000ᶠʳ *sur le montant de l'achat ou de la vente, du côté le plus élevé.*

Sur le marché de la *coulisse*, les diverses valeurs qui s'y négocient n'ont que la liquidation mensuelle, et les frais accessoires sont légèrement différents des précédents.

Remarque. — On ne détache le *coupon* des actions et obligations qu'à l'échéance même, quand il est entièrement gagné.

308. Négociation des titres non libérés. — Les titres d'actions et d'obligations qui ne sont pas entièrement libérés peuvent être négociés et admis à la Cote officielle. En regard des cours correspondants, cette cote indique la somme qui a déjà été payée pour chacun de ces titres. Supposons par exemple qu'il s'agisse d'une action de 500ᶠʳ de la Société X, libérée du *quart*, au cours de 512,50, la Cote officielle portera l'indication suivante :

Action 500ᶠʳ. *Société* X, 125ᶠʳ *payés*, 512,50.

Et alors, pour acquérir cette action, l'acheteur devra verser 512ᶠʳ,50 moins les 375ᶠʳ nécessaires à la libération complète, c'est-à-dire 137ᶠʳ,50.

Les frais accessoires, *courtage et impôt*, sont évalués d'après le prix effectif déboursé, c'est-à-dire sur le montant de la négociation, calculé d'après le cours coté, déduction faite de la partie non versée. Antérieurement au 1ᵉʳ juillet 1898, ces frais accessoires étaient prélevés sans déduction de la partie non versée.

309. Impôts sur les actions et obligations. — Il y a trois sortes d'impôts qui sont les suivants :

1º *Un impôt annuel de 4% sur le revenu.* Cet impôt est perçu sur les intérêts des titres et sur les dividendes, au moment de chacun des paiements annuels, semestriels ou trimestriels ;

2º *Un impôt annuel de 0^{fr},20 % sur les titres au porteur.* Cet impôt est perçu, pour chacun de ces titres, sur le *cours moyen* de l'année précédente. Ce cours s'obtient en prenant la demi-somme du cours le plus bas et du cours le plus haut. On calcule l'impôt en prenant le 0,20 % du multiple de 20 immédiatement supérieur à ce cours moyen. Ainsi, supposons que le cours moyen d'une action au porteur ait été de 549^{fr},50 l'année précédente ; la taxe de cette année sera perçue sur 560^{fr} et sera égale à

$$5,60 \times 0,20 = 1^{fr},12.$$

Cet impôt est divisé en deux ou quatre parties égales suivant que les coupons sont payables chaque semestre ou chaque trimestre.

Les titres *nominatifs* ne sont pas soumis à cet impôt, mais ils sont assujettis à un *droit de mutation* qui est perçu au moment du *transfert* lorsque ces titres sont négociés à la Bourse. Cette taxe, payée par l'acheteur, est de 0^{fr},50 % du prix brut d'achat.

3º *Un impôt de 4 % sur les primes de remboursement, et de 8 % sur les lots.* L'impôt de 4 %, perçu quand le numéro d'un titre sort dans l'un des tirages, est prélevé sur la différence entre la somme remboursée par la Société et le prix d'émission du titre. Pour les *lots*, cet impôt, qui était aussi de 4 % avant 1901, a été élevé à 8 % (loi du 20 février 1901).

EXEMPLE. — *Calculer le revenu semestriel net d'une obligation au porteur de 500^{fr} 3 %, émise à 450^{fr}, sachant que le cours moyen de l'année précédente a été de 478^{fr},50.*

L'intérêt annuel de l'obligation est de 15^{fr}, et par suite le coupon semestriel vaut 7^{fr},50. L'impôt de 4% sur le revenu est donc

$$\frac{7,5 \times 4}{100} = 0^{fr},30.$$

D'autre part, l'impôt de $0^{fr},20$ % est égal à

$$\frac{1}{2} \cdot \frac{480 \times 0,20}{100} = 0^{fr},48.$$

La somme de ces deux impôts est $0^{fr},30 + 0^{fr},48 = 0^{fr},78$ soit $0^{fr},80$, et par suite le revenu semestriel net est

$$7^{fr},50 - 0^{fr},80 = 6^{fr},70.$$

Si cette obligation sort dans l'un des tirages, l'impôt de remboursement 4 % sera

$$(500 - 450) \frac{4}{100} = 2^{fr}.$$

310. PROBLÈME I. — *Un particulier veut acheter 10 actions nominatives libérées du Crédit foncier, au cours de 705^{fr}; quelle somme devra-t-il remettre à son agent de change?*

Cette somme est $7092^{fr},80$, donnée par le total du compte suivant :

Acheté 10 actions Crédit foncier à 705.	7050^{fr}
Courtage $^1/_{10}$ %.	7, 05
Impôt de l'Etat 0,05 %.	0, 40
Timbre.	0, 10
Droit de mutation 0,50 %.	35, 25
Prix de revient.	$7092^{fr},80.$

311. PROBLÈME II. — *Une personne a acheté, il y a un an, 20 actions au porteur des chemins de fer Paris-Lyon-Méditerranée, au cours de 1430^{fr}, immédiatement après le détachement du coupon semestriel; elle vient de toucher son 2e coupon. A quel taux a-t-elle placé son argent, sachant que le revenu semestriel brut a été de $27^{fr},50$ par action et que le cours moyen de l'année précédente a été de 1452^{fr}?*

Le prix d'achat des 20 actions est donné par le total du compte suivant :

Acheté 20 actions au porteur P.-L.-M. à 1430. . . .	28600^{fr}
Courtage $^1/_{10}$ %.	28, 60
Impôt de l'Etat 0,05 %.	1, 45
Timbre	0, 10
Prix de revient.	$28630^{fr},15.$

Le revenu annuel brut a été de 55^{fr} par action. L'impôt de 4°/₀ sur ce revenu est

$$\frac{55 \times 4}{100} = 2^{fr},20.$$

D'autre part, l'impôt de 0^{fr}20 °/₀ est égal à

$$\frac{1460 \times 0,20}{100} = 2^{fr},92.$$

La somme de ces deux impôts est $2^{fr},20 + 2^{fr},92 = 5^{fr},12,$ et par suite le revenu annuel net d'une action est $55^{fr} - 5^{fr},12 = 49^{fr},88.$ Le revenu total est donc $49^{fr},88 \times 20 = 997^{fr},60.$

On fait alors le raisonnement suivant :

Puisque $28630^{fr},15$ rapportent $997^{fr},60,$

$$100^{fr} \qquad - \qquad \frac{997,60 \times 100}{28630,15} = 3^{fr},48.$$

Le taux demandé est donc 3,48 °/₀.

Il importe de remarquer que le placement en question est plus avantageux qu'un placement annuel ordinaire à 3,48 °/₀, car on touche les intérêts deux fois par an.

312. Problème III. — *Un capitaliste qui dispose de 50000^{fr} veut acheter des obligations nominatives libérées, rapportant 15^{fr} d'intérêt brut annuel, au cours de 472^{fr},50. Combien pourra-t-il avoir d'obligations ?*

L'agent de change chargé de la négociation fera d'abord le calcul suivant :

Capital déposé.		50000^{fr}
	Courtage	50
	Impôt de l'Etat	2, 50
A déduire	Timbre.	0, 10
	Droit de mutation.	250
Capital disponible		49697^{fr},40.

Le nombre d'obligations que le capitaliste pourra se procurer est donné par le quotient entier de la division suivante :

$$49697,40 : 472,50 ;$$

ce quotient entier est 105. L'agent de change dressera donc le bordereau suivant :

Acheté 105 Obligations nominatives libérées à 472,50	49 612	50
Courtage 1/10 %	49	60
Impôt de l'État 0,05 %	2	50
Timbre	0	10
Droit de mutation	248	65
Prix de revient	49 912	75
À remettre avec les titres	87	25
Capital déposé	50 000	

BOURSES DE COMMERCE

313. Les Bourses de commerce sont les marchés dans lesquels se font les négociations au comptant ou à terme des denrées de toute nature : *céréales, farines, alcools, huiles, suifs, sucres, cafés, etc.*

Ces Bourses sont actuellement nettement séparées des Bourses dont nous avons parlé précédemment et qu'on appelle *Bourses des valeurs*.

Les diverses marchandises ainsi négociées doivent être semblables à des *marchandises types* officiellement définies et invariables. Il y a cependant une légère tolérance.

Les ventes et achats se font par l'intermédiaire de *courtiers assermentés* ayant une chambre syndicale. Ces courtiers prélèvent un droit de commission et dressent le tableau des cours, qui est appelé *prix-courant ou mercuriale*.

Le marché au comptant reçoit le nom de *disponible*. Les opérations à terme fermes ou à primes donnent lieu à de nombreuses combinaisons de la part des spéculateurs. Le détail de ces diverses opérations fait l'objet de traités spéciaux.

PROBLÈMES A RÉSOUDRE.

238. Quelle somme faut-il remettre à un agent de change si l'on veut acheter 1 200fr de rente amortissable 3 % au cours de 100,15 ? On tiendra compte des frais accessoires.

239. Un particulier fait acheter au comptant :
1° 850fr de 3 % perpétuel à 101,25 ;
2° 900fr de 3 % amortissable à 99,80.
Dresser le bordereau d'achat, en tenant compte des frais accessoires.

240. Un capitaliste qui dispose de 150 000fr veut acheter, en quantités égales, de la rente perpétuelle 3 % à 101,40 et de la rente amortissable à 100,35. Quelle quantité de rente pourra-t-il ainsi se procurer et combien dépensera-t-il ? On ne tiendra compte que des frais de courtage.

241. Le 10 décembre un particulier achète 800fr de 3 % perpétuel au cours de 101fr,55 et les revend le 1er octobre de l'année suivante au cours de 101fr,70. On suppose qu'il a placé chez un banquier à 2 % par an le montant de chacun de ses coupons. A quel taux a-t-il ainsi placé son argent ?

242. Un capitaliste qui dispose de 80 000fr achète, le 12 janvier, du 3 % perpétuel au cours de 101fr,40 et revend la rente achetée le 20 mars de l'année suivante, au cours de 101,25. A quel taux a-t-il placé son argent, sachant qu'il a déposé chez un banquier, à 3 % par an, le montant de chaque coupon ?

243. Une personne qui a 900fr de rente perpétuelle 3 % vend cette rente au cours de 101,35 et achète avec le produit de cette vente du 3 % amortissable au cours de 99,90. Faire le compte de cette double opération en tenant compte des frais accessoires.

244. Le 10 avril un particulier remet 30 000fr à un agent de change pour acheter du 3 % amortissable. Le cours d'achat est 99,95. Ce particulier revend cette même rente le 16 janvier de l'année suivante, au cours de 100,15 ; à quel taux a-t-il placé son argent, sachant qu'il a déposé le montant de ses coupons chez un banquier qui lui a servi un intérêt de $2\,{}^3/_4\,{}^0/_0$ par an ?

245. Lorsque le $3\,{}^0/_0$ français est à 101,25, quel devrait être le cours des consolidés anglais $2\,{}^1/_2\,{}^0/_0$ pour qu'il y ait équivalence entre les revenus de ces deux fonds d'État ?

246. Lorsque la rente suisse $3\,{}^1/_2\,{}^0/_0$ est à 101,75, quel devrait être le cours du $3\,{}^0/_0$ français pour qu'il y ait équivalence entre les revenus de ces deux fonds d'État ?

247. Un particulier place les $3/_5$ de son avoir en rente perpétuelle $3\,{}^0/_0$, au cours de 101,70, et le reste en rente amortissable $3\,{}^0/_0$ à 100,20. Le second placement lui rapporte 324^{fr} de moins que le premier. Trouver son avoir et son revenu annuel. On ne tiendra pas compte des frais accessoires.

248. Une personne avait placé les $2/_3$ d'un certain capital à $3\,{}^0/_0$ et le reste à $4\,{}^0/_0$. Au bout d'un an, elle a retiré ce capital auquel elle a joint les intérêts produits. Elle a employé la somme totale ainsi obtenue à acheter $3\,100^{fr}$ de $3\,{}^0/_0$ au cours de 99^{fr}. Quel était le capital primitif ? On ne tiendra compte que des frais de courtage.

249. Le total d'un bordereau d'achat de $3\,000^{fr}$ de $3\,{}^0/_0$ est de $102\,103^{fr},375$. Quel a été le cours d'achat ?

Remarque. — L'impôt de l'État sur les négociations des rentes françaises est la $80\,000^e$ partie du prix brut de la négociation, si ce prix brut est un multiple de $1\,000^{fr}$; ou bien la $80\,000^e$ partie du multiple de $1\,000^{fr}$ immédiatement supérieur à ce prix brut. Dans le problème ci-dessus et dans tous les problèmes analogues, on peut, sans erreur appréciable, admettre que cet impôt est toujours la $80\,000^e$ partie du prix brut de la négociation.

250. Un particulier achète, le 1er février, 600^{fr} de rente amortissable à 99,75 et les revend le 16 avril suivant. Le montant du coupon trimestriel et le bénéfice sur la vente lui permettent de réaliser un bénéfice de 200^{fr} sur le prix d'achat. Quel est le cours de vente ? On tiendra compte des frais accessoires.

251. Un spéculateur achète à terme, fin courant, $4\,500^{fr}$ de $3\,{}^0/_0$ à 101,25. Quel devra être le cours au comptant à la fin du mois pour que ce spéculateur réalise un bénéfice de 500^{fr} sur son marché ? On tiendra compte des frais accessoires.

252. Un spéculateur achète à terme, le 2 juin, 6000ᶠʳ de 3 % à 101,85. Quel devra être le cours au comptant à la fin du mois pour que ce spéculateur gagne 200ᶠʳ sur son achat? On tiendra compte des frais accessoires et du détachement du coupon, effectué le 16 juin.

253. Un spéculateur vend à terme, fin courant, 7500ᶠʳ de 3 % perpétuel à 101,55. Quel devra être le cours au comptant à la fin du mois pour que ce spéculateur réalise un bénéfice de 800ᶠʳ? On tiendra compte des frais accessoires.

254. Un capitaliste achète au comptant 4500ᶠʳ de 3 % à 101,20, et les revend à terme à 101,50. Quel bénéfice réalisera-t-il, en tenant compte des frais accessoires?

255. Un spéculateur à la hausse, ayant acheté à terme 7500ᶠʳ de 3 % au cours de 101,80, se fait reporter en liquidation au cours de compensation 101,85 plus 15 centimes de report. Etablir le compte de ces diverses opérations.

256. Un spéculateur à la baisse, ayant vendu à terme 4500ᶠʳ de 3 % au cours de 100,50, reporte en liquidation au cours de compensation 100,55 plus 10 centimes de report. Etablir le compte de ces diverses opérations.

257. Un spéculateur achète fin courant 1500ᶠʳ de rente 3 % à 101,25. A la liquidation ce spéculateur se fait reporter à 101,20 plus 10 centimes de report. Quel devra être le cours au comptant fin prochain, pour que ce spéculateur réalise 150ᶠʳ de bénéfice en revendant définitivement?

258. Quel taux d'intérêt annuel représente un report mensuel de 25 centimes sur le 3 % au cours de compensation 101,70? On tiendra compte du courtage.

259. Un spéculateur achète à terme, marché à prime, 6000ᶠʳ de 3 % à 101,25/50. Calculer le cours au-dessous duquel le spéculateur aura intérêt à abandonner la prime. On tiendra compte de tous les frais accessoires.

260. Un spéculateur, ayant acheté à terme 15000ᶠʳ de 3 % perpétuel à 101,40, vend à terme, quelques jours après, 9000ᶠʳ de cette même rente à 101,65. Déterminer le cours de liquidation qui sépare la perte du bénéfice, en tenant compte seulement des frais de courtage. Quel serait le bénéfice pour un cours de liquidation de 101,80 ?

261. Un spéculateur, ayant acheté à terme 7500^{fr} de 3 % à 101,15 vend à terme, quelques jours après, 10500^{fr} de cette même rente à 101,35. Déterminer le cours de liquidation qui sépare la perte du bénéfice, en tenant compte seulement des frais de courtage. Quelle serait la perte pour un cours de liquidation de 102,50 ?

262. Représenter par un graphique les opérations de chacun des deux problèmes précédents, sans tenir compte des frais accessoires, et en déduire les cours de liquidation demandés, ainsi que le bénéfice et la perte qui correspondent aux cours indiqués.

263. Un spéculateur achète ferme 30 000^{fr} de 3 % à 101,70 et vend en même temps 60 000^{fr} de la même rente à 101,90/50. Entre quelles limites peut varier le cours de liquidation pour que l'opération se solde par un bénéfice. En particulier, quel serait ce bénéfice si la liquidation s'effectuait au cours de 101,30 ?

264. Un spéculateur achète 45 000^{fr} de 3 %, marché ferme, à 101,40 et vend en même temps 90 000^{fr} de la même rente à 101,55/25. En négligeant les frais, on demande entre quelles limites peut varier le cours final pour qu'il y ait bénéfice. Quel est le cours qui donnera le bénéfice maximum, et quel sera ce bénéfice ? On représentera l'opération par un graphique.

265. Un spéculateur achète 45 000^{fr} de 3 % à 100,80/50 et vend en même temps ferme 30 000^{fr} de la même rente à 100,45. Quels sont les cours de liquidation qui séparent la perte du bénéfice ? On ne tiendra pas compte des frais accessoires et on représentera l'opération par un graphique.

266. Un spéculateur achète 30 000^{fr} de rente française 3 % à 101,75/50 et vend le même jour 60 000^{fr} de la même rente à 101,90/25. Puis, la hausse s'étant produite, il achète quelques jours après 30 000^{fr} de rente ferme à 102^{fr}. En tenant compte des frais de courtage, on demande de trouver les résultats de l'opération totale et de figurer graphiquement ces résultats.

267. Un capitaliste qui dispose de 30 000^{fr} veut acheter des consolidés anglais 2 $\frac{1}{2}$ % au cours de 98,85. Quel est le nombre de livres sterling qu'il pourra ainsi acheter ? On tiendra compte des frais accessoires.

268. Un rentier italien fait vendre à la Bourse de Paris 1000 lire de rente italienne 5 % en titres non timbrés au cours de 103,55. Quelle somme lui rapportera cette vente? On tiendra compte de tous les frais.

269. Quelle somme faut-il pour acheter 10 actions nominatives de la Banque de France au cours de 3850^{fr}, et à quel taux a-t-on placé son argent si le dividende brut annuel est de 114^{fr},60? On tiendra compte des frais et impôts.

270. Faire le compte d'un particulier qui achète 12 actions nominatives de 500^{fr}, libérées de moitié, au cours de 512^{fr},80. On tiendra compte de tous les frais.

271. Le revenu brut annuel d'une action au porteur est de 50^{fr} et, après déduction des impôts de 4 % et de 0^{fr},20 %, le revenu net est de 46^{fr},40. Quel a été, à 20^{fr} près, le cours moyen de cette action l'année précédente?

272. Quel revenu semestriel net se fera-t on en achetant 20 obligagations au porteur de 400^{fr} 3 % à coupons semestriels, entièrement libérées, au cours de 385,80, et à quel taux semestriel aura-t-on ainsi placé son argent?

273. Est-il plus avantageux d'acheter des obligations nominatives de 625^{fr} 4 % au cours de 640^{fr} ou des obligations au porteur de 500^{fr} 3 % au cours de 443^{fr}, sachant que le cours moyen de ces dernières a été de 452^{fr} l'année précédente?

274. Un spéculateur, ayant acheté à prime, fin courant, 50 actions au porteur de la Compagnie Paris-Lyon-Méditerranée à 1412^{fr}/25^{fr}, vend en même temps pour la même liquidation 25 de ces actions à 1410^{fr}, marché ferme. Quels sont les cours de liquidation qui séparent la perte du bénéfice? On tiendra compte des frais accessoires et on supposera qu'il n'y a pas eu d'échéance de coupons avant la liquidation.

275. Un spéculateur à la hausse, ayant acheté 25 Suez au porteur à 3845^{fr}, se fait reporter en liquidation de quinzaine au cours de compensation 3830^{fr}, plus un report de 6^{fr},40 par titre. Établir le compte de ces diverses opérations et déterminer le taux du placement fait par le capitaliste reporteur.

CHAPITRE VII

CHANGES ET ARBITRAGES

---

314. Définitions. — On appelle *change* toute opération ayant pour but l'échange d'une monnaie contre une autre, ou le règlement de toute dette entre négociants de différents pays au moyen de *lettres de change, traites, mandats, etc.*

A ce dernier point de vue, le change a principalement pour but d'éviter le transport des espèces métalliques.

Ainsi, supposons qu'un négociant de Paris ait contracté une dette de 5oo marks envers un négociant de Berlin. Il peut de plusieurs façons se libérer de sa dette : ou bien se présenter chez un *changeur*, lui acheter 5oo marks d'or allemand ou de banknotes allemandes, et envoyer ces valeurs à son créancier ; ou bien envoyer des espèces françaises en quantité suffisante pour qu'en les revendant à Berlin le créancier puisse en retirer 5oo marks ; ou bien envoyer des pièces de monnaie étrangère ; ou bien encore s'adresser à un banquier ou à un négociant ayant une lettre de change de 5oo marks *tirée sur Berlin*, c'est-à-dire payable par un habitant de Berlin, acheter cette lettre de change et l'adresser à son créancier ; ou bien enfin prier son créancier de *tirer une traite* sur lui, la valeur nominale de cette traite exprimée en francs étant telle que, vendue à un banquier ou à un négociant de Berlin, elle procure 5oo marks au créancier.

Ce sont ces deux dernières façons de procéder qui sont généralement employées ; aussi les négociations des lettres de change sont-elles chaque jour très nombreuses sur les principales places des différents pays.

A Paris ces négociations, qui devraient être faites en principe par l'intermédiaire des agents de change, sont faites par des *courtiers de change* qui prélèvent sur chaque opération un droit de commission de $\dfrac{1}{10}$ % au maximum. Ces courtiers sont simplement tolérés par les agents de change.

Le règlement d'une dette entre deux places de pays différents peut également se faire en employant des effets tirés sur une troisième place; on dit alors que le change est *indirect*.

On appelle *arbitrage* la détermination du procédé qui paraît devoir être le moins coûteux pour le règlement d'une dette entre deux personnes de pays différents. L'arbitrage est dit *simple* ou *composé* suivant que ce règlement doit se faire par le change direct ou par le change indirect.

315. Cote des changes. — La cote des changes d'un pays est le tableau qui indique chaque jour les conditions d'après lesquelles s'effectuent les négociations des effets de commerce tirés sur les pays étrangers.

Ce tableau fait connaître la quantité de monnaie du pays considéré qui équivaut à une certaine quantité de monnaie d'un pays étranger, cette dernière quantité représentant la valeur nominale d'une lettre de change tirée sur ce pays étranger.

L'une de ces deux quantités de monnaie est fixe, l'autre subit des variations continuelles, mais ordinairement faibles. La quantité fixe s'appelle la *base* du change; elle est ordinairement égale à 100 unités de compte. La quantité variable s'appelle la *cote*.

On dit qu'un pays donne le *certain* lorsque la base du change exprime des unités de compte de ce pays, c'est-à-dire lorsque la cote des changes de ce pays indique chaque jour les quantités variables des diverses monnaies étrangères qui équivalent respectivement à des quantités toujours fixes de monnaie nationale.

On dit qu'un pays donne *l'incertain* lorsque la base du change exprime des unités étrangères, c'est-à-dire lorsque la cote des changes de ce pays indique chaque jour les quantités variables de monnaie nationale qui équivalent respectivement à des quantités toujours fixes des diverses monnaies étrangères.

Presque tous les pays donnent l'incertain. Les places de Londres, de Lisbonne et de New-York cependant donnent l'incertain pour quelques pays étrangers et le certain pour d'autres.

346. Transformation des cotes. — La cote des changes d'une place donne la cote des valeurs tirées sur les places étrangères pour quelques échéances déterminées et non pas pour toutes les échéances possibles. Ainsi nous verrons qu'à Paris les valeurs tirées sur certaines places sont cotées à trois mois d'échéance, les valeurs tirées sur les autres places sont cotées à vue, et la cote des changes indique le nombre de francs qu'il faut débourser *immédiatement* pour se procurer ces diverses valeurs.

Le problème de la transformation des cotes consiste à trouver quelle doit être la cote d'un effet dont l'échéance diffère de celles du tableau des cotes.

Pour résoudre cette question, il y a lieu de distinguer deux cas, suivant que la place considérée donne l'incertain ou le certain.

347. Cas de l'incertain. — Considérons une place A qui donne l'incertain à une autre place B ; soient b la base et a la cote à N jours. Cela signifie que pour acheter un effet payable dans N jours sur la place B, et ayant pour valeur nominale b unités monétaires de cette place, il faut débourser immédiatement, en A, a unités monétaires de cette place.

Désignons par a' la cote transformée, c'est-à-dire la somme qu'il faut donner pour acheter un effet ayant aussi pour valeur nominale b, mais échéant dans t jours.

Supposons d'abord que t soit inférieur à N. Dans N jours cet effet sera échu depuis $N - t$ jours, et aura pu rapporter intérêt, sur la place B, pendant ces $N - t$ jours. Donc, si l'on désigne par D le diviseur du taux en banque sur cette place B, cet effet aura pour valeur dans N jours

$$b + \frac{b(N - t)}{D}, \quad \text{c'est-à-dire} \quad b\left(1 + \frac{N - t}{D}\right).$$

Telle est la somme que l'on aura dans N jours, en dépensant aujourd'hui a'. On peut alors faire le raisonnement suivant :

pour avoir b dans N jours, il faut a,

$$ - \quad 1 \quad - \quad - \quad \frac{a}{b}, $$

$$ - \quad b\left(1 + \frac{N-t}{D}\right) \quad - \quad - \quad \frac{a}{b} \times b\left(1 + \frac{N-t}{D}\right). $$

On a donc, en simplifiant,

$$ a' = a\left(1 + \frac{N-t}{D}\right), \qquad (1) $$

ce qui montre que *la cote transformée s'obtient en augmentant la première cote de son intérêt pendant* $N - t$ *jours, cet intérêt étant calculé avec le taux en banque de la place* B.

Supposons, en second lieu, que t soit supérieur à N. Dans ce cas, l'effet acheté ne sera pas encore échu dans N jours, et, si on le fait escompter commercialement, on en retirera

$$ b - \frac{b(t-N)}{D}, \quad \text{c'est-à-dire} \quad b\left(1 - \frac{t-N}{D}\right). $$

On voit alors, comme précédemment, que la cote transformée est

$$ a' = a\left(1 - \frac{t-N}{D}\right), \qquad (2) $$

et par suite, *la nouvelle cote s'obtient en diminuant la première de son intérêt pendant* $t - N$ *jours.*

La formule (2) peut s'écrire sous la forme (1) si l'on représente par un nombre *négatif* la différence $N - t$ lorsqu'on a $t > N$, car, ajouter un nombre négatif revient à retrancher le nombre positif qui a la même valeur absolue. La formule (1) devient alors la formule unique de la transformation des cotes, dans le cas de l'incertain.

Cas particuliers. — Si l'on a $N = 0$, c'est-à-dire si la place A cote *à vue* la place B, cette cote à vue a devient, à t jours,

$$ a\left(1 - \frac{t}{D}\right). $$

Si l'on a $t = 0$, c'est-à-dire si l'on veut transformer la cote à N jours en cote à vue, on obtient $a\left(1 + \dfrac{N}{D}\right)$.

Remarque. — Les effets que l'on achète en A, et qui sont payables sur la place B, peuvent être escomptés sur cette place avant leur échéance. On peut alors se proposer de résoudre le problème de la transformation des cotes en évaluant ces divers effets, non plus à l'échance type de N jours, mais à une échéance quelconque.

Le nombre N ne dépasse pas 90 jours, et, si la nouvelle époque d'évaluation est elle-même peu éloignée, les résultats obtenus seront peu différents des précédents.

Faisons, par exemple, cette évaluation à l'époque actuelle :

Dans le cas de l'escompte commercial, l'effet b, tiré sur B, a pour valeur au comptant $\dfrac{b(D-N)}{D}$ ou $\dfrac{b(D-t)}{D}$, suivant qu'il est à N jours ou à t jours. Pour avoir la première de ces deux valeurs il faut débourser a ; une règle de trois montre alors que pour avoir la seconde il faut débourser $\dfrac{a(D-t)}{D-N}$.

Cette dernière fraction représente donc la cote transformée. On peut l'écrire

$$a\frac{D-N+N-t}{D-N}, \quad \text{ou} \quad a\left(1+\frac{N-t}{D-N}\right).$$

Les nombres N et t étant généralement faibles par rapport à D, la fraction $\dfrac{N-t}{D-N}$ diffère peu de $\dfrac{N-t}{D}$, et par suite l'expression ci-dessus donne sensiblement la même cote transformée que la formule (1). Dans la pratique, on emploie uniquement cette formule (1) qui résulte d'ailleurs d'une époque d'évaluation plus rationnelle.

318. Cas du certain. — Supposons que A donne le certain à B ; soient a la base et b la cote à N jours.

Avec a unités monétaires on peut acheter en A un effet b, tiré sur B, payable dans N jours.

Soit b' la cote transformée, c'est-à-dire la valeur nominale d'un effet à t jours qui peut être acheté avec la même somme a.

Si l'on a $t<N$, la valeur nominale b', augmentée de son

intérêt pendant $N - t$ jours, doit reproduire b, et par suite on a

$$b' + \frac{b'(N - t)}{D} = b'\left(1 + \frac{N - t}{D}\right) = b,$$

d'où
$$b' = \frac{b}{1 + \dfrac{N - t}{D}} \cdot \qquad (1)$$

Si l'on a $t > N$, c'est la valeur escomptée de b', pour $t - N$ jours, qui doit reproduire b. On obtient alors

$$b' = \frac{1}{1 - \dfrac{t - N}{D}} \cdot \qquad (2)$$

Les formules (1) et (2) résolvent le problème.

Remarque. — Au lieu d'évaluer à N jours l'effet b', on peut écrire que c'est dans t jours qu'il y a équivalence entre cet effet b' et l'effet b qui est payable dans N jours.

Comme les nombres N et t dépassent rarement 90 jours, les résultats obtenus avec cette nouvelle époque d'équivalence diffèreront très peu des précédents.

Si l'on a $t < N$, la valeur nominale b' doit être égale à la valeur escomptée de b, pour $N - t$ jours, ce qui donne

$$b' = b\left(1 - \frac{N - t}{D}\right) \cdot \qquad (3)$$

Si l'on a $t > N$, la valeur nominale b' doit être égale à la valeur de b augmentée de son intérêt pendant $t - N$ jours, d'où

$$b' = b\left(1 + \frac{t - N}{D}\right) \cdot \qquad (4)$$

On peut encore obtenir ces deux dernières formules en appliquant les développements des numéros 33 et 34 aux seconds membres des formules (1) et (2), et en ne prenant que les deux premiers termes de chaque développement. L'erreur ainsi commise est ordinairement négligeable, car, si le taux est 4 % par exemple, on a $D = 9000$, et, chacune des deux fractions

$\dfrac{N-t}{D}$ et $\dfrac{t-N}{D}$ étant alors inférieure à $\dfrac{1}{100}$, les puissances successives de ces fractions sont très faibles.

Les formules (3) et (4) sont employées de préférence aux formules (1) et (2), car elles sont d'une application plus simple. Elles se réduisent à une seule, la formule (3), si l'on représente par un nombre négatif la différence $N-t$ lorsqu'on a $t > N$.

319. Règle de la transformation des cotes. — De ce qui précède résulte la règle pratique suivante :

Pour transformer une cote à N jours en cote à t jours, on multiplie cette cote par $1 + \dfrac{N-t}{D}$ si la place considérée donne l'incertain, et par $1 - \dfrac{N-t}{D}$ si cette place donne le certain.

D est le diviseur relatif au taux d'escompte de la place dont on transforme la cote.

320. Cote des changes de Paris. — La place de Paris donne l'incertain à toutes les places étrangères, c'est-à-dire évalue en quantités variables de monnaie française des quantités fixes des diverses monnaies étrangères. Ces quantités fixes, c'est-à-dire les bases des changes, sont de 100 unités monétaires pour l'Allemagne, la Hollande, le Portugal, l'Autriche, la Russie, les États-Unis et les pays de l'union monétaire latine ; de 500 unités monétaires pour l'Espagne, et d'une unité monétaire pour l'Angleterre.

Le tableau de la cote des changes de Paris est publié chaque jour dans le Cours authentique de la Bourse sous la surveillance de la Chambre syndicale des agents de change. Ce tableau donne pour les valeurs de chaque place étrangère deux cotes, qui sont les prix de l'*offre* et de la *demande*, mais qui ne sont pas nécessairement les cours réels auxquels se sont effectuées les négociations.

Les cours réels sont compris entre les deux cotes extrêmes. Dans les applications, nous prendrons toujours pour cote la moyenne arithmétique des deux cotes extrêmes.

Voici la reproduction de la cote des changes de Paris (1) :

Escompte à l'étranger	CHANGES	PAPIER COURT	PAPIER LONG
		Valeurs se négociant à trois mois.	
3 1/2 %	Hollande . . .	205 1/2 à 206 ..	205 3/4 à 206 1/4 et 4 %
3 1/2 %	Allemagne. . .	121 5/16 à 121 9/16	121 3/16 à 121 5/16 et 4 %
5 .. %	Espagne . . .	366 1/2 à 365 1/2	..... à ..... et 4 %
	d° versement.	371 1/2 à	..... à .....
6 .. %	Portugal . . .	383 .. à 393 ..	387 .. à 391 .. et 4 %
5 .. %	Vienne . . .	103 .. à 103 1/4	102 7/8 à 103 1/8 et 4 %
5 .. %	Pétersbourg. . .	260 .. à 262 ..	259 .. à 261 .. et 4 %
	d° versement.	265 3/8 à 265 7/8	266 .. à 268 ..
		Valeurs se négociant à vue.	
4 .. %	Londres. . .	25 08 .. à 25 11..	25 09 1/2 à 25 12 1/2 moins 4 %
	d° chèque . .	25 10 1/2 à 25 13 1/2	.... à ....
4 .. %	Belgique . .	1/4 P à 1/8 P	7/32 P à 3/32 B — 4 %
5 .. %	Suisse . . .	11/16 P à 9/16 P	9/16 P à 7/16 P — 5 %
5 .. %	Italie . . .	5 3/4 P à 5 1/4 P	5 5/8 P à 5 1/8 P — 5 %
4 .. %	New-York . . .	512 1/2 à 515 1/2	511 1/2 à 514 1/2 — 4 %

On voit par ce tableau que les places de Hollande, d'Allemagne, d'Espagne, de Portugal, d'Autriche et de Russie sont cotées à trois mois, tandis que les autres places sont cotées à vue ; c'est l'usage qui a établi et maintenu cette division.

De plus, il existe pour chaque pays deux cotes différentes ; l'une, située dans la colonne *papier court*, est applicable aux valeurs qui n'ont pas plus de 30 jours à courir ; l'autre, située dans la colonne *papier long*, est applicable aux valeurs qui ont plus de 30 jours à courir. Ces diverses cotes expriment des francs.

La première colonne du tableau donne le taux de l'escompte en banque dans les divers pays étrangers.

Nous allons indiquer comment il faut se servir de ce tableau.

_____

(1) Cote du 17 janvier 1901.

321. Valeurs se négociant à 3 mois. — D'après la première ligne relative à ces valeurs, un effet de 100 florins sur Amsterdam, ayant trois mois à courir, vaut à Paris de 205^{fr} 3/4 à 206^{fr} 1/4, c'est-à-dire, en prenant la moyenne, 206^{fr}.

Si ce même effet de 100 florins au lieu d'être à trois mois est à t jours, et si l'on a $t > 30$, c'est-à-dire si l'effet est encore papier long, la cote devient, d'après la règle du n° 319,

$$206\left(1 + \frac{90 - t}{D}\right).$$

Si l'on a $t \leqslant 30$, c'est-à-dire si l'effet est papier court, il faut prendre, au lieu de 206, la moyenne des deux cotes papier court, ce qui donne 205 3/4, ou 205^{fr},75, et alors la cote à t jours est égale à

$$205,75\left(1 + \frac{90 - t}{D}\right).$$

Pour toutes les valeurs se négociant à trois mois, au lieu du taux en banque du pays étranger correspondant, on emploie le taux fixe 4 °/₀ indiqué dans la 4° colonne du tableau des cotes. On a alors $D = 9000$.

On a généralement $t < 90$, et par suite la transformation de la cote revient à ajouter à cette cote son intérêt à 4 °/₀ pendant $90 - t$ jours ; c'est pour cela qu'on écrit *et* 4 °/₀ dans la 4° colonne après chacune des cotes.

C'est l'usage qui a consacré l'emploi de ce taux uniforme 4 °/₀ qui n'est jamais bien éloigné des taux réels. Ce taux facilite les calculs et permet en outre de transformer rapidement, comme nous le verrons plus loin, la cote à trois mois en cote à vue.

REMARQUE. — Il existe plusieurs causes qui font que les mêmes valeurs sont plus ou moins recherchées suivant qu'elles sont à une échéance plus ou moins éloignée : *la solvabilité, présente et future, des signataires des effets négociés ; la grandeur et la variation du taux d'escompte à l'étranger ; l'éloignement des pays sur lesquels les effets sont tirés ; la dépréciation de la monnaie de ces pays ; les agissements de la spéculation ;* etc. Aussi les mêmes valeurs sont-elles doublement cotées suivant qu'elles sont papier court ou papier long.

Nous allons montrer que l'une des causes qui maintiennent l'usage de cette double cote est l'emploi du taux fixe 4 °/₀.

Supposons, en effet, que les valeurs sur Amsterdam par exemple aient une cote *unique* à trois mois, 206^{fr}, moyenne des deux cotes papier long. Avec 206^{fr} on pourrait donc acheter à Paris un effet de 100 florins à trois mois sur Amsterdam. En faisant escompter de suite cet effet à Amsterdam, on en retirerait

$$100\left(1 - \frac{90}{D}\right) \text{ florins.}$$

D'autre part, la cote à vue du papier hollandais serait égale à $206\left(1 + \frac{90}{9000}\right)$, c'est-à-dire qu'avec $206\left(1 + \frac{90}{9000}\right)^{fr}$ on pourrait se procurer 100 florins à vue. Par suite, avec 206^{fr} on se procurerait à vue

$$\frac{100}{1 + \dfrac{90}{9000}} \text{ florins,}$$

ou, très sensiblement,

$$100\left(1 - \frac{90}{9000}\right) \text{ florins.}$$

Ainsi donc, avec la même somme de 206^{fr}, on pourrait se procurer à vue :

ou bien $100\left(1 - \dfrac{90}{D}\right)$ florins, en achetant à trois mois ;

ou bien $100\left(1 - \dfrac{90}{9000}\right)$ florins, en achetant à vue.

Or D, qui est le diviseur du taux d'escompte à Amsterdam, est supérieur à 9000 ; donc la première de ces deux sommes est supérieure à la seconde, et par suite un spéculateur réaliserait un bénéfice en achetant à Paris du papier hollandais à trois mois et en le faisant escompter pour obtenir du papier à vue qu'il revendrait à Paris.

La double cote permet d'éviter cela. Il suffit de remarquer en effet que la cote du papier long est plus élevée que la cote du papier court, et on voit alors que le spéculateur qui voudrait acheter du papier à trois mois, c'est-à-dire du papier long, le paierait plus cher que le papier à vue, ce qui annulerait le bénéfice qu'il aurait pu réaliser.

Si l'on avait $D < 9000$, il y aurait intérêt à acheter du papier à vue, mais alors la cote du papier court est généralement supérieure à celle du papier long.

322. Transformation de la cote à trois mois en cote à vue. —

Le papier à vue étant du papier court, on obtiendra la cote à vue en transformant la cote du papier court. Soit a cette dernière cote ; la cote à vue sera, d'après la règle du n° 319,

$$a\left(1 + \frac{90}{9000}\right),$$

c'est-à-dire

$$a\left(1 + \frac{1}{100}\right), \qquad \text{ou bien} \qquad a + \frac{a}{100}.$$

De là résulte la règle suivante :

Règle. — *Pour transformer la cote à trois mois en cote à vue, on ajoute au cours moyen du papier court sa centième partie.*

Ainsi la cote à 3 mois du papier court hollandais est en moyenne 205,75 ; la cote à vue sera

$$205,75 + 2,0575 = 207,8075.$$

323. Valeurs se négociant à vue. —

D'après la première ligne relative à ces valeurs, un effet d'une livre sterling sur Londres, payable à vue, vaut à Paris de $25^{fr},08$ à $25^{fr},11$, c'est-à-dire, en prenant la moyenne, $25^{fr},095$.

Si ce même effet d'une livre, au lieu d'être payable à vue, est payable dans t jours, et si l'on a $t \leqslant 30$, c'est-à-dire si l'effet reste papier court, la cote devient

$$25,095\left(1 - \frac{t}{D}\right).$$

Si l'on a $t > 30$, il faut prendre, au lieu de 25,095, la moyenne des deux cotes papier long, c'est-à-dire 25,11, et alors la cote à t jours devient

$$25,11\left(1 - \frac{t}{D}\right).$$

Pour toutes les valeurs se négociant à vue, on emploie le taux indiqué dans la 4ᵉ colonne, qui est le taux en banque à l'étranger. Remarquons que pour ces valeurs à vue la transformation des cotes revient à retrancher de la cote à vue l'intérêt de cette cote pendant t jours ; c'est pour cela qu'on écrit le mot *moins* après chacune des cotes.

324. Pays de l'union latine. — Pour ces pays, le cours du change est coté à tant pour cent de bénéfice (B) ou de perte (P).

Ainsi, la 3ᵉ ligne des valeurs se négociant à vue indique qu'un effet de 100^{fr} à vue sur Bruxelles vaut à Paris

$$\text{de} \qquad 100^{fr} - \frac{1}{4} \qquad \text{à} \qquad 100^{fr} - \frac{1}{8},$$

c'est-à-dire vaut en moyenne $100^{fr} - \dfrac{3}{16}$, ou $99^{fr},8125$.

Si, au lieu d'être à vue, cet effet est à t jours, il vaudra

$$99,8125\left(1 - \frac{t}{9000}\right), \quad \text{si l'on a} \quad t \leqslant 30.$$

Si l'on a $t > 30$, il faut prendre, au lieu de $99,8125$, la moyenne des deux cotes papier long, qui sont

$$100 - \frac{7}{32} \qquad \text{et} \qquad 100 + \frac{3}{32}.$$

La somme de ces deux cotes est $200 - \dfrac{4}{32}$, ou $200 - \dfrac{1}{8}$,

et la moyenne est $100 - \dfrac{1}{16}$, ou $99,9375$.

325. Chèques. Versements. — Il se négocie chaque jour à Paris un grand nombre de chèques sur Londres. Comme on le voit dans la cote des changes du nᵒ 320, il existe pour ces chèques une cote spéciale, plus élevée que la cote des autres valeurs anglaises ; cela tient à ce que les chèques ne sont pas assujettis au timbre des autres effets de commerce, et qu'ils évitent les trois jours de grâce accordés pour le paiement de ces autres effets (n° 211).

Le *versement* se compose de deux opérations faites le même jour dans les deux places engagées : versement de numéraire fait par le débiteur dans l'une des deux places, et remise équivalente faite au créancier dans l'autre place. Cette double opération est faite par l'intermédiaire de banquiers ou de capitalistes en relations d'affaires ; les ordres sont transmis télégraphiquement et les frais accessoires sont moins élevés que pour les autres négociations ; aussi la cote du versement est-elle ordinairement supérieure à celle des autres effets.

326. Cotes des changes des places étrangères. — La place de Paris donne pour les valeurs de chaque place étrangère deux cotes pour la même échéance. Les places des autres pays procèdent autrement : elles cotent la même valeur à plusieurs échéances et donnent une seule cote pour chacune de ces échéances. La transformation des cotes se fait toujours d'après la règle du n° 319.

Amsterdam. — Cette place donne l'incertain à toutes les autres. Paris et Londres sont cotés à 8 jours et à 2 mois ; l'Allemagne, la Belgique et la Suisse à 8 jours et à 3 mois ; les autres places à 3 mois.

Berlin. — Cette place donne l'incertain à toutes les autres. Paris, Amsterdam, Bruxelles et Vienne sont cotés à 8 jours et à 2 mois ; Londres à 8 jours et à 3 mois ; New-York à vue ; Saint-Pétersbourg à 3 semaines et à 3 mois.

On ne transforme pas la cote pour les échéances qui ne dépassent pas l'échéance type qui est la moins éloignée. Ainsi, un effet à vue sur Paris est payé comme s'il était à 8 jours.

Lisbonne. — Cette place donne le certain à Londres et à Amsterdam ; la cote indique alors le nombre de pence ou de florins qu'on peut acheter avec 1 milreis.

Les autres places reçoivent l'incertain et la cote indique le nombre de reis qu'il faut donner pour avoir une quantité fixe de monnaie étrangère.

Vienne. — Cette place donne l'incertain, et toutes les places étrangères sont cotées à vue.

Saint-Pétersbourg. — Cette place donne l'incertain et toutes les places étrangères sont cotées à 3 mois.

Londres. — Saint-Pétersbourg, Madrid et Lisbonne reçoivent l'incertain et les autres places le certain. Paris et Amsterdam sont cotés à 8 jours et à 3 mois ; New-York est coté à vue, à 60 jours et à 3 mois ; toutes les autres places sont cotées à trois mois.

Bruxelles. — Cette place donne l'incertain. Toutes les places étrangères sont cotées à 8 jours, sauf Londres qui est en outre coté à vue.

New-York. — Londres, Amsterdam et Berlin reçoivent l'incertain ; Paris reçoit le certain. Les effets sont cotés à 3 jours et à 60 jours.

Autres places. — Les autres places donnent l'incertain et cotent les mêmes valeurs à des échéances diverses, mais les transactions y sont peu développées.

CHANGE DIRECT

327. Notations et problème général. — Nous désignerons par A et B les deux places engagées et nous supposerons, ce qui est le cas général, que chacune de ces deux places donne l'incertain à l'autre.

Le cas où l'une des deux places donne le certain rentre d'ailleurs dans notre hypothèse, en remplaçant dans cette place la cote par la base, et inversement.

Pour désigner un certain nombre d'unités monétaires de chacune des deux places, nous dirons pour abréger : *les unités A*, *les unités B*.

Le tableau suivant résume les notations que nous allons employer :

PLACES	BASES	COTES	DIVISEURS EN BANQUE	DIVISEURS USITÉS POUR LE CHANGE
place A	b unités B à N jours	β unités A	D_A	D'_A
place B	a unités A à T jours	α unités B	D_B	D'_B

Les différentes questions de change direct se ramènent au problème général suivant :

Un négociant habitant A *doit une certaine somme à un négociant habitant* B. *La valeur nominale de cette dette est égale à* m *unités* B *et son échéance est dans* t *jours. Combien d'unités* A *doit verser immédiatement le premier négociant pour se libérer de sa dette ?*

Il y a deux façons d'opérer que nous allons examiner successivement :

328. 1ʳᵉ **Solution : Le débiteur remet.** — *Le premier négociant achète en* A *du papier à* t' *jours sur* B *et l'adresse à son créancier.*

On dit alors que le débiteur *fait remise* ou *remet* à son créancier.

Désignons par x le nombre d'unités A que doit débourser immédiatement le débiteur.

Si l'on a $t' = t$, la valeur nominale du papier acheté doit être égale à m unités B ; mais si t' diffère de t, ce qui est le cas général, la valeur nominale du papier acheté doit être supérieure ou inférieure à m suivant que t' est supérieur ou inférieur à t.

Supposons $t' > t$. Il faut alors que, dans la ville B, l'escompte du papier en question donne m pour valeur au comptant le jour de l'échéance de la dette. Si m' est la valeur nominale de ce papier, il faut donc avoir

$$m = m' - \frac{m'(t' - t)}{D_B} = m'\left(1 - \frac{t' - t}{D_B}\right),$$

d'où l'on déduit

$$m' = \frac{m}{1 - \dfrac{t'-t}{D_{\text{B}}}} \cdot \qquad (1)$$

Remarquons que le créancier est évidemment libre de faire escompter quand il le veut l'effet qu'on lui envoie ; il peut même attendre l'échéance de cet effet. Le raisonnement que nous venons de faire revient à placer à l'échéance de la dette l'équivalence de cette dette et de l'effet envoyé. Si nous plaçons cette équivalence à une autre époque nous obtiendrons pour m' une nouvelle valeur différant très peu de la précédente. Dans la pratique, on raisonne toujours comme nous l'avons fait.

Supposons $t' < t$. Il faut alors que la valeur nominale m' augmentée de son intérêt pendant $t-t'$ jours reproduise m. Il faut donc avoir

$$m' + \frac{m'(t-t')}{D_{\text{B}}} = m,$$

d'où l'on déduit

$$m' = \frac{m}{1 + \dfrac{t-t'}{D_{\text{B}}}},$$

formule identique à la formule (1), car pour les mêmes valeurs de t et de t', on a

$$1 - \frac{t'-t}{D_{\text{B}}} = 1 + \frac{t-t'}{D_{\text{B}}} \cdot$$

Donc, quelle que soit la valeur de t', le débiteur doit acheter m' unités B à t' jours, m' étant donné par la formule (1).

La cote β transformée en cote à t' jours devient

$$\beta\left(1 + \frac{N-t'}{D'_{\text{A}}}\right) \cdot$$

On peut alors faire le raisonnement suivant :

Pour acheter b unités B à t' jours, il faut $\quad \beta\left(1 + \dfrac{N-t'}{D'_{\text{A}}}\right)\quad$ unités A ;

$\quad\quad$—   1 unité B   — $\quad \dfrac{\beta}{b}\left(1 + \dfrac{N-t'}{D'_{\text{A}}}\right)\quad$ —   ;

$\quad\quad$— m' unités B   — $\quad \dfrac{m'\beta}{b}\left(1 + \dfrac{N-t'}{D'_{\text{A}}}\right)\quad$ —   .

On a donc la formule suivante qui résout le problème :

$$x = \frac{m'\beta}{b}\left(1 + \frac{N - t'}{D'_A}\right).$$

Cette formule peut s'écrire, en remplaçant m' par sa valeur donnée par la formule (1),

$$x = \frac{m\beta}{b} \cdot \frac{1}{1 - \dfrac{t' - t}{D_B}}\left(1 + \frac{N - t'}{D'_A}\right). \qquad (2)$$

REMARQUE. — Supposons que le débiteur puisse trouver à acheter du papier à t jours. Cela revient à faire $t = t'$ dans la formule précédente, qui devient alors

$$x = \frac{m\beta}{b}\left(1 + \frac{N - t}{D'_A}\right).$$

329. 2ᵉ Solution : Le créancier tire. — *Le créancier tire sur son débiteur une traite payable dans t' jours.*

Supposons que cette traite, dont la valeur nominale est exprimée en unités A, soit vendue par le créancier sur la place B. Cette vente doit procurer au créancier une somme de m' unités B qui, jointe à son intérêt pendant t jours, donne la somme m qui lui est due à cette époque. On doit donc avoir

$$m' + \frac{m't}{D_B} = m,$$

d'où l'on déduit

$$m' = \frac{m}{1 + \dfrac{t}{D_B}}. \qquad (1)$$

Puisqu'on vend sur la place B du papier à t' jours sur A, il faut transformer la cote de cette place A, ce qui donne

$$\alpha\left(1 + \frac{T - t'}{D'_B}\right).$$

On peut alors faire le raisonnement suivant :

Pour avoir immédiatement $\alpha\left(1 + \dfrac{T - t'}{D'_B}\right)$ unités B, il faut vendre a unités A à t' jours.

Par suite, pour avoir une unité B, il faut vendre

$$\frac{a}{\alpha\left(1 + \dfrac{T - t'}{D'_B}\right)} \quad \text{unités A à } t' \text{ jours ;}$$

et, pour avoir m' unités B, il faut vendre

$$\frac{am'}{\alpha\left(1 + \dfrac{T - t'}{D'_B}\right)} \quad \text{unités A à } t' \text{ jours.}$$

Donc, si l'on désigne par x' unités A la valeur nominale de la traite tirée par le créancier, on a la formule suivante, qui résout le problème :

$$x' = \frac{am'}{\alpha\left(1 + \dfrac{T - t'}{D'_B}\right)} \cdot$$

Cette formule peut s'écrire, en remplaçant m' par sa valeur donnée par la formule (1),

$$x' = \frac{ma}{\alpha} \cdot \frac{1}{1 + \dfrac{t}{D_B}} \cdot \frac{1}{1 + \dfrac{T - t'}{D'_B}} \cdot \qquad (2)$$

REMARQUE I. — Cette somme x' doit être payée dans t' jours par le débiteur de la place A ; par suite, sa valeur escomptée commercialement est égale à

$$x'\left(1 - \frac{t'}{D_A}\right) \cdot$$

Si la traite est tirée à vue, il faut faire $t' = 0$ dans les formules précédentes.

REMARQUE II. — Que l'on adopte cette seconde solution ou la première, le créancier de la place B ne touchera que le montant de sa créance. Le débiteur seul peut avoir intérêt, d'après les cours du change, à adopter l'une ou l'autre de ces deux façons de procéder.

330. Cas particuliers : 1° Les cotes sont à vue et la dette est exigible immédiatement. — Dans la formule (2) du n° 328, il faut alors faire $N = 0$ et $t = 0$, ce qui donne

$$x = \frac{m\beta}{b} \cdot \frac{1}{1 - \dfrac{t'}{D_B}} \left(1 - \frac{t'}{D'_A} \right).$$

Et, si l'on a $D'_A = D_B$, ce qui est le cas général, cette formule devient

$$x = \frac{m\beta}{b} \cdot \qquad\qquad (1)$$

Dans la formule (2) du numéro 329, il faut faire $T = 0$ et $t = 0$, ce qui donne

$$x' = \frac{ma}{\alpha} \cdot \frac{1}{1 - \dfrac{t'}{D'_B}} \cdot$$

Or, si l'on a $D'_B = D_A$, cette formule peut s'écrire

$$x'\left(1 - \frac{t'}{D_A} \right) = \frac{ma}{\alpha} \cdot \qquad\qquad (2)$$

Or, d'après la Remarque I du numéro 329, $x'\left(1 - \dfrac{t'}{D_A} \right)$ est la somme qu'il faut donner *immédiatement* lorsque le créancier tire à t' jours.

Les formules (1) et (2) montrent que dans le cas où les cotes et la dette sont à vue et où le diviseur usité pour le change se confond avec le diviseur du taux d'escompte de la place correspondante, *les sommes immédiates qu'il faut verser pour éteindre la dette sont indépendantes des échéances des effets employés.*

2° **Les cotes, la dette et les effets sont à vue.** — Les nombres N, T, t et t' sont alors nuls, et par suite, quels que soient les diviseurs, la somme à débourser par le débiteur est

$$\frac{m\beta}{b} \text{ s'il remet,} \qquad\qquad \frac{ma}{\alpha} \text{ s'il fait tirer.}$$

331. Il peut arriver que la dette du négociant de la place A soit exprimée en unités A. Dans ce cas, c'est le créancier qui peut avoir intérêt à adopter l'une ou l'autre des deux solutions suivantes: ou bien *demander remise* à son débiteur, ou bien *tirer une traite* sur lui, de telle façon que dans l'un et l'autre cas le débiteur ne débourse que m unités A. Les raisonnements à faire sont identiques aux précédents.

Dans le cas particulier où la dette est exigible immédiatement et où les effets sont à vue, on voit aisément que le créancier touchera

$$\frac{mb}{\beta} \text{ unités B } \textit{s'il demande remise,}$$

$$\frac{m\alpha}{a} \text{ unités B } \textit{s'il tire.}$$

Il suffit, en effet, dans les égalités fournies par le numéro précédent, $x = \dfrac{m\beta}{b}$ et $x' = \dfrac{ma}{\alpha}$, d'intervertir les lettres x et m dans la première, x' et m dans la seconde, et de déduire x et x' des nouvelles égalités. On peut aussi faire un raisonnement direct.

332. Emploi de la règle conjointe. — Les problèmes de change se résolvent aisément par l'application de la règle conjointe. L'emploi de cette règle permet de réunir dans un même calcul : 1° la transformation de la dette à t jours en dette à t' jours; 2° la transformation de la cote à N jours ou à T jours en cote à t' jours; 3° la règle de trois qui a été faite dans chacun des paragraphes 328 et 329.

Ainsi, proposons-nous de résoudre le problème général précédemment énoncé en opérant par voie de remise à t' jours comme dans le numéro 328.

Supposons d'abord $t < t'$ et $t' < N$. On peut écrire la conjointe suivante :

$$x \text{ unités A} \dots\dots\dots\dots\dots m \text{ unités B à } t \text{ jours}$$

$$1 - \frac{t' - t}{D_B} \text{ unités B à } t \text{ jours} \dots\dots 1 \text{ unité B à } t' \text{ jours}$$

$$1 \text{ unité B à } t' \text{ jours} \dots\dots\dots 1 + \frac{N - t'}{D_A'} \text{ unités B à N jours}$$

$$b \text{ unités B à N jours} \dots\dots\dots \beta \text{ unités A.}$$

La première ligne de cette conjointe met en regard le nombre d'unités A qu'il faut débourser immédiatement, et la valeur nominale de la dette, m unités B à t jours.

La seconde ligne fait correspondre à une unité B à t' jours la valeur de cette même unité escomptée commercialement pour $t' - t$ jours, car c'est en faisant escompter dans t jours le papier qu'on lui envoie que le créancier doit toucher la somme m qu'on ne lui doit que ce jour-là.

La troisième ligne permet de passer des unités B à t' jours aux unités B à N jours, qui sont cotées sur la place A. On remarque pour cela qu'une unité B échéant dans t' jours vaut, dans N jours, une unité augmentée de son intérêt pendant $N - t'$ jours.

Enfin la dernière ligne, dans laquelle le deuxième nombre exprime des unités A, termine la chaîne.

De cette conjointe, on déduit

$$x = \frac{m\beta}{b} \cdot \frac{1}{1 - \dfrac{t' - t}{D_B}} \left(1 + \frac{N - t'}{D'_A} \right).$$

C'est la formule (2) du n° 328.

Si l'on a $t' < t$, une unité B échéant dans t' jours vaudra, dans t jours, une unité plus son intérêt pendant $t - t'$ jours. La seconde ligne de la conjointe doit être alors remplacée par la suivante :

$$1 + \frac{t - t'}{D_B} \text{ unités B à } t \text{ jours} \ldots 1 \text{ unité B à } t' \text{ jours.}$$

De même, si l'on a $N < t'$, la troisième ligne de la conjointe doit être remplacée par

$$1 \text{ unité B à } t' \text{ jours} \ldots 1 - \frac{t' - N}{D'_A} \text{ unités B à N jours.}$$

La conjointe ci-dessus et la formule qu'on en déduit répondent à ces divers cas, si l'on convient de représenter par des nombres négatifs les différences $t' - t$ et $N - t'$ lorsqu'elles ne peuvent pas être effectuées arithmétiquement.

En second lieu, proposons-nous de résoudre le même problème général, dans le cas où le créancier tire sur le débiteur une traite à t' jours.

Soit x' la valeur nominale de cette traite. Si nous supposons $t' < T$, nous pouvons écrire la conjointe suivante :

$$x' \text{ unités A à } t' \text{ jours} \ldots\ldots\ldots\ldots m \text{ unités B à } t \text{ jours}$$

$$1 + \frac{t}{D_{\text{в}}} \text{ unités B à } t \text{ jours} \ldots\ldots\ldots\ldots 1 \text{ unité B à vue}$$

$$\alpha \text{ unités B à vue} \ldots\ldots\ldots\ldots\ldots a \text{ unités A à T jours}$$

$$1 + \frac{T - t'}{D'_{\text{в}}} \text{ unités A à T jours} \ldots\ldots\ldots 1 \text{ unité A à } t' \text{ jours}.$$

En écrivant cette conjointe on dit mentalement : On vend x' unités A à t' jours pour avoir m unités B à t jours; pour avoir $1 + \dfrac{t}{D_{\text{в}}}$ unités B à t jours, il faut avoir 1 unité B à vue; pour avoir α unités B à vue, il faut vendre a unités A à T jours ; vendre $1 + \dfrac{T - t'}{D'_{\text{в}}}$ unités A à T jours revient à vendre 1 unité A à t' jours.

De cette conjointe on déduit.

$$x' = \frac{ma}{\alpha} \cdot \frac{1}{1 + \dfrac{t}{D_{\text{в}}}} \cdot \frac{1}{1 + \dfrac{T - t'}{D'_{\text{в}}}}.$$

C'est la formule (2) du n° 329.

Si l'on a $t' > T$, une unité A à t' jours vaudra, dans T jours, une unité diminuée de son escompte pour $t' - T$ jours. La dernière ligne de la conjointe devient alors

$$1 - \frac{t' - T}{D'_{\text{в}}} \text{ unités A à T jours} \ldots 1 \text{ unité A à } t' \text{ jours}.$$

Remarque. — On peut écrire ces diverses conjointes sans employer les dénominateurs D. Ainsi, dans la conjointe ci-dessus, on peut multiplier par $D'_{\text{в}}$ chacun des deux nombres de la dernière ligne ; on obtient $D'_{\text{в}} + T - t'$ et $D'_{\text{в}}$. Ces deux produits pouvaient être écrits immédiatement, car on sait qu'un capital égal au diviseur rapporte 1^{r} d'intérêt par jour.

333. Exemples numériques. — Les problèmes de change direct peuvent se résoudre soit par l'application des formules des paragraphes 328 et 329, soit par l'application de la règle conjointe ; les deux solutions donnent le même résultat.

Pour l'application de la première méthode, il n'est pas nécessaire de savoir par cœur les notations et les formules à employer ; il est préférable de refaire, avec les données de chaque problème, les raisonnements simples qui ont été faits plus haut avec des lettres.

Nous allons traiter quelques exemples.

334. PROBLÈME 1. — *Quelle somme faut-il débourser à Paris, le jour de la publication de la cote du n° 320, pour acheter une lettre de change sur Berlin, à 40 jours de date, ayant pour valeur nominale 2000 marks ?*

1re *solution.* — Le papier que nous voulons acheter étant papier long, nous prenons la cote dans la colonne papier long, et nous obtenons pour valeur moyenne $121\frac{4}{16}$, c'est-à-dire $121\frac{1}{4}$, ou 121,25. Cette cote à 90 jours, transformée en cote à 40 jours, devient

$$121,25\left(1 + \frac{90 - 40}{9000}\right),$$

c'est-à-dire

$$121,25\left(1 + \frac{50}{9000}\right).$$

Tel est le nombre de francs qu'il faut débourser à Paris pour avoir un effet de 100 marks à 40 jours. Pour avoir un effet de 2000 marks, il faudra débourser 20 fois plus, ce qui donne

$$20 \times 121,25\left(1 + \frac{5}{900}\right),$$

ou bien

$$2425 + \frac{121,25}{9},$$

ou

$$2425 + 13,47 = 2438^{fr},47.$$

2e *solution.* — On peut écrire la conjointe suivante :

$$x^{fr} \ldots\ldots\ldots\ldots\ldots\ldots\ldots 2000 \text{ marks à 40 jours}$$
$$1 \text{ mark à 40 jours} \ldots\ldots\ldots 1 + \frac{50}{9000} \text{ marks à 90 jours}$$
$$100 \text{ marks à 90 jours.} \ldots\ldots\ldots 121^{fr},25.$$

On en déduit

$$x = \frac{2\,000 \times \left(1 + \dfrac{50}{9\,000}\right) \times 121,25}{100},$$

c'est-à-dire

$$x = 20 \times 121,25 \left(1 + \frac{5}{900}\right) = 2\,438^f,47.$$

Remarque. — La seconde ligne de la conjointe ci-dessus peut être remplacée par la suivante :

9 000 marks à 40 jours.... 9 050 marks à 90 jours.

Cela simplifie l'écriture, mais le calcul devient plus long.

335. Problème II. — *On veut à Berlin consacrer 15 000 marks à l'achat d'une lettre de change sur Londres, à 50 jours. Quelle sera la valeur nominale de cette lettre de change sachant que Berlin cote Londres à 3 mois 20 marks,25 pour une livre sterling, et que le taux d'escompte à Londres est 4 1/2 %?*

1re solution. — A Berlin, le taux employé pour la transformation de la cote est le taux en banque de la place étrangère considérée. Par suite la cote à 3 mois, transformée en cote à 50 jours, devient

$$20,25 \left(1 + \frac{90 - 50}{8000}\right),$$

ou bien

$$20,25 \left(1 + \frac{1}{200}\right) = \frac{20,25 \times 201}{200}.$$

C'est le nombre de marks qu'il faut donner pour avoir une livre à 50 jours. Par suite, autant de fois ce nombre de marks sera contenu dans 15 000, autant de livres à 50 jours on pourra avoir. La valeur nominale demandée est donc égale à

$$15\,000 : \frac{20,25 \times 201}{200},$$

c'est-à-dire

$$\frac{15\,000 \times 200}{20,25 \times 201} = 737^£,0554,$$

ou bien, en réduisant la partie décimale en shillings et en pence,

$$\pounds 737.1.1\,\frac{3}{10}.$$

2e solution. — On peut écrire la conjointe suivante :

$$\pounds x \text{ à 50 jours} \ldots\ldots\ldots\ldots \quad 15\,000 \text{ marks à vue}$$
$$20^{\text{marks}},25 \text{ à vue} \ldots\ldots\ldots\ldots \quad \pounds 1 \text{ à 90 jours}$$
$$\pounds 1 + \frac{40}{8\,000} \text{ à 90 jours} \ldots\ldots\ldots \quad \pounds 1 \text{ à 50 jours}$$

d'où l'on déduit

$$x = \frac{15\,000}{20,25\left(1 + \dfrac{40}{8\,000}\right)}.$$

En effectuant, on obtient le même résultat que précédemment, c'est-à-dire

$$x = \pounds 737.1.1\,\frac{3}{10}.$$

336. PROBLÈME III. — *Un négociant de Paris doit à un négociant de Londres la somme de £ 45.8.6 payable dans deux mois ; il veut se libérer en faisant une remise à 50 jours ; quelle somme devra-t-il débourser d'après la cote des changes du n° 320 ?*

1re solution. — Transformons d'abord les shillings et les pence en parties décimales de la livre ; on obtient

$$\pounds 45.8.6 = 45\pounds,425.$$

Soit m la valeur nominale de l'effet envoyé ; on doit avoir

$$m + \frac{m \times 10 \times 4}{36\,500} = 45,425,$$

ou bien

$$\frac{3654m}{3650} = 45,425,$$

d'où l'on déduit

$$m = \frac{45,425 \times 3650}{3654}.$$

La cote à vue du papier long sur Londres est en moyenne $25^{\text{fr}},11$ pour une livre ; la cote à 50 jours est donc

$$25,11\left(1 - \frac{50}{9000}\right),$$

ce qui donne $24^{fr},9705$. Par suite, pour acheter m livres à 50 jours, il faut dépenser

$$\frac{24,9705 \times 45,425 \times 3650}{3654}.$$

En effectuant les calculs, on obtient $1133^{fr},04$.

2° solution. — On peut écrire la conjointe suivante :

$$x^{fr} \dots \dots \dots \dots \dots \dots \dots \dots \dots \dots \quad 45^{\pounds},425 \text{ à 60 jours}$$

$$\pounds\, 1 + \frac{10 \times 4}{36\,500} \text{ à 60 jours} \dots \dots \dots \quad \pounds\, 1 \text{ à 50 jours}$$

$$\pounds\, 1 \text{ à 50 jours} \dots \dots \dots \dots \dots \quad \pounds\, 1 - \frac{50}{9\,000} \text{ à vue}$$

$$\pounds\, 1 \text{ à vue} \dots \dots \dots \dots \dots \dots \quad 25^{fr},11$$

d'où l'on déduit

$$x = \frac{45,425 \times 25,11 \left(1 - \dfrac{5}{900}\right)}{\left(1 + \dfrac{4}{3\,650}\right)}.$$

En effectuant les calculs, on obtient encore

$$x = 1133^{fr},04.$$

337. Problème IV. — *Un commerçant parisien qui doit à un commerçant de Vienne* 1200 *couronnes payables dans* 45 *jours, prie son créancier de tirer sur lui une traite payable dans* 30 *jours. Quelle doit être la valeur nominale de cette traite, sachant que Vienne cote Paris à vue* 96,40, *et que le taux d'escompte en banque est* 3 % *à Paris et* 5 % *à Vienne ?*

1ʳᵉ solution. — Soit m le nombre de couronnes que touchera immédiatement le créancier de Vienne en vendant sa traite sur Paris. On doit avoir

$$m + \frac{45\,m}{7\,200} = 1\,200,$$

ou bien

$$m + \frac{m}{160} = 1\,200,$$

ou encore

$$161\,m = 1\,200 \times 160 = 192\,000,$$

d'où

$$m = \frac{192\,000}{161}.$$

A Vienne, le taux employé pour la transformation de la cote est le taux en banque de la place étrangère considérée. Par suite, la cote à vue 96,40, transformée en cote à 30 jours, devient

$$96,40 \left(1 - \frac{30}{12\,000} \right),$$

c'est-à-dire

$$96,40 \left(1 - \frac{1}{400} \right) = 96,40 - 0,241,$$
$$= 96,159.$$

C'est le nombre de couronnes que rapporte la vente d'un effet de 100^{fr} à 30 jours. Par suite, pour avoir une couronne, il faut vendre $\dfrac{100}{96,159}$; et pour avoir m couronnes, il faut vendre

$$\frac{100 \times 192\,000}{96,159 \times 161}.$$

En effectuant, on obtient $1\,240^{fr},18$.

2e *solution.* — On peut écrire la conjointe suivante :

$$x^{fr} \text{ à 30 jours.} \dots\dots\dots\dots\dots\dots 1\,200 \text{ couronnes à 45 jours}$$
$$1 + \frac{45}{7\,200} \text{ c. à 45 jours} \dots\dots\dots\dots 1 \text{ couronne à vue}$$
$$96^c,40 \text{ à vue.} \dots\dots\dots\dots\dots 100^{fr} \text{ à vue}$$
$$1 - \frac{30}{12\,000} \text{ fr. à vue.} \dots\dots\dots\dots 1 \text{ fr. à 30 jours}$$

d'où l'on déduit

$$x = \frac{1\,200 \times 100}{96,40 \left(1 + \dfrac{45}{7\,200} \right) \left(1 - \dfrac{30}{12\,000} \right)}.$$

En effectuant les calculs, on obtient

$$x = 1\,240^{fr},18.$$

REMARQUE. — Les problèmes de change conduisent ordinairement à de longs calculs. Il est bon de simplifier d'abord autant que possible les expressions obtenues, et de mettre en pratique les principes des calculs abrégés et approchés qui ont été développés dans le premier chapitre.

CHANGE INDIRECT

338. Notations et problème général. — On dit que le change est indirect quand, au lieu de s'effectuer directement entre les deux places intéressées A et B, il s'effectue par l'intermédiaire d'une ou de plusieurs autres places nommées *places médiales*.

Nous n'examinerons que le cas d'une seule place médiale que nous désignerons par C, et, pour simplifier les calculs, nous supposerons que toutes les cotes employées ont été d'abord ramenées à vue; c'est là une opération qu'il est toujours bon de faire dans les questions de change et d'arbitrage ; cette opération est connue sous le nom de *nivellement des cotes*.

Nous supposerons, en outre, que les trois places A,B,C donnent l'incertain. Si cela n'avait pas lieu pour une place, on reviendrait au cas considéré en intervertissant pour cette place la base et la cote.

Nous supposerons enfin que le diviseur usité pour les calculs du change sur chacune de ces trois places est le diviseur du taux en banque de la place étrangère sur laquelle est tirée la valeur négociée; c'est ce qui a généralement lieu.

Le tableau suivant résume les notations que nous allons employer :

PLACES	INDICATION DES CHANGES	BASES	COTES	DIVISEURS EN BANQUE
Place A	Change sur B Change sur C	b unités B c unités C	β unités A γ unités A	D_A
Place B	Change sur C Change sur A	c' unités C a' unités A	γ' unités B α' unités B	D_B
Place C	Change sur A Change sur B	a'' unités A b'' unités B	α'' unités C β'' unités C	D_C

Les différentes questions de change indirect se ramènent au problème général suivant:

*Un négociant habitant A doit une certaine somme à un négo-
ciant habitant B. La valeur nominale de cette dette, supposée
exigible immédiatement, est égale à m unités B. Le débiteur veut
se libérer en employant du papier tiré ou négocié sur la place médiate C; combien doit-il débourser d'unités A ?.*

339. Solution par la règle conjointe. — Soit x le nombre
d'unités A qu'il s'agit de trouver. La première ligne de la conjointe doit faire correspondre x *unités* A à *m unités* B; par
suite, la seconde ligne devra mettre en regard des unités B et
des unités C; enfin la troisième ligne fera correspondre des
unités C et des unités A et terminera la chaîne :

<pre>
x unités A. . . . .   m unités B
  unités B. . . . .   unités C
  unités C. . . . .   unités A.
</pre>

Or, d'après le tableau des bases et des cotes, il n'y a que deux
façons de faire correspondre des unités B et des unités C (la 3^e
et la 6e lignes), et deux façons de faire correspondre des unités C
et des unités A (la 2e et la 5e lignes). Par suite, si à chacune de
ces deux dernières façons, on associe successivement chacune
des deux autres, on obtient quatre conjointes distinctes et quatre
seulement.

Le problème général admet donc quatre réponses que nous
désignerons par x_1, x_2, x_3, x_4 et qui sont fournies par les conjointes suivantes, où l'on ne compare que des unités à vue :

1re *solution.* — On peut écrire la conjointe suivante :

<pre>
x_1 unités A. . . . .   m unités B
γ' unités B. . . . .   c' unités C
c unités C. . . . . γ unités A
</pre>

d'où l'on déduit

$$x_1 = m\,\frac{\gamma c'}{c\gamma'}$$

2e *solution.* — On peut écrire la conjointe suivante :

<pre>
x_2 unités A . . . .   m unités B
b'' unités B . . . . γ'' unités C
c unités C . . . . γ unités A
</pre>

d'où l'on déduit

$$x_2 = m\,\frac{\gamma\beta''}{cb''}.$$

3ᵉ solution. — On peut écrire la conjointe suivante :

x_3 unités A . . . . m unités B
b'' unités B . . . . β'' unités C
α'' unités C . . . . a'' unités A

d'où l'on déduit

$$x_3 = m\,\frac{a''\beta''}{b''\alpha''}.$$

4ᵉ solution. — On peut enfin écrire la conjointe suivante :

x_4 unités A . . . . m unités B
γ' unités B . . . . c' unités C
α'' unités C . . . . a'' unités A

d'où l'on déduit

$$x_4 = m\,\frac{c'a''}{\gamma'\alpha''}.$$

REMARQUE. — Il est aisé de voir qu'on a, entre ces quatre réponses, la relation suivante :

$$x_1x_3 = x_2x_4.$$

En effet, on déduit des résultats précédents

$$x_1x_3 = m^2\frac{\gamma c'a''\beta''}{c\gamma'b''\alpha''},$$

$$x_2x_4 = m^2\frac{\gamma\beta''c'a''}{cb''\gamma'\alpha''}.$$

Les seconds membres de ces deux égalités contenant les mêmes facteurs, la relation se trouve démontrée.

Ceci posé, nous allons voir comment on peut, dans la pratique, réaliser ces quatre solutions.

Nous remarquerons d'abord que, puisque les cotes sont à vue et que le diviseur usité pour le change sur une place se confond avec le diviseur du taux d'escompte de cette place, la somme à débourser immédiatement pour éteindre une dette à vue est indépendante des échéances des effets employés (n° 330). Nous pourrons donc supposer que ces effets sont à vue.

340. 1re **Solution,** *dite* **méthode de la parité.** — *Le débiteur achète en* A *du papier à vue sur* C *et l'adresse à son créancier qui le vend en* B.

Soit x_1 le nombre d'unités A déboursées par le débiteur et soit *y unités* C la valeur nominale du papier acheté. On a (n° 330)

$$x_1 = \frac{\gamma y}{c}.$$

D'autre part, la vente de cet effet sur la place B devant produire m unités B, on a aussi

$$m = \frac{\gamma' y}{c'}.$$

De cette dernière égalité on déduit $y = m\dfrac{c'}{\gamma'}$, et alors la première devient

$$x_1 = m\frac{\gamma c'}{c\gamma'}.$$

REMARQUE. — Il est aisé de voir qu'on obtient le même résultat en procédant de la façon suivante : *Le créancier tire à vue sur le correspondant commun en* C *et le débiteur fait une remise à ce correspondant.*

341. 2e **Solution,** *dite* **méthode du prix de revient.** — *Le débiteur achète en* A *du papier à vue sur* C *et l'adresse à* C *pour le faire échanger contre du papier à vue sur* B, *lequel papier est envoyé au créancier.*

Soit x_2 le nombre d'unités A déboursées par le débiteur et soit *y unités* C la valeur nominale du papier acheté sur la place A. On a

$$x_2 = \frac{\gamma y}{c}.$$

Avec cette somme y, le correspondant achète en C m unités B ; on a donc

$$y = \frac{m\beta''}{b''}.$$

De ces deux égalités on déduit $x_2 = m \dfrac{\gamma \beta''}{c b''}$.

342. 3e **Solution,** *dite* méthode de l'ordre en banque. — *Le débiteur fait acheter en C du papier à vue sur B et le fait adresser à son créancier. Le correspondant, pour se couvrir du prix d'achat, tire sur le débiteur une traite à vue.*

Soit y unités C la somme dépensée par le correspondant pour acheter à vue m unités B; on a

$$y = \frac{m \beta''}{b''}.$$

Soit x_3 unités A la valeur nominale de la traite tirée sur le débiteur; cette traite devant être vendue y unités C, on a

$$x_3 = \frac{y a''}{\alpha''}.$$

De ces deux égalités on déduit $x_3 = m \dfrac{a'' \beta''}{b'' \alpha''}$.

343. 4e **Solution.** — *Le créancier tire à vue sur le correspondant commun en C qui lui-même tire à vue sur le débiteur.*

Soit y unités C la valeur nominale de l'effet tiré de B sur C, effet qui, vendu en B, rapporte m unités B; on a

$$y = \frac{m c'}{\gamma'}.$$

Soit x_4 unités A la valeur nominale de la traite tirée sur le débiteur; cette traite devant être vendue y unités C, on a

$$x_4 = \frac{y a''}{\alpha''}.$$

De ces deux égalités on déduit $x_4 = m \dfrac{c' a''}{\gamma' \alpha''}$.

344. REMARQUES. — 1° Les conjointes du n° 339 et les solutions que nous en avons déduites supposent que l'on ne fait que deux opérations d'achat ou de vente d'effets, ces opérations correspondant aux deux dernières lignes de chaque conjointe. On peut résoudre le même problème en faisant un plus grand nombre d'opérations, comme dans le cas suivant, qui en comporte trois (deux ventes et un achat) : *le créancier tire sur le correspondant commun et le débiteur remet à ce correspondant du papier sur B.* De pareilles solutions ne sont généralement pas employées, car il importe de tenir compte des frais accessoires (courtage, timbre, commission du correspondant), qui augmentent avec le nombre des opérations.

2° Si les effets tirés ou négociés sur la place médiate ne sont pas à vue, les quatre formules que nous venons d'établir ne donnent pas un résultat rigoureusement exact ; car, d'une part, les diviseurs du change et de la banque peuvent ne pas être les mêmes, et d'autre part, la cote à N jours ramenée à vue puis à t jours ne donne pas rigoureusement le même résultat que cette cote à N jours transformée directement en cote à t jours. Mais les erreurs ainsi commises sont ordinairement faibles et les calculs sont plus simples que dans le cas d'un raisonnement rigoureux.

3° Au lieu de chercher à retenir par cœur les formules qui précèdent, il est préférable de refaire dans chaque cas, sur l'exemple qu'on veut traiter, les raisonnements qui ont été faits pour établir chacune d'elles. On peut aussi se servir de la règle conjointe.

4° Si la dette de m unités B n'est pas exigible immédiatement, on remplace cette dette par sa valeur actuelle.

5° On serait conduit à des raisonnements et à des résultats analogues si, au lieu d'être exprimée en unités B, la dette était exprimée en unités A.

345. Exemple. — *Un négociant de Paris qui doit à un négociant de Berlin 1000 marks exigibles immédiatement, veut se libérer par l'intermédiaire de Londres. Quelle somme doit-il débourser, les cotes et les taux étant donnés par le tableau suivant :*

Paris	cote Berlin, 3 mois papier court,	121,40	taux en banque 3 °/₀
	cote Londres à vue papier court,	25,12	
Berlin	cote Londres, 3 mois,	20,40	taux en banque 5 °/₀
	cote Paris, 2 mois,	81,20	
Londres	cote Paris, 3 mois,	25,40	taux en banque 4 1/2 °/₀.
	cote Berlin, 3 mois,	20,80	

Nous allons donner deux solutions de ce problème, la première en ramenant à vue toutes les cotes et en appliquant les raisonnements qui ont été faits pour établir les formules précédentes, la seconde en prenant des effets à des échéances déterminées et en transformant les cotes suivant les échéances de ces effets.

1re solution. — Ramenons à vue toutes les cotes données ; nous obtenons les résultats suivants :

$$
\begin{array}{lll}
\text{Paris} & \begin{cases} \text{cote Berlin} \\ \text{cote Londres} \end{cases} & \begin{matrix} 122,614 \\ 25,12 \end{matrix} \\
\\
\text{Berlin} & \begin{cases} \text{cote Londres} \\ \text{cote Paris} \end{cases} & \begin{matrix} 20,6295 \\ 81,606 \end{matrix} \\
\\
\text{Londres} & \begin{cases} \text{cote Paris} \\ \text{cote Berlin} \end{cases} & \begin{matrix} 25,2095 \\ 20,54 \end{matrix}
\end{array}
$$

1° *Méthode de la parité.* — Le débiteur achète à Paris y *livres sterling*, il dépense donc

$$x_1 = 25,12 \times y.$$

Cette valeur achetée à Paris est vendue à Berlin, où 1 livre sterling vaut $20^{\text{marks}},6295$, et comme cette vente doit rapporter 1 000 marks, on a

$$20,6295 \times y = 1\,000,$$

d'où l'on déduit

$$y = \frac{1\,000}{20,6295}.$$

On a donc

$$x_1 = \frac{25,12 \times 1\,000}{20,6295} = 1\,217^{\text{fr}},67.$$

2° *Les trois autres méthodes donnent lieu à des raisonnements analogues, et conduisent aux résultats suivants :*

$$x_2 = \frac{25,12 \times 1\,000}{20,54} = 1\,222^{\text{fr}},97,$$

$$x_3 = \frac{25,2095 \times 1\,000}{20,54} = 1\,227^{\text{fr}},33,$$

$$x_4 = \frac{25,2095 \times 1\,000}{20,6295} = 1\,222^{\text{fr}},01.$$

2e solution. — 1° *Méthode de la parité.* — Supposons que le débiteur trouve à acheter à Paris un effet de y livres sterling à

20 jours ; il dépensera

$$x_1 = y \times 25,12 \left(1 - \frac{20}{8\,000} \right).$$

Cet effet est vendu à Berlin, où le Londres à 90 jours est coté 20marks,40. La vente de cet effet devant produire 1000 marks, on a

$$1\,000 = y \times 20,40 \left(1 + \frac{90 - 20}{8\,000} \right).$$

De ces deux égalités on déduit

$$x_1 = \frac{1\,000 \times 25,12 \times \left(1 - \frac{20}{8\,000} \right)}{20,40 \left(1 + \frac{70}{8\,000} \right)}.$$

En effectuant les calculs, on obtient

$$x_1 = 1\,217^{\text{fr}},63.$$

2° *Méthode du prix de revient.* — Supposons que le débiteur trouve à acheter à Paris un effet de y livres sterling à 30 jours ; il dépensera

$$x_2 = y \times 25,12 \left(1 - \frac{30}{8\,000} \right).$$

Cet effet est envoyé à Londres et le correspondant, en le faisant escompter à 4 1/2 %, en retire une somme y' donnée par

$$y' = y \left(1 - \frac{30 \times 4,5}{36\,500} \right),$$

c'est-à-dire, en remplaçant y par sa valeur déterminée par la première égalité,

$$y' = x_2 \times \frac{1 - \dfrac{30 \times 4,5}{36\,500}}{25,12 \left(1 - \dfrac{30}{8\,000} \right)}.$$

Supposons qu'avec cette somme y' le correspondant trouve à acheter à Londres des marks à 3 mois ; il devra en acheter m, de telle façon que l'on ait

$$m \left(1 - \frac{90}{7\,200} \right) = 1\,000,$$

d'où l'on déduit

$$m = \frac{1\,000}{1 - \dfrac{1}{80}}.$$

Or, avec une livre on a $20^{\text{marks}},80$ à 3 mois, avec y' livres on aura $y' \times 20,80$ marks à 3 mois. On a donc l'égalité

$$y' \times 20,80 = \frac{1\,000}{1 - \dfrac{1}{80}},$$

ou bien, en remplaçant y' par sa valeur,

$$x_2 \times \frac{\left(1 - \dfrac{30 \times 4,5}{36\,500}\right)20,8}{25,12\left(1 - \dfrac{30}{8\,000}\right)} = \frac{1\,000}{1 - \dfrac{1}{80}},$$

d'où l'on déduit

$$x_2 = \frac{1\,000 \times 25,12\left(1 - \dfrac{30}{8\,000}\right)}{20,8\left(1 - \dfrac{1}{80}\right)\left(1 - \dfrac{30 \times 4,5}{36\,500}\right)}.$$

En effectuant les calculs, on obtient

$$x_2 = 1222^{\text{fr}},91.$$

On voit que les valeurs trouvées pour x_1 et x_2 sont très sensiblement égales à celles qui sont fournies par la première solution, mais les raisonnements et les calculs sont plus longs. On obtiendrait d'une façon analogue les valeurs de x_3 et x_4.

REMARQUE. — Si, au lieu de se libérer par l'intermédiaire de Londres, le débiteur veut employer le change direct, il devra débourser

$$\frac{122,614 \times 1000}{100} = 1226^{\text{fr}},14 \; \textit{s'il remet,}$$

$$\frac{100 \times 1000}{81,606} = 1225^{\text{fr}},40 \; \textit{s'il fait tirer.}$$

ARBITRAGE SIMPLE

346. L'arbitrage simple est l'opération qui a pour but de déterminer le procédé de *change direct* qui paraît devoir être le plus avantageux pour celui des deux négociants qui a le *droit d'option*.

Si la dette est exprimée en la monnaie du créancier, c'est le débiteur qui a le droit d'option, c'est-à-dire la faculté de remettre ou de faire tirer. Si la dette est exprimée en la monnaie du débiteur, c'est le créancier qui a le droit d'option, c'est-à-dire la faculté de tirer ou de faire remettre.

Soient A et B les deux places engagées. Nous supposons que ces deux places donnent l'incertain, et que le débiteur se trouve sur la place A. Nous supposons aussi que la dette est exigible immédiatement, et que les cotes sont à·vue.

Nous examinerons deux cas.

347. 1ᵉʳ Cas : *Le débiteur de la place* A *doit* m *unités* B. — Nous avons vu (nᵒ 330) que dans ce cas le débiteur doit débourser

$$\frac{m\beta}{b} \text{ s'il remet,}$$

$$\frac{ma}{\alpha} \text{ s'il fait tirer.}$$

Par suite, le premier procédé sera plus avantageux que le second si l'on a

$$\frac{\beta}{b} < \frac{a}{\alpha},$$

c'est-à-dire

$$\alpha\beta < ab.$$

Donc, si *le produit des cotes est inférieur au produit des bases*, le débiteur doit remettre. Il doit faire tirer dans le cas contraire, et enfin les deux procédés sont équivalents s'il y a égalité entre les deux produits. Dans ce dernier cas, on dit que les deux places A et B sont à la *parité*.

348. **2ᵉ Cas** : *Le débiteur de la place* A *doit* m *unités* A. — Nous avons vu (nᵒ 331) que, dans ce cas, le créancier doit recevoir :

$$\frac{mb}{\beta} \text{ s'il demande remise,}$$

$$\frac{m\alpha}{a} \text{ s'il tire.}$$

Par suite, le premier procédé sera plus avantageux que le second si l'on a

$$\frac{b}{\beta} > \frac{\alpha}{a},$$

c'est-à-dire encore

$$\alpha\beta < ab.$$

On est donc conduit à la même conclusion que dans le premier cas, et, par suite, on peut énoncer la règle suivante :

349. **Règle d'arbitrage.** — *Si le produit des cotes est inférieur au produit des bases, le débiteur doit remettre. Dans le cas contraire, le créancier doit tirer. Si les deux produits sont égaux, les deux procédés sont équivalents.*

Remarque. — Cette règle reste évidemment la même si le débiteur est sur la place B.

350. **Arbitrages entre Paris et Londres.** — Soit l la cote du Londres à Paris, et soit p la cote du Paris à Londres. On a alors :
à Paris,

$$b = 1, \qquad \beta = l;$$

et à Londres (en intervertissant la base et la cote, de façon à revenir au cas de l'incertain)

$$a = p, \qquad \alpha = 1.$$

Par suite, on a

$$ab = p \qquad \text{et} \qquad \alpha\beta = l.$$

Donc, si l'on a $l < p$, c'est-à-dire si la cote de Paris est inférieure à celle de Londres, le débiteur doit remettre. Dans le cas contraire le créancier doit tirer.

351. Cours de parité entre deux places. — Si les deux places A et B sont à la parité, on a

$$\alpha\beta = ab,$$

d'où l'on déduit

$$\beta = \frac{ab}{\alpha}.$$

Le cours $\frac{ab}{\alpha}$ s'appelle *cours de parité* ou simplement *parité*.

Si le cours en A est inférieur à la parité, c'est-à-dire si l'on a $\beta < \frac{ab}{\alpha}$, on voit alors que l'on a $\alpha\beta < ab$, et par suite il doit y avoir remise. Dans le cas contraire, le créancier doit tirer.

Remarquons que si la cote en A est inférieure à la parité, il en sera de même sur la place B pour la cote relative à A.

De là résultent les deux expressions suivantes qui servent de règle : *Il faut remettre au plus bas ; il faut tirer au plus haut.*

352. Traites et remises rentrantes. — On appelle ainsi certains effets destinés à la spéculation.

Supposons qu'un spéculateur de la place A tire une traite de m unités B sur son correspondant de la place B ; il retirera de la vente de cette traite un nombre d'unités A égal à $\frac{m\beta}{b}$. D'autre part, pour rentrer en possession des m unités B qu'il déboursera, le correspondant tire une traite sur le spéculateur de A et cette traite doit avoir pour valeur nominale $\frac{ma}{\alpha}$ unités A.

Ainsi donc, le spéculateur de la place A aura reçu $\frac{m\beta}{b}$ et déboursera $\frac{ma}{\alpha}$, et par suite, si l'on a $\frac{\beta}{b} > \frac{a}{\alpha}$, c'est-à-dire $\alpha\beta > ab$, ce spéculateur réalisera un bénéfice égal à la différence $\frac{m\beta}{b} - \frac{ma}{\alpha}$. Toutefois, ce bénéfice est diminué et peut même devenir illusoire à cause des frais accessoires.

Si l'on a $\frac{\beta}{b} < \frac{a}{\alpha}$, c'est-à-dire $\alpha\beta < ab$, le spéculateur éprouverait une perte; aussi n'emploie-t-il pas alors les traites dont nous venons de parler; il procède par voie de remise.

Il achète sur la place A un effet de m unités B qu'il paie $\dfrac{m\beta}{b}$ et l'adresse à son correspondant de la place B; ce dernier touche la somme m et achète avec cette somme une lettre de change sur A qu'il adresse au spéculateur de cette place; cette lettre de change aura pour valeur nominale $\dfrac{ma}{\alpha}$ unités A.

Ainsi donc le spéculateur de la place A aura dépensé $\dfrac{m\beta}{b}$ et recevra $\dfrac{ma}{\alpha}$; il réalisera donc un bénéfice égal à la différence de ces deux sommes.

ARBITRAGE COMPOSÉ

353. L'arbitrage composé a pour but la détermination du procédé de *change indirect* qui paraît devoir être le plus avantageux pour celui des deux négociants qui a le *droit d'option*.

Nous ne considérerons que le cas des trois places A, B, C dont nous nous sommes déjà occupés.

Pour simplifier les raisonnements, nous supposerons que toutes les bases de change sont égales à l'unité; cela revient à remplacer chaque cote par le quotient obtenu en divisant cette cote par la base correspondante.

On dit que les trois places A, B, C *se cotent à la parité* lorsque le règlement d'une dette donne le même résultat quel que soit le procédé de change indirect employé.

Proposons-nous de rechercher quelles conditions doivent remplir les diverses cotes de ces trois places pour que cette parité soit réalisée.

354. Supposons que le négociant de la place A soit débiteur d'*une unité* B exigible immédiatement. Les formules précédemment trouvées, dans lesquelles nous remplacerons les bases par l'unité, donnent, pour le nombre d'unités A que doit débourser le débiteur, les quatre réponses suivantes :

$$x_1 = \frac{\gamma}{\gamma'}, \qquad x_2 = \gamma\beta'', \qquad x_3 = \frac{\beta''}{\alpha''}, \qquad x_4 = \frac{1}{\gamma'\alpha''}.$$

Écrivons qu'il y a égalité entre ces quatre valeurs, nous aurons

$$\frac{\gamma}{\gamma'} = \gamma\beta'' = \frac{\beta''}{\alpha''} = \frac{1}{\gamma'\alpha''}, \tag{1}$$

ou bien, en réduisant au même dénominateur,

$$\gamma\alpha'' = \gamma\alpha''\gamma'\beta'' = \gamma'\beta'' = 1.$$

Ces trois égalités se réduisent aux deux suivantes :

$$\begin{cases} \gamma\alpha'' = 1, \\ \gamma'\beta'' = 1. \end{cases} \tag{2}$$

Inversement, des égalités (2) on peut déduire les égalités (1).

Ainsi donc les trois places A, B, C se cotent à la parité si les égalités (2) sont satisfaites. Or la première de ces égalités exprime que le produit de la cote de C sur la place A par la cote de A sur la place C est égal à l'unité, c'est-à-dire au produit des bases de ces deux places ; cette égalité exprime donc que les deux places A et C sont à la parité. De même, la seconde des égalités (2) exprime que les deux places B et C sont à la parité. On peut donc énoncer la règle suivante :

Pour que les trois places A, B, C *se cotent à la parité, il faut et il suffit qu'il y ait parité entre la place médiate* C *et chacune des deux places engagées* A *et* B.

355. Si les égalités (2) ne sont pas satisfaites, c'est que les différents procédés de change indirect ne sont pas équivalents, et il y a lieu par suite de chercher quel est le plus avantageux.

Les quatre valeurs x_1, x_2, x_3, x_4 peuvent s'écrire, en les réduisant au même dénominateur,

$$x_1 = \frac{\gamma\alpha''}{\gamma'\alpha''}, \qquad x_2 = \frac{\gamma\alpha''\cdot\gamma'\beta''}{\gamma'\alpha''}, \qquad x_3 = \frac{\gamma'\beta''}{\gamma'\alpha''}, \qquad x_4 = \frac{1}{\gamma'\alpha''}.$$

Si aucune des égalités (2) n'est satisfaite, quatre cas peuvent se présenter :

1° On a $\gamma\alpha'' > 1$ et $\gamma'\beta'' > 1$. Dans ce cas, il est aisé de voir que la plus petite des quatre valeurs ci-dessus est x_4.

2° On a $\gamma\alpha'' < 1$ et $\gamma'\beta'' < 1$. La plus petite des quatre valeurs est alors x_2.

3° On a $\gamma\alpha'' > 1$ et $\gamma'\beta'' < 1$. La plus petite des quatre valeurs est alors x_3.

4° On a $\gamma\alpha'' < 1$ et $\gamma'\beta'' > 1$. La plus petite des quatre valeurs est alors x_1.

Donc, dans le 1ᵉʳ cas on emploiera la quatrième solution, dans le 2ᵉ cas, la seconde, dans le 3ᵉ cas, la troisième, et dans le 4ᵉ cas, la première.

Cas particuliers. — 1° On a $\gamma\alpha'' = 1$ et $\gamma'\beta'' \neq 1$. On a alors

$$x_1 = x_4 = \frac{1}{\gamma'\alpha''}, \qquad x_2 = x_3 = \frac{\gamma'\beta''}{\gamma'\alpha''}.$$

Par suite :

Si l'on a $\gamma'\beta'' > 1$, on emploie la 1ᵉʳ ou la 4ᵉ solution ;

— $\gamma'\beta'' < 1$, — 2ᵉ — 3ᵉ — .

2° On a $\gamma'\beta'' = 1$ et $\gamma\alpha'' \neq 1$. On a alors

$$x_3 = x_4 = \frac{1}{\gamma'\alpha''}, \qquad x_1 = x_2 = \frac{\gamma\alpha''}{\gamma'\alpha''}.$$

Par suite :

Si l'on a $\gamma\alpha'' > 1$, on emploie la 3ᵉ ou la 4ᵉ solution ;

— $\gamma\alpha'' < 1$, — 1ᵉʳ — 2ᵉ — .

356. Dans tout ce qui précède nous n'avons pas tenu compte des frais de courtage et de timbre, ni des frais de commission pour les correspondants des places médiates. Ces frais, qu'il importe de bien connaître quand on fait des calculs d'arbitrage, diffèrent pour chaque place et peuvent modifier les résultats précédents ; ils sont évidemment plus élevés dans le change indirect que dans le change direct, et c'est pour cette raison que dans les opérations de change indirect on n'emploie généralement qu'une seule place médiate.

357. Choix de la place médiate. — Pour régler une opération entre les deux places A et B, à l'aide d'une place médiate, on a le choix entre plusieurs places C, et c'est encore faire un calcul d'arbitrage que de chercher la place qui donne le résultat le plus avantageux.

En premier lieu, supposons que l'on veuille opérer par la première solution (méthode de la parité), c'est-à-dire supposons que le débiteur de la place A veuille envoyer à son créancier de la place B du papier tiré sur l'une des places C, C_1, C_2, etc. Les diverses sommes qu'il aurait à débourser pour payer *une unité* B sont respectivement égales à

$$\frac{\gamma}{\gamma'}, \qquad \frac{\gamma_1}{\gamma'_1}, \qquad \frac{\gamma_2}{\gamma'_2}, \qquad \text{etc.}$$

Ces différents quotients reçoivent le nom de *parités*.

Le débiteur devra évidemment employer la solution qui correspond à la plus faible de ces valeurs, d'où l'expression suivante qui tient lieu de règle : *le débiteur doit remettre au plus bas.*

Supposons qu'au lieu d'être débiteur le négociant de la place A soit créancier *d'une unité* B ; il aura encore droit d'option. Pour opérer par la parité il priera son débiteur de la place B de lui acheter, avec une unité B, du papier tiré sur l'une des places C, C_1, C_2, etc., et de le lui adresser en A où il le revendra pour obtenir des unités A. Ce négociant de la place A aura alors intérêt à choisir la place qui donne la parité la plus élevée, car il touchera ainsi un plus grand nombre d'unités A ; d'où l'expression suivante qui tient lieu de règle : *le créancier doit demander remise au plus haut.*

D'une façon analogue, on voit quelle est la place médiate la plus avantageuse pour chacune des trois autres solutions du change indirect.

358. Cotes chiffrées. Tables de parités. — On appelle *cote de la place* B *chiffrée sur la place* A le tableau qui contient les parités $\frac{\gamma}{\gamma'}$, $\frac{\gamma_1}{\gamma'_1}$,...., c'est-à-dire le tableau qui indique, en unités A, les différents prix du règlement d'une dette entre les deux places A et B en envoyant sur l'une de ces deux places du papier tiré sur les diverses places médiates C, C₁, C₂, ...

Ainsi, la cote de Vienne chiffrée à Paris indique en monnaie française les sommes équivalentes à 100 couronnes autrichiennes, dans la première solution du change indirect, en prenant pour place médiate Berlin ou Londres ou Amsterdam, etc.

En sus des cotes chiffrées il existe des *tables de parités* entre deux ou trois places. Ces tables indiquent en monnaie française les sommes équivalentes à 100 unités étrangères, pour les diverses solutions du change direct ou indirect, et pour des cours donnés des places considérées.

359. Comparaison entre le change direct et le change indirect. — Étant données trois places A, B, C, nous avons vu qu'il existe six façons de procéder pour régler une opération entre les deux places A et B : deux solutions par le change direct, et quatre par le change indirect.

Il est important de savoir reconnaître quel est le procédé le plus avantageux. Pour cela, on cherche la solution la plus avantageuse dans le change direct, puis dans le change indirect, et enfin on compare ces deux solutions.

Il peut arriver que les six procédés soient équivalents. Cherchons les conditions qui doivent être remplies pour que cela ait lieu.

Il faut d'abord qu'il y ait parité entre les deux places A et B d'une part, puis entre les trois places A, B, C. Il faut donc avoir les trois égalités

$$\left\{ \begin{array}{l} \beta\alpha' = 1, \\ \gamma\alpha'' = 1, \\ \gamma'\beta'' = 1. \end{array} \right. \tag{1}$$

Il faut ensuite qu'il y ait équivalence entre le change direct et le change indirect, ce qui donne, en écrivant par exemple que la première solution du change direct conduit au même résultat que la quatrième solution du change indirect,

$$\beta = \frac{1}{\gamma'\alpha''},$$

c'est-à-dire

$$\beta\gamma'\alpha'' = 1. \qquad\qquad (2)$$

Inversement, si les relations (1) et (2) sont satisfaites, il y a équivalence entre les six procédés de change.

Si l'on multiplie les relations (1) membre à membre, on obtient, en tenant compte de la relation (2),

$$\gamma\alpha'\beta'' = 1. \qquad\qquad (3)$$

Cette relation (3) peut remplacer la relation (2); on l'obtient d'ailleurs directement en écrivant que le second procédé du change direct donne le même résultat que le second procédé du change indirect.

Remarquons que les nombres β, γ', α'', qui figurent dans la relation (2), sont les nombres qui expriment les cotes des places A, B, C se cotant *circulairement* de la façon suivante :

A cote B β
B cote C γ'
C cote A α''.

De même, les nombres γ, β'', α', qui figurent dans la relation (3), sont les nombres qui expriment les cotes des places A, B, C se cotant *circulairement* de la façon suivante :

A cote C γ
C cote B β''
B cote A α'.

On peut donc énoncer la règle suivante :

Les deux procédés du change direct et les quatre procédés du change indirect sont équivalents s'il y a parité entre les places A, B, C prises deux à deux et si de plus le produit des trois nombres, suivant lesquels les trois places se cotent circulairement, est égal à l'unité.

360. On peut énoncer sous une autre forme les conditions de cette règle.

Pour cela, remplaçons successivement les seconds membres de chacune des égalités (1) par les premiers membres des égalités (2) et (3); nous obtiendrons les six égalités

$$\left\{ \begin{array}{l} \beta = \gamma\beta'', \\ \gamma = \beta\gamma', \\ \gamma' = \gamma\alpha', \\ \alpha' = \gamma'\alpha'', \\ \alpha'' = \alpha'\beta'', \\ \beta'' = \alpha''\beta. \end{array} \right. \qquad (4)$$

Il est aisé de voir que de ces égalités (4) on peut inversement déduire les égalités (1), (2) et (3). Ces six relations peuvent d'ailleurs se réduire à quatre distinctes. Elles expriment donc les conditions nécessaires et suffisantes pour que les six procédés de change soient équivalents.

Dans toute question d'arbitrage entre trois places A, B, C, il est bon de disposer les cotes de la façon suivante :

$$\begin{array}{lll} \text{A cote B} & & \beta \\ \quad — \quad \text{C} & & \gamma \\ \text{B cote C} & & \gamma' \\ \quad — \quad \text{A} & & \alpha' \\ \text{C cote A} & & \alpha'' \\ \quad — \quad \text{B} & & \beta''. \end{array}$$

Et alors, à l'aide des égalités (4), on peut énoncer la règle suivante :

Les six procédés de change sont équivalents si, le tableau des cotes étant disposé comme ci-dessus, chaque cote est égale au produit des deux cotes entre lesquelles elle est comprise.

AUTRES ARBITRAGES

361. Dans tout ce qui précède, nous n'avons parlé que des arbitrages sur les effets de commerce. Ce sont les plus importants, mais il y a aussi des arbitrages sur les monnaies étrangères, sur les métaux précieux, sur les fonds publics.

Le règlement d'une dette par l'envoi de métaux précieux peut se faire de quatre façons : le débiteur expédie sa propre monnaie, ou bien la monnaie de son créancier, ou bien une monnaie étrangère, ou bien des lingots d'or ou d'argent.

Pour les fonds publics, les personnes qui veulent acheter ou vendre des titres, ont le choix entre les Bourses des différents pays, mais ces arbitrages sont très difficiles à exécuter, car les titres sont très nombreux et les différentes Bourses n'ont pas les mêmes usages. Ils ont lieu au *change fixe* dont nous avons déjà parlé (n° 3oo).

PROBLÈMES

362. Problème I. — *Un négociant parisien doit régler au comptant une dette de 345 livres sterling qu'il a contractée envers un négociant de Londres. Il hésite entre l'envoi d'une lettre de change à vue tirée sur Londres, sur Amsterdam ou sur Berlin. On demande quel sera le procédé le moins coûteux pour lui, sachant que*

Paris cote Amsterdam	207	$^1/_8$,	3 mois
— Berlin	122	$^3/_8$,	3 mois
— Londres	25,22	$^3/_4$,	à vue
Londres cote Amsterdam	12,01	$^1/_8$,	3 mois
— Berlin	20,46	$^1/_2$,	3 mois.

Le taux d'escompte est de 3 %, à Amsterdam et de 3 1/2 %, à Berlin.

Nous allons chercher, dans chacun des trois procédés, quelle est la somme qu'il faut débourser à Paris pour régler une dette de £ 100.

1° **Remise directe.** — Pour obtenir une livre à vue, il faut débourser 25^{fr},2275, et par suite le prix de 100 livres est 2522^{fr},75.

2° **Envoi de papier tiré sur Amsterdam.** — Les cotes de l'Amsterdam, ramenées à vue, deviennent :

$$207\ 1/8 + 2{,}07\ 1/8 = 209{,}19625 \quad \text{à Paris};$$

$$12{,}01\ 1/8\left(1 - \frac{90}{12\,000}\right) = 12{,}01125\left(1 - \frac{3}{400}\right) \quad \text{à Londres}.$$

On peut donc poser la conjointe suivante :

$$x^{\mathrm{fr}} \dots\dots\dots\dots\dots \text{£ 100 à vue}$$

$$\text{£ 1 à vue} \dots\dots\dots\dots 12^{\mathrm{fl}}{,}01125\left(1 - \frac{3}{400}\right) \text{à vue}$$

$$100^{\mathrm{fl}} \text{ à vue} \dots\dots\dots\dots 209^{\mathrm{fr}}{,}19625$$

d'où l'on déduit

$$x = 12{,}01125 \times 209{,}19625 \times \left(1 - \frac{3}{400}\right).$$

En effectuant les calculs on obtient

$$x = 2493^{fr},5631.$$

3° **Envoi de papier tiré sur Berlin**. — Les cotes du Berlin, ramenées à vues, deviennent $122,375 + 1,22375 = 123,59875$ à Paris et $20,465\left(1 - \dfrac{90 \times 3.5}{36\,000}\right)$ à Londres. On peut donc poser la conjointe suivante :

$$x^{fr}. \ldots\ldots\ldots\ldots\ldots\ldots £ \; 100 \text{ à vue}$$

$$£ 1 \text{ à vue}. \ldots\ldots\ldots\ldots 20^{marks},465 \left(1 - \dfrac{90 \times 3,5}{36\,000}\right) \text{ à vue}$$

$$100^{marks} \text{ à vue}. \ldots\ldots\ldots 123^{fr},59875$$

d'où l'on déduit

$$x = 20,465 \times 123,59875 \times \left(1 - \dfrac{3,5}{400}\right).$$

En effectuant les calculs, on obtient

$$x = 2507^{fr},3157.$$

La comparaison des trois résultats montre que le procédé le moins coûteux est celui qui consiste à envoyer à Londres du papier tiré sur Amsterdam. La somme que doit débourser le débiteur parisien est égale à

$$24,935631 \times 345 = 8\,602^{fr},80.$$

REMARQUE. — Lorsque, dans un pareil problème, on donne le taux des frais accessoires, il est aisé d'en tenir compte dans la conjointe même.

Ainsi, supposons que le débiteur adresse à Londres du papier sur Amsterdam et que pour chaque opération, vente ou achat, on compte pour frais accessoires $1/10\,\%$ à Paris et $1/4\,\%$ à Londres ; nous pourrons écrire la conjointe suivante :

$$x^{fr} \ldots\ldots\ldots\ldots\ldots\ldots £ \; 100 \text{ à vue}$$

$$£ \left(1 - \dfrac{1}{400}\right) \text{ à vue} \ldots\ldots 12^{fl},0125 \left(1 - \dfrac{3}{400}\right) \text{ à vue}$$

$$100^{fl} \text{ à vue}. \ldots\ldots\ldots 209^{fr},19625 \left(1 + \dfrac{1}{1000}\right).$$

363. Problème II. — *Pour acquitter une dette sur Berlin vaut-il mieux acheter du Londres à Paris et l'adresser à Berlin, ou* *bien adresser ce Londres à Amsterdam pour le faire transformer sur cette place en Berlin qu'on enverra au créancier? On sait que :*

$$
\begin{array}{llll}
\textit{Paris cote Londres} & 25,22 & \textit{à vue,} \\
\textit{Berlin cote Londres} & 20,35 & \textit{8 jours,} \\
\textit{Amsterdam cote Berlin} & 58,95 & \textit{8 jours,} \\
\textit{— \quad\quad\quad Londres} & 12,05 & \textit{8 jours.}
\end{array}
$$

Le taux d'escompte est 5 °/₀ à Berlin, 3 °/₀ à Londres.

1° **Envoi du Londres à Berlin**. — On peut écrire la conjointe suivante relative à une dette de 100 marks exigible immédiatement:

$$
\begin{array}{ll}
x^{fr}. \ldots\ldots\ldots & 100^{marks} \\
20^{marks},35 \ldots\ldots & £\ 1 \\
£\ 1 \ldots\ldots\ldots & 25^{fr},22
\end{array}
$$

d'où l'on déduit

$$x = \frac{2522}{20,35} = 123^{fr},93.$$

On n'a pas transformé la cote à 8 jours $20^{marks},35$ en cote à vue, car à Berlin un effet à vue sur Londres, ou sur les autres places cotées de la même façon, est vendu comme s'il était à 8 jours.

2° **Envoi du Londres à Amsterdam**. — On a alors la conjointe suivante :

$$
\begin{array}{ll}
x^{fr}. \ldots\ldots\ldots & 100^{marks} \\
100^{marks} \ldots\ldots & 58^{fl},95\left(1 + \dfrac{8}{7200}\right) \\[2ex]
12^{fl},05\left(1 + \dfrac{8}{12000}\right). \ldots & £\ 1 \\[2ex]
£\ 1 \ldots\ldots\ldots & 25^{fr},22
\end{array}
$$

d'où l'on déduit

$$x = \frac{58,95 \times 25,22 \times \left(1 + \dfrac{1}{900}\right)}{12,05 \times \left(1 + \dfrac{1}{1500}\right)} = 123^{fr},43.$$

Le second procédé paraît être plus avantageux que le premier, mais il importe de remarquer qu'il faudra payer une commission au correspondant de la place d'Amsterdam en sus des frais accessoires de trois opérations: deux achats et une vente. Le premier procédé ne nécessite que deux opérations : un achat à Paris, une vente à Berlin.

364. Problème III. — *L'or est coté à Paris 4 °/₀₀ de prime et vaut à Londres 77 s. 6 d l'oz standard. Paris cote Londres à vue 25ᶠʳ,19 et les frais de transport de l'or de Londres à Paris s'élèvent à 2,5 °/₀₀.*

Un négociant de Paris doit-il, dans ces conditions, acheter de préférence l'or à Londres ou sur sa propre place, et quel bénéfice réalisera-t-il par kilogramme en choisissant le marché le plus avantageux ?

L'oz troy vaut 31ᵍʳ,1035.

À Paris, le kilogramme d'or pur coûtera

$$3437 + 3,437 \times 4 = 3450^{fr},748.$$

On sait que l'oz standard, c'est-à-dire l'once au titre standard, désigne un alliage d'or et de cuivre du poids de 31ᵍʳ,1035 au titre 11/12. D'autre part, on a

$$77 \, s \, 6 \, d = ₤ \, 3.17.6 = ₤ \, 3,875.$$

Il résulte de là qu'on peut écrire la conjointe suivante :

x^{fr}	1000ᵍʳ or pur
31ᵍʳ,1035 or pur	1 oz or pur
11 oz or pur	12 oz au titre standard
1 oz standard	₤ 3,875
₤ 1	25ᶠʳ,19

d'où l'on déduit

$$x = \frac{1000 \times 12 \times 3,875 \times 25,19}{31,1035 \times 11} = 3423^{fr},57.$$

Tel est le prix de l'or pur à Londres. Nous devons augmenter ce prix des frais de transport, 2,5 °/₀₀, ce qui donne

$$3423,57 + 3,42357 \times 2,5 = 3432^{fr},12.$$

Donc, en achetant l'or à Londres, le négociant de Paris réalisera par kilogramme d'or pur un bénéfice égal à

$$3450^{fr},74 - 3432^{fr},12 = 18^{fr},62.$$

PROBLÈMES A RÉSOUDRE

276. Un négociant parisien emploie 4500^{fr} à l'achat d'une lettre de change à 60 jours sur Amsterdam. Quelle sera la valeur nominale de cette lettre de change, les cours étant ceux du tableau du n° 320 ?

277. Quelle somme faut-il débourser pour acheter à Paris les trois effets suivants :

1° un effet de 1250 marks à 40 jours ;
2° un effet de 800 roubles à 25 jours ;
3° un effet de 500 lire à 30 jours ?
On prendra pour cotes celles du tableau du n° 320.

278. Un effet de 840 pesetas à 2 mois est vendu à Paris. Avec la somme obtenue on achète une lettre de change à 20 jours sur Vienne. Quelle est la valeur nominale de cette lettre de change, les cotes étant celles du n° 320 ?

279. On achète à Paris deux effets sur Londres. Le premier, dont l'échéance est à 45 jours, a pour valeur nominale £ 16.8.3 ; le second, dont l'échéance est à 20 jours, a pour valeur nominale £ 14.5.6. Quelle est la somme nécessaire à ce double achat, sachant que les cotes sont celles du n° 320 ?

280. On a vendu à Paris, le jour de la publication de la cote du n° 320, un effet sur Londres à 36 jours ayant pour valeur nominale £ 48.15.9. Avec la somme obtenue on a acheté un effet sur Bruxelles à 18 jours. On demande de trouver la valeur nominale de ce dernier effet.

281. Un voyageur débourse 10000^{fr} pour acheter à Paris trois lettres de change sur Vienne, ayant la même valeur nominale, et arrivant à échéance : l'une dans un mois, l'autre dans deux mois et la troisième dans trois mois. On demande de trouver cette valeur nominale commune en se servant du tableau du n° 320.

282. Un négociant parisien qui doit à un négociant hollandais 1800 florins payables dans deux mois, se libère en achetant à Paris, le jour de la publication de la cote du n° 320, une lettre de change sur Amsterdam à 45 jours. Quelle somme dépense-t-il ?

283. Pour se libérer d'une dette à vue sur Londres de £ 30.10.6, un Parisien adresse à son créancier du papier à 27 jours. Combien coûte ce papier, d'après les cotes du n° 320 ?

284. Un négociant de Paris qui doit 1 280 marks à un négociant de Berlin, payables dans 25 jours, achète une lettre de change à 40 jours sur Berlin et l'adresse à son créancier. Quelle somme dépense-t-il ? On suppose que les cotes sont celles du n° 320, et que le banquier qui est chargé de l'opération prélève, pour le courtage et le timbre, une commission de $^3/_8$ °/° sur le montant de la lettre de change.

285. Un négociant parisien doit à un négociant de Berlin 4500 marks à 50 jours. Pour se libérer, il adresse à son créancier du papier à 65 jours. Quelle somme devra-t-il débourser ? Quelle somme déhourserait-il s'il trouvait à acheter du papier à 25 jours ? (Les cotes sont celles du n° 320.)

286. Un négociant parisien doit à un négociant de Londres £ 150.8.9 payables dans 45 jours. Pour se libérer, il achète du papier sur Londres à 60 jours. Combien devra-t-il débourser ? Combien débourserait-il s'il pouvait acheter du papier à 25 jours ? (Les cotes sont celles du n° 320.)

287. Un négociant de Paris qui devait à un négociant de New-York 900 dollars payables le 10 février 1901 et 630 dollars payables le 18 mars 1901, s'est libéré le 17 janvier 1901 en achetant une lettre de change sur New-York à échéance du 22 février 1901. Quelle somme a-t-il dépensée ?

288. Un Parisien doit acquitter le 1er juillet une dette sur Londres de 950 livres sterling. Pour se libérer il achète à Paris le 15 juin deux lettres de change sur Londres : l'une de 730 livres sterling au 11 juillet suivant, et l'autre au 18 septembre. On demande la valeur nominale de cette seconde lettre de change, et ce que devra débourser le Parisien. Le taux d'escompte à Londres est 2 °/° et les cotes de Londres à vue sont à Paris : 25,30 *papier court*, 25,27 *papier long.*

289. Un négociant français qui doit à un négociant de Berlin 1 620 marks payables dans 34 jours prie son créancier de tirer sur lui à vue.

Quelle sera la valeur nominale de cette traite, sachant qu'à Berlin le taux en banque est 5 °/₀ et que la cote du Paris à 8 jours est 81,40.

290. Un négociant d'Amsterdam qui doit à un Parisien 1500ᶠʳ payables dans deux mois prie son créancier de tirer sur lui à 30 jours. Quelle sera la valeur nominale de cette traite, sachant qu'à Paris le taux d'escompte est 3 °/₀ et que la cote de l'Amsterdam court, à trois mois, est 205 ¹/₂ ?

291. Un négociant français doit à un négociant anglais 1800ᶠʳ payables dans 36 jours. Le créancier, qui a droit d'option, tire une traite à 36 jours. Quelle somme rapportera la vente de cette traite, sachant que la cote du Paris à Londres est 25,08 à trois mois et que le taux d'escompte en France est 3 °/₀ ?

292. Paris cote Amsterdam :

206 ¹/₄ à 206 ¹/₂,   3 mois, papier long ;
205 ⁷/₈ à 206 ¹/₈,   3 mois, papier court.

Amsterdam cote Paris :

47,92 ¹/₂ à 8 jours ;
47,50   à 2 mois.

Les taux d'escompte sont 3 °/₀ à Paris et 3 ¹/₂ °/₀ à Amsterdam. Un négociant parisien est débiteur de 100 florins exigibles immédiatement. Calculer les parités de l'Amsterdam court, de l'Amsterdam long, du Paris court, du Paris long, c'est-à-dire les sommes que devrait débourser immédiatement le Parisien, selon qu'il procèderait par voie de remise ou par voie de traite en employant du papier à vue ou du papier à la plus longue échéance.

293. Faire la preuve de la parité trouvée pour le Paris long dans le problème précédent, en supposant que le Parisien soit débiteur de 25000 florins à vue et que le créancier tire une traite à deux mois. Pour faire la preuve demandée on calculera, en employant la parité trouvée, la somme que doit débourser immédiatement le Parisien, puis on simulera l'opération qui consiste : 1° à déterminer le montant de la traite sur Paris ; 2° à vendre cette traite à Amsterdam ; 3° à escompter à Paris la traite à deux mois.

294. Paris cote Londres 25,26 et Berlin 122,30 (3 mois). Berlin cote Paris (courts jours) 80,40 et Londres (courts jours) 20,35. Un négociant de Paris doit régler à Berlin une dette de 2500 marks. Quelle dépense en monnaie française devra-t-il effectuer : 1° s'il remet directement à son créancier ; 2° s'il fait tirer ce dernier sur lui ; 3° s'il envoie à Berlin du papier sur Londres ?

295. Un négociant de Berlin qui doit 2500^{fr} à vue à un Parisien veut se libérer par la méthode de l'ordre en banque en employant Londres pour place médiate. Quelle somme devra-t-il débourser, sachant qu'à Londres les cotes à 3 mois du Paris et du Berlin sont 25,06 et 20,32, et que les taux d'escompte sont 4 % à Paris et à Londres, 5 % à Berlin ?

296. Un Parisien qui doit à un négociant hollandais 840 florins payables dans deux mois veut se libérer immédiatement par la méthode du prix de revient en employant du papier tiré à vue sur Vienne. Quelle somme devra-t-il débourser sachant que les cours sont les suivants :

Cote du Vienne à Paris, 3 mois, papier court, 103 $\frac{1}{2}$;

Cote de l'Amsterdam à Vienne, à vue, 201 ?

Le taux d'escompte à Amsterdam est 3 $\frac{1}{2}$ %.

297. On donne les extraits suivants des cotes de Paris et Amsterdam :

Paris
- cote Amsterdam : 206 $\frac{3}{8}$ à 3 mois, papier long, 206 à 3 mois, papier court ;
- cote Vienne : 103 $\frac{1}{8}$ à 3 mois, papier long, 103 $\frac{1}{2}$ à 3 mois, papier court ;

Amsterdam
- cote Paris : 47,92 $\frac{1}{2}$ à 8 jours, 47,50 à 2 mois ;
- cote Vienne : 49,25 à 3 mois.

Les taux d'escompte en banque sont 3 % à Paris, 3 $\frac{1}{2}$ % à Amsterdam, 5 % à Vienne.

Un négociant parisien est débiteur à Amsterdam de 100 florins exigibles immédiatement :

1° On demande de calculer les parités de l'Amsterdam court, de l'Amsterdam long, du Paris court, du Paris long, c'est-à-dire les sommes que devrait débourser le débiteur dans les deux solutions que présente le change direct et suivant qu'on emploie le papier à vue ou le papier à la plus longue échéance.

2° Calculer les parités du Vienne court et du Vienne long qui correspondent au cas où le Parisien voudrait se libérer en adressant à son créancier du papier tiré sur Vienne.

298. Un commerçant de Berlin doit à un Parisien 40000 marks. Le créancier peut réclamer deux choses qui lui conviendraient également : ou bien se faire remettre du Paris à deux mois, ou bien se faire remettre du Londres à vue. Quel est le parti le plus avantageux, les cours étant les suivants :

à Paris   Londres à vue   25,20 ;
à Berlin { Londres (courts jours) 20,35,
         { Paris à 2 mois   80,40 ?

Le taux d'escompte à Paris est 3 °/₀.

299. Un commerçant de Vienne doit 1500 marks à 25 jours à un négociant de Berlin. Il veut se libérer aujourd'hui et peut le faire en adressant à son créancier du Paris à vue ou du Paris à 50 jours ou enfin du Berlin à 35 jours. Quel est le procédé le plus avantageux, sachant que :

Paris cote { Berlin $123\,^3/_8$ long   123 court,
            { Vienne $102\,^1/_2$ long $102\,^1/_2$ court ;

Berlin cote { Vienne $81\,^3/_4$ (8 jours) $81\,^1/_4$ (2 mois),
            { Paris   80,35 (8 jours) 80 (2 mois) ;

Vienne cote { Paris   97,20 à vue,
            { Berlin $121\,^1/_2$ à vue ?

Les taux d'escompte sont 3 °/₀ à Paris et à Berlin, 4 °/₀ à Vienne.

300. Dans la cote de Vienne chiffrée à Paris, faire l'arbitrage du Berlin à 2 mois. Le débiteur à Vienne, le créancier à Paris. Faire la preuve de la parité trouvée, en l'appliquant au problème suivant :

Un Parisien est créancier à Vienne de 12500 couronnes exigibles immédiatement. Le débiteur de Vienne pour se libérer adresse à son créancier du Berlin à deux mois. Quelle somme encaissera le créancier à Paris ? Simuler l'achat à Vienne du Berlin et la vente de ce Berlin à Paris. Les cotes sont les suivantes :

Paris cote Berlin $122\,^1/_2$, 3 mois ;

Vienne cote Berlin 118,70, à vue.

Le taux d'escompte à Berlin est 4 °/₀.

301. Entre les places de Paris, Berlin et Saint-Pétersbourg, on a dressé le tableau suivant donnant les cotes à vue :

Paris cote.	Berlin	122 francs,
—	Saint-Pétersbourg.	x francs,
Berlin cote	Saint-Pétersbourg.	235 marks,
—	Paris.	y marks,
Saint-Pétersbourg cote.	Paris.	z roubles.
— —	Berlin	u roubles.

1° Trouver les valeurs que doivent avoir les cotes x, y, z et u pour que les trois places se cotent à la parité dans le change direct et dans le change indirect :

2° Un négociant de Saint-Pétersbourg doit 4500 roubles à un négociant de Berlin. Combien de marks touchera ce dernier, en supposant que la dette soit exigible immédiatement et que les cotes soient déterminées par ce qui précède ?

3° Déterminer la valeur que devrait avoir la cote u pour que dans le change direct entre Berlin et Saint-Pétersbourg, le créancier de Berlin préfère tirer une traite et gagne ainsi 15 marks.

302. Un négociant parisien achète 50^{kg} d'or pur sur le marché de Londres. Il solde cet achat par l'envoi d'un chèque dont il fait l'acquisition à Paris. Puis il revend à Paris le métal acheté. Quel est son bénéfice ? L'or est coté à Londres 77 s. 10 d. l'oz ($31^{gr},1035$) au titre *imperial standard*. A Paris on le cote 3437^{fr}, et 7 °/₀₀ de prime à $^{1000}/_{1000}$. Les frais de transport sont évalués à $2\,^1/_2$ °/₀₀. Enfin Paris cote Londres, chèque, 25,17.

TABLE DES MATIÈRES

CHAPITRE 1.

Calculs Abrégés et Calculs approchés.

§ 1 à § 50.

CHAPITRE II.

Système métrique.

§ 51 à § 152.

CHAPITRE III.

Grandeurs proportionnelles. Partages et mélanges.

§ 153 à § 191.

CHAPITRE IV.

Intérêt et escompte

§ 192 à § 226.

CHAPITRE V

Comptes courants.

§ 227 à § 245.

CHAPITRE VI

Valeurs mobilières. Opérations de Bourse.

§ 246 à § 313.

CHAPITRE VII

Changes et arbitrages.

§ 314 à § 364

29
32
33

18

0

1

5

4

7

3

3